POLITIQUES AGRICOLES ET STRATÉGIES PAYSANNES AU MALI DE 1910 A 2010

MYTHES ET RÉALITÉS Á L'OFFICE DU NIGER

Chéibane COULIBALY

POLITIQUES AGRICOLES ET STRATÉGIES PAYSANNES AU MALI DE 1910 A 2010

MYTHES ET RÉALITÉS Á L'OFFICE DU NIGER

Édition Enrichie
2014

L'Harmattan Mali

Du même auteur :

Politiques alimentaires et structures sociales en Afrique Noire (avec Maxime Haubert et al.), Editions PUF/IEDES – Paris 1985.

Problématique foncière et gestion des conflits en Afrique Noire, Editions Le Cauris d'Or, Collection ''Histoires rurales'', Bamako 1997.

Politiques agricoles et stratégies paysannes au Mali 1910-1985 : le règne des mythes à l'Office du Niger, Editions Le Cauris d'Or, Collections ''Histoires rurales'', Bamako 1998.

Comme un petit air de Démocratie Bananière – Recueil de pamphlets sur la vie politique quotidienne en Afrique de l'Ouest, Editions Le Cauris d'Or, Bamako 2000.

5-7, rue de l'École-Polytechnique, 75005 Paris

http://www.harmattan.fr
diffusion.harmattan@wanadoo.fr
harmattan1@wanadoo.fr

ISBN : 978-2-343-04972-4
EAN : 9782343049727

Dédicace

Nous dédions cet ouvrage à :

- Moussa Balla Coulibaly
- (Feu) Arouna Tiéblé Coulibaly
- Tous les membres de *Kulubali Ton*

Remerciements

Nos remerciements vont aux nombreux paysans de l'Office du Niger dont la confiance nous a permis de prendre connaissance de certaines réalités du « Mali profond ».

Nous devons également beaucoup, pour cette seconde édition, à l'encouragement de nos étudiants de l'*Université Mande Bukari de Bamako* et de l'*Université Libre de Bruxelles.*

Nous remercions enfin les nombreux amis qui nous ont encouragé et, particulièrement, notre aîné Cheickna Hamalla Diarra de Kati, qui ne cessait de nous pousser en nous répétant que trop d'humilité tue la créativité.

INTRODUCTION A LA DEUXIÈME ÉDITION

La réédition de cet ouvrage[1] s'est en quelque sorte imposée à l'auteur qui a été lui-même surpris du succès que la première édition a connu auprès de publics divers.

Nous avions connaissance que le livre avait été exploité par les agents de développement qui s'intéressaient à l'Office du Niger et d'une façon plus générale aux politiques agricoles et aux stratégies paysannes. Cet intérêt était suscité par trois facteurs :

- les caractéristiques de l'Office du Niger qui faisaient qu'il apparaissait comme un « modèle » à étudier pour tout programme d'exploitation des terres irriguées à grande échelle dans les régions du Sahel ;
- la durée de cette expérience dont les premiers actes de mise en œuvre ont été posés dès le tout début du siècle dernier[2] ;
- la nature même de l'étude menée qui faisait un examen critique des politiques de développement (entreprises pendant ¾ de siècle dans un pays d'Afrique de l'Ouest ancienne colonie française) de leur application dans le domaine agricole (particulièrement dans les zones de terres aménagées) et des modifications de ces politiques sous le coup des résistances paysannes (dont les stratégies sont décrites de façon précise et détaillée).

Nous savions également que quelques universitaires s'occupant de formation en politiques agricoles et économies paysannes dans les zones sahéliennes avaient trouvé de l'intérêt à en faire un ouvrage didactique sur ces questions.

Un de nos collègues, éminent professeur et député à l'Assemblée Nationale du Mali, le Pr. Bréhima BÉRIDOGO, a utilisé ce livre dans son cours de Sociologie rurale pour mettre en lumière le gap qui peut exister entre la logique d'Etat (qui apparaît dans les politiques agricoles) et la logique paysanne (bien visible dans les stratégies des différents groupes de paysans). L'ouvrage s'y prête d'autant plus que ces deux logiques sont mises en

---

[1] La première édition du livre a été publiée en 1997 dans la collection « Histoires rurales » des Editions Le Cauri d'Or sous le titre « *Politiques agricoles et stratégies paysannes – 1910/1985 : le règne des mythes à l'Office du Niger* ». Comme le titre l'indique, l'analyse s'était arrêtée à 1985. La deuxième édition ajoute un chapitre couvrant les 25 années qui ont suivi, permettant de couvrir un siècle plein de l'histoire des politiques économiques au Mali.

[2] En 1910 a été créé le Comité du Niger, organisme chargé de la conception et de l'exécution du programme du futur Office du Niger. Nous y reviendrons !

lumière dans leur évolution sur 75 ans (dans la première édition du livre : 1910 – 1985) et sur cent ans (dans cette édition-ci : 1910 – 2010)[3].

Mais nous avons été surpris de l'intérêt d'une partie de la classe politique malienne quand, lors de la célébration du Cinquantenaire de l'indépendance du Mali, nous avons été conviés par le ministre de l'Economie et des Finances à donner une conférence sur l'organisation de l'économie malienne durant « les périodes de planification nationale » (1960-91). Le ministre se basait sur la première édition de ce livre pour expliquer le choix du conférencier. Il est vrai que nous utilisions beaucoup cet ouvrage pour illustrer le cours d'Economie politique que nous donnions aux étudiants en Master, de l'Université Mande Bukari de Bamako. Il faut préciser que l'analyse des politiques agricoles du Mali venait après celle de la politique économique du pays : les politiques agricoles sont présentées dans l'ouvrage comme l'application au domaine rural d'axes macroéconomiques définis dans les différents plans.

Il faut aussi dire que le livre a servi comme document pour la préparation scientifique de ce qui est apparu comme le plus grand colloque organisé sur l'Office du Niger ces trente dernières années. C'était en 2008 et ce colloque a été organisé par l'Université Mande Bukari en partenariat avec la direction de l'Office du Niger, le Syndicat des exploitants agricoles de l'Office du Niger (SEXAGON). Le colloque a bénéficié d'un appui financier important du Ministère de l'agriculture du Mali et de l'ONG SOS Faim.

Enfin notre surprise est également venue de l'utilisation de la première édition du livre comme support pédagogique pour illustrer des cours de méthodologie en sciences sociales appliquée à l'analyse du milieu rural africain. Et ceci dans des universités de pays sahéliens (Burkina Faso) comme non sahéliens (Bénin, Togo). Il est vrai qu'un de nos rêves était que cet ouvrage soit utilisé comme ouvrage méthodologique par de jeunes chercheurs africains[4] mais nous n'y croyions pas vraiment parce que cela demande des efforts particuliers puisqu'il n'y a pas de chapitre méthodologique tel quel, même si des indications fondamentales se trouvent dans le chapitre « Avertissement au lecteur ».

Face à cet effort de collègues non maliens, nous avons donc nous-même testé l'ouvrage comme support pédagogique pour notre cours de Méthodologie de recherche. Nos étudiants les plus studieux nous ont encouragé à cette seconde édition avec deux recommandations fortes :

---

[3] Nous avons eu en effet la chance après notre doctorat en France (1985) de revenir au Mali en fin 1988 (après un séjour à la FAO : 1986-88) et de reprendre nos études sur l'Office du Niger comme consultant notamment pour les coopérations néerlandaise et française ainsi que pour la Banque Mondiale et plus tard d'autres institutions.

[4] Voir le chapitre « Avertissement au lecteur » de la première édition.

- nous pouvions insister sur certains aspects méthodologiques, notamment dans une nouvelle introduction et, dans des annexes, sur des points méthodologiques précis (comme la question de la mesure des rendements en agriculture paysanne) ;
- mais nous devions garder le texte initial, dont l'écriture leur apparaissait comme la preuve qu'il est possible de rendre lisible pour le grand public un texte de recherche sur des sujets qui peuvent sembler rébarbatifs pour des non spécialistes. « *Ce livre se lit comme un roman, preuve qu'on peut allier rigueur scientifique et style agréable* » disent-ils.

Cette seconde édition tient donc compte de toutes ces aventures que le livre a vécues depuis sa sortie en 1998.

Elle comporte un nouveau chapitre sur la période non couverte par la première édition (1985 – 2010), celle donc de l'ajustement structurel et du règne du marché libre[5]. Ce chapitre a aussi été l'occasion de rappeler qu'à côté de la bataille pour le contrôle de la production paysanne, certaines autres questions n'ont cessé de jalonner la vie de l'Office du Niger. Elles sont au nombre de quatre avec bien évidemment, concernant chacune de ces questions, des développements soulevant d'autres problèmes.

La première est certainement celle, très peu posée en ces termes, de la pertinence du type d'aménagement réalisé, type coûteux à la réalisation (y compris en vies humaines)[6] et coûteux à l'entretien (y compris en frais de réaménagement et surtout en frais d'entretien d'un encadrement pléthorique qui a presque toujours accompagné l'O.N.). En ce XXIe siècle de toutes les performances technologiques mais aussi de tous les dangers écologiques, le système d'irrigation adopté il y a presque un siècle pour l'O.N., non seulement est difficile à entretenir mais se révèle très dispendieux pour ce qui est de l'eau, ressource de tous les enjeux aujourd'hui.

Ceci va peser lourdement sur **la redevance-eau**, prélèvement opéré sur la production paysanne au titre officiellement de l'entretien de l'infrastructure de distribution de l'eau, mais également sur le montant des investissements pour le réaménagement ou l'aménagement de nouvelles surfaces. Ceci explique aussi que l'O.N. a toujours été une entreprise avec des difficultés financières importantes, nécessitant sans cesse sa réorganisation ainsi que l'intervention du capital étranger.

Concernant la réorganisation de l'O.N., comme il apparaîtra dans ce travail, non seulement il y aura différents programmes (presque chaque dix ans de 1960 à 2000), mais chaque programme va se justifier par une surestimation des capacités de l'O.N. C'est ce qui fera dire à certains chercheurs que la **manipulation des statistiques** est une des pratiques courantes de l'entreprise pour « justifier » les investissements déjà engloutis et acquérir de

---

[5] Il s'agit du Chapitre VI du présent ouvrage.

[6] Voir notamment Amidu MAGASA : ouvrage déjà cité.

nouveaux financements. Mais pourquoi le capital étranger finance encore l'O.N. ? Nous aurons l'occasion de revenir sur ce point.

La deuxième question récurrente est celle de l'organisation de la production : l'O.N. a toujours été tiraillé entre une intensification induite par le capital et une intensification induite par la force de travail. En fait, il a toujours cherché la meilleure formule de combinaison des facteurs de production, allant jusqu'à imaginer le contrôle total de certains de ces facteurs, la force de travail d'abord (à travers le travail forcé entre autres) et la terre (qui devient propriété exclusive de l'Etat pendant la grande majorité de l'histoire de l'Office du Niger).

Un des aspects les plus importants de cette question est la recherche du juste degré d'intensification partielle induite par le capital et d'intensification induite par la force de travail. D'où **le sempiternel débat sur la mécanisation**, sur sa nature et sur sa prise en charge ; le second aspect important est **le statut de la terre** et donc le statut du producteur installé à l'O.N. et qui a connu des fortunes diverses dans la définition de ses relations à la terre que sa famille cultive souvent depuis plus de 50 ans. Le troisième aspect est l'approvisionnement des producteurs en intrants et donc le problème jusqu'ici non résolu du **crédit rural**, de l'origine de son financement, de son mode d'attribution et de son système de remboursement.

La troisième question est celle de l'organisation de la transformation du paddy au double plan :

- d'abord technique avec la répartition de la production de paddy entre les grandes rizeries de l'O.N. et les petites batteuses et décortiqueuses détenues par les organisations paysannes et les opérateurs économiques privés. Cette répartition a un impact certain sur la qualité du riz et même si c'est moins nettement, sur le mode de conditionnement ;
- ensuite de la place et du rôle des différents acteurs présents dans ce domaine : l'O.N., les organisations paysannes et les autres privés (opérateurs économiques le plus souvent individuels).

La quatrième question est relative à l'organisation de la commercialisation, principalement sous les aspects :

- du prix d'achat au producteur (notamment la nécessité ou non d'un prix-plancher et/ou d'un prix-plafond) ;
- des place et rôle des différents acteurs : l'Etat (à travers l'O.N. ou d'autres institutions comme l'OPAM), les producteurs (à travers leurs exploitations ou leurs différentes organisations), les commerçants privés (regroupés ou non).

Comme il apparaît clairement, cette seconde édition s'imposait. Il reste aux différents publics que nous avons mentionnés de se l'approprier à des fins que nous espérons favorables aux petits paysans.

Bamako, Janvier 2013.

AVERTISSEMENT AU LECTEUR

Cet ouvrage fait partie d'une série que nous consacrons à l'histoire rurale du Mali. Il s'agit donc d'un ouvrage d'histoire (même s'il s'agit parfois d'une histoire récente), dont l'ambition n'est pas de donner concernant l'Office du Niger des recettes pour les « *développeurs* », mais d'amener les Maliens (en premier lieu) à réfléchir sur l'histoire de ce pays, principalement la vis passée de son monde rural. L'histoire rurale est une discipline malheureusement très peu pratiquée dans nos pays alors qu'il apparaît aujourd'hui de l'ordre de l'évidence qu'une des conditions essentielles pour amorcer notre propre développement es tune relecture, par nous-mêmes qualifier de *sine qua non* pour mobiliser, au profit du développement, ce qui pourrait faire partie des énergies internes. A moins que, comme l'affirment certains, l'Afrique a su générer les « élites » qui favorisent l'émergence et la mobilisation de tels leviers du développement.

Troublante question à l'aube du 21e siècle ou la dislocation des sociétés africaines est telle que l'exercice du pouvoir politique demeure la condition du bien être par la captation de rentes si difficilement engendrées ; où le premier Africain Noir Prix Nobel de Littérature ne peut parler de démocratie sans être contraint à l'exile ; où nourrir un rêve pour son pays est un crime de lèse-majesté ; où certes Ubu n'est plus roi partout mais où le Roi Christophe sévit sous de nombreux cieux. Histoire mouvementée où on a le sentiment de « faire du surplace » et que la nôtre où les efforts entrepris par ceux qui veulent un changement favorable aux plus démunis ressemblent étrangement à ceux de Sisyphe.

La montée des mouvements de libération était apparue en Afrique comme un pas en avant, les indépendances octroyées comme deux pas en arrière parce qu'elles se sont transformées en coups d'arrêt au processus de démocratisation. Les mouvements de libération avaient raté le pari de demeurer mouvements des peuples en devenant partis au pouvoir. A la place d'alliances après concertation on mit centralisme en imposant l'unanimisme. On nous avait certes aidé à mal partir, mais le fait était là : l'Afrique Noire était mal partie.

Ainsi vit-on s'abattre sur la plupart de nos pays une chape noire faite de misère et d'arbitraire. Et si ailleurs sur le continent ce fut parfois tragi-comique parce que Ubu redevenait Roi, au Sahel ce fut tout simplement tragique : une gestion des ressources de plus en plus concentrée entre les mains d'une minorité appelée élite et une misère de plus en plus généralisée. Les « vérités » des partis uniques et des régimes militaires furent érigées en principes de gestion des ressources publiques. Cela a duré une génération, une longue génération avec, au bout, une faillite sans nom : la pénurie généralisée des ressources aussi bien naturelles que financières.

Cette forme de gestion ne pouvait plus continuer. Le constat était là : les peuples étaient certes « fatigués », mais ils n'étaient plus les seuls, les bailleurs de fonds aussi étaient « fatigués ». Et cette situation, qui concerne avant tout le monde rural, ne peut être appréhendée qu'à travers une méthodologie mettant en corrélation l'évolution des facteurs agro-écologiques de nos pays, socio-économiques de nos peuples, historico-politiques de nos formes d'organisation, psychoculturels de nos différentes communautés, technico-productifs de nos conditions de travail et de création de richesses.

Ce travail est le début de concrétisation d'un vieux rêve, né il y a près d'une vingtaine d'années quand ce qui nous a paru comme un mensonge organisé tenait lieu de vérité officielle servant à justifier des devisions de politique agricoles défavorables aux producteurs. Le jeune chercheur que nous étions alors découvrait avec horreur les conditions de travail des colons de l'Office du Niger, société agro-industrielle créée officiellement en 1932 et qui était considérée, plus de 40 ans après, comme un des joyaux des réalisations en milieu rural du Mali.

« A 400 km de Bamako, l'esclavage des paysans Maliens » avions-nous titré le rapport d'enquête que nous avons rédigé, suite à une mission faite alors que nous étions Chargé d'études à l'Institut d'Economie Rurale de Bamako. Bien évidemment ce titre ne fut pas retenu et l'olibrius de fonctionnaire que nous étions alors fut mis en quarantaine par une direction de l'IER dont le zèle à réprimer toute forme de liberté de pensée était de notoriété publique dans le microcosme de l'administration malienne.

Le virus était cependant pris et il a fallu renoncer à une carrière de fonctionnaire pour entretenir une flamme nourrie par une conviction de plus en plus forte : le développement de notre pays passera par l'amélioration considérable des conditions de travail et de vie des populations rurales, ou ne se fera pas. C'est là un postulat qui est appelé à commander, pour une longue période, les thèses sur le développement durable au Mali. Un postulat qui met au second plan cet autre débat : peu importe, en effet, qu'à tels ou tels moments, ce soit le surplus agricole qui serve à financer l'industrialisation ou qu'à d'autres ce soit l'essor de l'artisanat et de l'industrie qui serve de levier à l'essor de l'agriculture. Samir Amin, économiste distingué, prononce un jugement sévère et partiel (et même quelque part partial) sur les responsabilités des autorités politiques maliennes de la Première République dans l'échec du Premier Plan Quinquennal du Mali (1961-65), dont il a été un des auteurs principaux. Il ne reconnaît pas assez que la thèse qui sous-tend ce plan, à savoir que le surplus agricole va être mobilisé au profit de l'industrialisation, était loin d'être vérifiée. La preuve, c'est que déjà en 1966, lui-même envisageait que ce soit l'industrialisation qui permette l'essor de l'agriculture. Au-delà de la polémique qui peut naître de ce débat, dans l'un et l'autre cas, c'est de l'essor de l'agriculture qu'il est question et donc de production et de mobilisation du surplus agricole réel, celui qui n'entre pas dans la reproduction de la force de travail et dans l'amélioration régulière des conditions de vie des ruraux. L'essor de l'agriculture, plus que tout autre secteur, demande une mobilisation synchronisée du technique et du politique alors que le technique et le politique ont généralement des relations plutôt de l'ordre du diachronique, l'un piégeant l'autre et vice-versa. Il est vrai que l'idéologique qui cherche ses marques sans cesse entre le technique et le politique, contribue pour beaucoup à figer ces rapports dans le domaine du malsain.

« L'affaire n'est pas simple » pourrait-on dire avec euphémisme. Et le chercheur qui prend le risque d'écrire sur les politiques agricoles, les stratégies paysannes et les conséquences des unes et des autres sur l'ensemble de la société, s'expose à la tentation d'hypertrophier les facteurs ruraux et donc de tomber dans les pièges de l'agrarisme.

Du moins il ne peut éviter d'apparaître ainsi aux yeux des autres hommes de sciences comme il est arrivé à beaucoup de penseurs Occidentaux qui admettent volontiers que les difficultés et la chute du régime soviétique prennent naissance dans le fait que les communistes russes n'ont jamais su trouver une solution adéquate à la question agraire. De même sont accusés d'agrarisme de nombreux penseurs polonais, dont les réflexions en matière d'économie rurale sont parmi les plus fécondes au monde, qui lient les difficultés du monde ouvrier polonais et donc la naissance du syndicat Solidarité, aux erreurs des politiques agricoles du pouvoir socialiste. Pour eux, ces politiques n'ont pas su contenir dans des proportions supportables par l'économie polonaise la hausse des coûts de production et donc la hausse des prix des denrées alimentaires.

A un niveau plus modeste, il peut paraître artificiel de vouloir appliquer la même analyse débouchant sur le même type de conclusion à propos de politiques agricoles pratiquées au Mali au cours de période aussi différentes que l'époque coloniale, la période « socialiste » et le régime issu du coup d'Etat de 1968. Trois périodes aux objectifs politiques différents, qui ont eu recours à des moyens différents, qui ont atteint des résultats économiques différents. Au niveau des objectifs et pour s'en tenir aux objectifs explicites, de grandes différences existent en effet entre ces périodes : pour l'administration coloniale, il s'agissait de mettre à la disposition des industries françaises les matières premières dont elles avaient besoin ; pour le régime « socialiste » de réunir grâce à l'agriculture les conditions d'une industrialisation rapide du pays ; pour le régime militaire et celui de l'UDPM (Union Démocratique du Peuple Malien, parti unique issu du régime militaire et qui a donc assuré l'exercice du pouvoir de 1979, date de sa création, à Mars 1991), d'assurer « *l'autosuffisance alimentaire* » notamment des villes, points sensibles concernant la stabilité politique du pays.

Au niveau strict des mesures prises, on peut également déceler des différences importantes. Pendant la période coloniale, l'Etat a surtout cherché à avoir la maîtrise des conditions de travail du paysan (objet de travail, force de travail et certains instruments de travail).

Une fois se contrôle plus ou moins assuré, il a cherché particulièrement à partir des années 1945, à mettre au point différentes combinaisons tendant à mobiliser au maximum les facteurs de production afin que le surplus réel produit par les paysans augmente et s'approche le plus possible du surplus potentiel qu'on peut espérer des conditions de production d'alors.
C'est ainsi qu'on a assisté à la mise en place de politiques essayant de substituer la mécanisation à la force de travail ou de combiner les deux pour atteindre une augmentation de la production, au moindre coût possible.

La même logique a prévalu au cours du régime « socialiste » qui a pensé que, pour atteindre plus rapidement cet objectif, il fallait ajouter au contrôle des conditions de production, le contrôle du marché du produit paysan, et le contrôle du marché des articles dont le paysan avait besoin pour sa consommation. Par contre, au cours de la deuxième décennie de l'indépendance qui a vu une diminution des investissements réels dans la production malgré une augmentation des capitaux affectés à l'agriculture, on a assisté à des tentatives plus brutales pour contrôler le surplus réel. L'Etat misait plus sur les structurels d'encadrement pour maintenir ou augmenter le prélèvement opéré au niveau des paysans, que sur les politiques d'augmentation de la production.

Ces remarques obligent alors à étudier les différences qui existent entre les politiques agricoles mises en chantier à l'Office du Niger, les fondements sociaux (au niveau local, national et parfois international) et les justifications théoriques de ces politiques. Ces différences doivent surtout être situées dans leur proportion réelle, dans leurs véritables limites. Il faut noter en effet qu'en plus du fait que ces politiques ont été appliquées au même cadre géographique, ce qui les unit, c'est surtout la priorité accordée, dans la destination du surplus paysan, aux catégories sociales autres que les paysans eux-mêmes.

C'est à partir de ce fait essentiel qu'il faut analyser les causes d'échec des différentes politiques agricoles du Mali, parce que c'est à ce niveau que se situent les enjeux fondamentaux. Les comportements des paysans, leurs stratégies ont toujours visé à échapper à ce phénomène de contrôle total de leur économie par d'autres catégories sociales. Que ces stratégies reposent sur une conscience claire de tous les termes des enjeux en question est peu probable. Qu'elles soient homogène et toujours en cohérence, est aussi très peu probable.

Leur cohérence, leur homogénéité viendraient essentiellement de la volonté d'échapper au contrôle de différents agents extérieurs à leur milieu. Pour y parvenir, les paysans auront recours parfois à une lutte visant à leur assurer un plus grand contrôle des conditions de production, parfois à des moyens pouvant leur permettre d'avoir un partage plus favorable de la plus value produite par les travailleurs de leurs unités de production.

La diversité des répliques paysannes fait que l'analyse devra traiter chaque période en particulier et chaque fois que possible, elle touchera les différents types de paysans. Enfin, il faudra tirer pour chaque période étudiée un bilan de cet affrontement de deux intérêts : d'une part celui de l'Etat et des catégories sociales dominantes et d'autre part celui des paysans. Ce bilan devra couvrir aussi bien les performances économiques de l'entreprise, que le niveau de vie des colons. Il devra toucher également l'évolution même de l'agriculture paysanne et les modifications qui auront affecté sa nature.

C'est là en effet un des centres d'intérêt les plus importants de ce travail et les critères qui permettront de faire de type d'analyse sont au nombre de trois essentiellement : l'évolution de la polyculture, le degré de monétarisation des échanges concernant aussi bien les volumes que la nature des produits, et les conséquences de ces phénomènes au niveau de l'éclatement, du maintien ou du regroupement (sur de nouvelles bases) de l'unité familiale.

Concernant le Mali, le choix de l'analyse des problèmes agricoles comme thème de recherche n'a rien d'original. Bien au contraire. En effet, le Mali est avant tout un pays agricole. D'autre part, il n'est pas étonnant que ce travail porte sur les zones irriguées. L'aménagement de différents moyens de maîtrise de l'eau pour l'agriculture est apparu au cours des décennies 1960-70 et 1970-80 comme la solution unique en ce qui concerne les pays sahéliens. Plusieurs études ont été entreprises dans cette perspective et de nombreux projets d'aménagement hydro-agricoles ont été mis en chantier.

L'étude des politiques agricoles trouve donc un terrain privilégié dans l'analyse des expériences de développement dans les zones irriguées, d'autant plus qu'aujourd'hui, à la fin des années 1990, l'idée que l'irrigation constitué une panacée apparaît à nouveau.

Mais pourquoi avoir choisi l'Office du Niger et pas une autre zone comme l'Opération Riz Ségou, l'Opération Riz Mopti, la zone de l'ancienne Action Riz Sorgho de Gao etc. ?

Trois raisons ont prévalu dans le choix de l'ON comme terrain de recherche :

- le rôle clé de l'Office du Niger dans l'économie malienne en général et dans la riziculture en particulier. Grâce à ses aménagements hydro-agricoles qui permettent une maîtrise quasi-totale de l'eau et au travail de milliers de colons, cette entreprise fournit l'essentiel de la quantité de riz commercialisé au Mali (70% en 1980-81). D'autre part l'ON dominait le secteur agro-industriel du Mali par sa production de sucre (33% de la consommation de sucre du pays) et par l'importance des financements qui y ont été investi depuis sa création en 1932.7
- l'importance et le caractère spécifique des structures d'encadrement des paysans de l'ON, on trouvait, Garde-barrière) qu'on ne rencontrait que fortuitement dans le reste du pays. L'étude de ces structures permet de saisir de façon assez approfondie les mécanismes sur lesquels reposaient les rapports Etat/paysans. Ceci d'autant plus que la durée de l'ON (50 ans en 1982) permet de voir l'évolution des structures d'encadrement. A cet égard on peut affirmer que l'Office du Niger représentait un cas quasi unique d'intervention de l'Etat dans les structures agraires. Cette politique et idéologique) s'est exercée dans le cas de l'ON de façon non équivoque, presque caricaturale, notamment sur les plans économiques et politique.

C'est sur ces deux aspects qu'il va falloir insister, plus que sur l'aspect idéologique que l'hypertrophie des mécanismes politico-militaires et intervention qui revêt généralement trois formes (économique, économiques reléguait au second plan.

- Le fait que l'ON a été longtemps et demeure encore le champ privilégié d'application de toutes les théories du développement que le Mali a connue depuis la période coloniale.

Il est nécessaire de remonter justement jusqu'à cette époque de résistance paysanne. Il a été développé, à propos de l'ON, les thèses les plus contradictoires. D'illustres théoriciens du développement du Tiers Monde y ont consacré de nombreux écrits pour proposer différentes solutions.

---

[7] Tous ces chiffres sont tirés de l'ouvrage collectif « *Mali, le paysan et l'Etat* » L'Harmattan – 1981.

L'ON, n'a pas vu ses problèmes réglés pour autant. C'est fait que loin d'être un handicap, l'existence de diverses propositions de solutions, résultats de différents types d'analyse, est un avantage à condition de partir d'un autre « bout » de recherche. Si cette condition est remplie, le chercheur se trouve avec un matériau d'une incroyable richesse pour l'analyse. Ce « bout », nous avons pensé le trouver en nous situant le plus près possible du point de vue des paysans eux-mêmes, particulièrement de celui des paysans pauvres qui ont constitué jusqu'à la fin des années 1980, l'immense majorité des colons de l'ON. Une des faiblesses majeures de la plupart des études consacrées à l'Office du Niger provient du fait qu'elles se situent exclusivement du point de vue de l'Etat, qu'elles ne remettent pas en cause l'objectif fondamental visé par ce « projet de développement ».

Or, comment remettre en cause l'objectif visé par les « projets de développement » si on n'analyse pas le point de vue des premiers concernés, c'est-à-dire les paysans ? Seules, à notre connaissance tout au moins, deux études consacrées à l'ON ont essayé ce type de démarche : l'analyse faite par Pierre HERBART (HERBART 1939)[8] et celle de Amidu MAGASA (MAGASA : 1978).

C'est pourquoi, malgré les critiques que nous faisons du développement des thèses de ces deux auteurs, nous partageons avec eux ce point fondamental indispensable à la défense des intérêts des paysans. Concernant plus spécifiquement le travail effectué par A MAGASA, il faut souligner qu'il s'agit là d'une des premières œuvres sociologiques dignes de ce nom, menées par un écrivain Malien.

Malheureusement l'analyse de HERBART est déformée par son adhésion au projet colonial qui fait que sa préoccupation est plutôt d'ordre humanitaire. Quant à MAGAS, il est intéressé surtout par la période coloniale et dans son étude peu de place est accordé au fonctionnement interne de l'unité de production des colons.

Notre souci a donc été avant tout de reprendre la démarche ainsi dégagée et de l'appliquer de façon plus systématique à l'ensemble de l'histoire de l'ON. L'objectif est de vérifier si les paysans doivent être perçus comme seulement « les vaincus » de la lutte pour le contrôle de leur production. La plupart des chercheurs qui se sont intéressés à l'Office du Niger ont pensé que

---

[8] Voici le système adopté pour les références bibliographiques :
Nom de l'auteur : (HERBART) : année de parution de l'ouvrage : (1939) : pages citées

« *l'intégration des colons à l'économie de marché* » était déjà faite et que ces paysans pouvaient se prêter à tous les modèles de développement.

Cette illusion est née de conclusions hâtives tirées de certaines observations. Par exemple il est fréquent d'entendre qu'à l'Office du Niger il existe une hiérarchisation sociale poussée entre les paysans. Et il est un fait que les inégalités parfois importantes existent entre les personnes qui sont recensées comme colons à l'ON. Mais quelle conclusion en tirer ?

D'un côté il faut se demander si tous ceux qui sont recensés comme colons sont effectivement des paysans. C'est-à-dire des hommes qui tirent l'essentiel de leurs revenus du travail de la terre. D'autre part, s'il est établi que cette différenciation existe effectivement entre paysans, il faudrait étudier les conditions concrètes de l'ON et du Mali pour savoir si cette différenciation est à la base d'une certaine *« intensification des rapports marchands »* ou non, si elle en résulte ou pas. Nous touchons là une des questions les plus importantes de notre travail.

Comme le rappelle BERNSTEIN, les relations entre les exploitations aux niveaux villageois, régional, national et même sur le plan de la division internationale du travail, sont de plus en plus dictées par la place que chacune d'elles occupe dans le champ des relations de la production et de l'échange des marchandises (BERNSTEIN, 1981). Ce fait simple a été longtemps caché par l'omniprésence de l'Etat à travers les projets de développement mis en chantier depuis l'indépendance de nos pays. Or ces projets eux-mêmes ne peuvent être compris qu'après analyse des rapports sociaux de production aussi bien au niveau local que national, qu'après étude des implications avec les financements étrangers au triple point de vue des intérêts étrangers, de la façon dont s'articulent ces intérêts avec ceux de l'Etat et des catégories dominantes et enfin des conflits sociaux qui en résultent dans le pays.

Telles sont les idées essentielles de ce travail, idées qui ont poussé l'auteur à formuler comme hypothèse explicative des échecs permanents de l'ON en matière de production, la résistance des colons aux politiques agricoles dont les objectifs n'étaient pas ceux des producteurs.

Il peut donc paraître artificiel de réunir ces trois périodes précédemment définies de l'histoire du Mali, sauf si l'on examine la question en se situant du point de vue du petit paysan, sous l'angle qui lui importe le plus ; la lutte qu'il a dû livrer pour avoir le contrôle de sa propre production. Et si l'on excepte les quelques périodes d'éclaircie où les paysans ont pu souffler, période rares et dont la plus brillante est sans doute les cinq dernières années de l'époque coloniale, la lutte a été dans l'ensemble féroce.

Elle a commencé en 1910 avec le premier projet de développement rural et a duré jusqu'en 1980 date à laquelle a été mis en place, sous diverses pressions (dont la résistance paysanne), le mécanisme devant aboutir à la levée (partielle en 1982 et totale à partir de 1984), du monopole de l'Etat sur la commercialisation des céréales. A la fin des années 1970, se terminait l'ère des projets avec leur cortège de mensonges élevés souvent au rang de vérités idéologiques et qui justifiaient tous les errements et toutes les injustices.
Avec le début des années 1980 commence une nouvelle ère, celle de la *« vérité des prix »* où l'aliénation du fruit du travail agricole ne passe plus par le déploiement des prétoriens dans les campagnes.

Mais n'anticipons pas ! Ce livre se veut un outil méthodologique entre les mains de jeunes africains qui ont pris l'engagement de se pencher sur le sort de nos campagnes. Bien évidemment il n'y a pas ici d'exposition spécifique de préceptes méthodologiques et ceux qui se sentent véritablement intéressés par la condition des ruraux, trouveront dans ce qui ressemble à un labyrinthe, le fil d'Ariane nécessaire à la poursuite de leur réflexion.

En fait, pour la période postcoloniale, l'étude entreprise ici s'articule autour de trois enquêtes : celle de 1960 menée par l'INSEE, celle de 1970 de Yveline DIALLO et celle de 1980 que nous avons conduite nous-mêmes. Ces enquêtes correspondent aux dates qui ont vu de nouvelles directions prises par la politique agricole du Mali, nous permettant de faire le bilan de la politique précédente et de montrer les fondements de la nouvelle.

Concernant les périodes précédant notre enquête, la méthodologie a consisté à confronter les résultats d'enquêtes avec le discours tenu à l'époque par le pouvoir ou ses planificateurs étrangers. Ensuite nous déterminons les points de rupture entre le discours et les enquêtes et tentons d'expliquer le pourquoi de cette rupture. En fait il s'agit d'une analyse des relations entre les discours (qu'on trouve exposés dans les différents plans de développement) et les pratiques sociales (à travers les mesures politiques appliquées et les stratégies paysannes).

Pour ce qui est de notre enquête, la méthode a été de recueillir le point de vue des paysans par la technique de l'interview et d'analyser ces résultats à partir de l'histoire de l'ON et des documents qui réglaient les rapports entre les colons et l'entreprise.

Ces précautions nous ont paru indispensables parce que c'est au niveau du recueil de données que nous situons en premier lieu la question de l'objectivité, le second étant l'analyse des résultats. Ainsi nous avons tenu à confronter plusieurs sources d'informations, à croiser les résultats de différents niveaux de recueil de données.

Voilà pourquoi notre enquête a comporté plusieurs volets :

- un questionnaire à tous les chefs d'exploitation colons et non colons des villages à enquêter (exception faite bien sûr des chefs de famille de l'encadrement O.N) ;
- un questionnaire plus approfondi aux colons de l'échantillon (niveau exploitation) ;
- un entretien avec tous les chefs de village et leurs conseillers (il s'agit des villages concernés par l'enquête) ;
- un entretien avec des informateurs et avec des responsables d'organisations paysannes ;
- un entretien avec l'encadrement O.N (aussi bien les encadreurs de base que des membres de la direction) notamment sur les points soulevés par les colons et qui étaient en contradiction avec les textes officiels.

En fait le mouvement entre les résultats de l'enquête, la documentation écrite et les entretiens avec l'encadrement de l'Office a été loin d'être facile. Il a fallu tâtonner au début, revenir parfois sur ce qui paraissait à priori clair, confronter les déclarations des uns et des autres, demander à chaque interlocuteur de préciser le cadre de ses déclarations etc.

Pour faciliter ce travail et augmenter les possibilités de précisions de points obscurs, nous avons procédé à un premier dépouillement sur le terrain et à des séances régulières de discussion avec les enquêteurs.

Signalons que notre travail a tiré profit du fait que des thèses avaient été avancées dans certaines études concernant la détermination des obstacles à l'intensification de la riziculture à l'ON. Ces thèses ont surtout mis l'accent sur les problèmes techniques et la *« non participation des colons à la vie de l'entreprise »* Nous y reviendrons. Nous avons jugé ces thèses insuffisantes car :

- si elles se demandaient quels sont les obstacles, elles ne se posaient pas la question de savoir aussi pourquoi il y a des obstacles,
- si elles s'intéressaient aux conditions de production des paysans, elles ne s'intéressaient pas aux conditions de répartition du produit (et donc à la ponction effectuée).

Malgré les divergences entre nos idées et ces thèses, leur vérification a été d'uns grand apport dans l'affermissement de notre conviction que le recul de la riziculture dans ces années-là s'explique par des facteurs autres que simplement techniques.

Nous avons fait le choix de raconter une histoire d'échecs successifs dus à des choix politique désastreux pur le monde rural. Nous avons fait le choix de raconter ces échecs jusqu'à) l'effondrement de telles politiques au milieu des années 1980, en laissant exprès de côté, l'émergence de nouvelles politiques plus soucieuses du producteur, même si ce dernier n'a pas été la principale préoccupation à toutes. Des politiques qui on commencé en zone CMDT (Compagnie Malienne de Développement des Textiles) et qui, sous d'autres formes plus favorables aux paysans, notamment avec le Projet ARPON (Amélioration de la Riziculture Paysanne à l'Office du Niger) financé par la Coopération Néerlandaise, se sont instaurées en zone O.N, à la fin des années 1970. Il va falloir certainement examiner ces politiques dont l'essor a commencé pendant que l'autre logique ici racontée continuait à être dominante : encore une preuve que le nouveau n'attend pas la mort complète de l'ancien pour commencer à germer. Mais bien évidemment cet examen devra également se faire avec la même rigueur pour voir si les laudateurs du « Système CMDT » ont véritablement raison. En attendant, concernant l'ON nous avons donné un aperçu de ce que le Projet ARPON dont le démarrage officiel date de 1986 a pu réaliser en matière de renforcement de l'agriculture paysanne en ces lieux si peu cléments pour elle, à l'époque.

Avant d'en finir avec cet « Avertissement au lecteur », il faudrait tout de même rappeler aux jeunes chercheurs de nos pays, qu'en sciences sociales, singulièrement en histoire rurale, la principale difficulté pour le sujet n'est pas aujourd'hui de prendre de la distance vis-à-vis de l'objet d'étude mais de pouvoir prendre l'histoire par le même bout que ceux qui, pendant des siècles, ont été les « Sans voix » de nos pays.

Ceci est un devoir même si on doit, avec humilité, reconnaître que, quand on prend sur sol de parler à la place des « Sans voix », on prend le risque de déformer leur pensée, et sans l'avoir voulu d'apporter parfois de l'eau au moulin de leurs oppresseurs, tant il est vrai que, comme le résume si bien le proverbe turc : « *Quand la hache pénétra dans la forêt, les arbres dirent : le manche est des nôtres* ».

Bamako, Avril 1998.

CHAPITRE I

OFFICE DU NIGER : CENT ANS DE VICISSITUDES

A) Historique : du Transsaharien à l'Office du Niger

Dans l'histoire du Mali, le premier acte important en matière de planification agricole est la création du Comité du Niger vers les années 1910 et dont l'objectif est la réalisation d'un projet grandiose d'irrigation, l'Office du Niger qui fut jusqu'au milieu des années 1970, la plus grande entreprise agro-industrielle du Mali. Il doit ce rang à l'importance qu'il continue d'occuper dans l'économie malienne en général et dans la riziculture en particulier.

Les résultats de production de l'O.N ont été atteints après 50 ans d'exploitation au cours desquels cette entreprise a vu changer fondamentalement son objectif initial. L'O.N est né d'un projet grandiose d'irrigation qui a été entrevu dès les années 1910 : un Comité du Niger est en effet créé dès cette époque même s'il est vrai que la proposition d'aménagement du delta central du fleuve Niger ne fut sérieusement examinée qu'en 1919 à la fin de la première guerre mondiale. En 1920 fut créée la Compagnie des colonies, consortium regroupant toutes les sociétés privées françaises qui opéraient au Soudan (appellation du Mali pendant la période coloniale). Cette compagnie qui supervisait tous les programmes de mise en valeur coloniale, se proposait de faire irriguer 1,6 million d'hectares sur les terres de la moyenne vallée du Niger. L'ingénieur Français Emile BELIME spécialiste des questions d'irrigation, fut chargé d'étudier les conditions de réalisation du projet. Son rapport fut publié en 1921.

La conception générale de l'aménagement hydro-agricole qu'il préconisait reposait sur deux grandes lignes :

- rétablir le fleuve Niger dans son ancien lit (delta mort) dans le but d'irriguer de vastes superficies alluvionnaires ;
- protéger de la crue et irriguer la partie du delta encore en activité. Techniquement ceci nécessitait la création d'un barrage de dérivation (barrage de Markala) qui devrait alimenter un canal adducteur se scindant en deux bras principaux : l'un orienté vers le Nord (canal du Sahel) pour l'irrigation du delta mort, l'autre parallèle au fleuve (canal de Macina) pour l'irrigation du delta vif et d'une partie du delta mort.

La grande originalité du système préconisé réside aux yeux de certains spécialistes dans l'utilisation, comme artères principales d'irrigations, d'anciens défluents du fleuve. DELIME préconisait de créer sur les rapides de Sotuba (à quelque 7 km de Bamako) un barrage expérimental qui devrait permettre de s'assurer la viabilité d'une entreprise basée sur des aménagements hydrauliques et portant sur des milliers d'hectares. Il voulait s'assurer qu'il était possible d'effectuer au Soudan de grands travaux de génie civil.

L'objectif assigné à l'Office était de permettre à la France de couvrir ses besoins en coton sans avoir recours à l'importation. Le rapport de BELIME a été influencé par ces considération et les premiers chiffres de production qu'il escomptait, semblaient si bien résoudre les problèmes de ravitaillement des industries métropolitaines que les rares voix qui prônaient la prudence ont vite été submergée par l'intense campagne de presse déclenchée en faveur du projet. A sa naissance, le projet a suscité un réel engouement dans le milieu des affaires coloniales, engouement que Pierre HERBART met au compte de l'atmosphère très particulière des années 1920-24 ; annonciatrices de reprise économique.

Il faut dire que BELIME semblait avoir pensé à tout :

- au niveau de la production, les objectifs devraient être atteints par l'installation de colons français suivant un système de colonisation qui avait si bien réussi en Algérie. Les rendements qu'on pourrait atteindre grâce à l'expérience de ces colons en culture intensive, devraient permettre de rentabiliser rapidement les infrastructures d'irrigation ;
- au niveau de l'évacuation des quantités importantes de coton qu'on espérait produite, BELIME comptait sur la réalisation rapide du projet de chemin de fer transsaharien.

Dès le départ, ces deux projets (O.N. et Transsaharien) vont être intimement liés, l'un servant d'alibi à l'autre et réciproquement, pour que les différents travaux puissent commencer. Le Comité des Forges qui voulait le marché du Transsaharien, a apporté un appui important au projet de l'O.N. et a longtemps dirigé son conseil d'administration. De leur côté, le Président dudit conseil et BELIME lui-même n'ont pas cessé d'apporter leur soutien au projet du Transsaharien.

Les rapports entre les deux projets sont devenus tels que P.HERBART va se demander, en 1939, si toute l'affaire de l'Office du Niger n'avait pas pour but de permettre au Comité des Forges de vendre plus de 3 000 km de rails.

Toujours est-il que le projet O.N. bénéficie à l'époque de soutiens puissants qui font que les vastes travaux de Markala sont commencé avant même que les expériences d'exploitation entreprises à Sotuba ne se soient avérées concluantes. Quand ces résultats seront connus (notamment en 1927), les travaux seront tellement avancés qu'il ne sera plus possible de les arrêter.

C'est le Service Temporaire des Irrigations du Niger (S.T.I.N), créé par l'administration coloniale en 1925, qui est chargé des travaux. Le S.T.I.N regroupait les sociétés privées de travaux d'aménagement. Il était dirigé par des officiers et des sous-officiers du Génie et de l'Infanterie coloniale, chargés d'encadrer la *« Deuxième portion du contingent »*. Ce contingent était lui-même composé de personnes recrutées de force dans toutes les régions du Soudan et qu'on faisait travailler à coups de fouets.

C'est grâce à ces méthodes[9] que le S.T.I.N construisit l'énorme infrastructure de l'Office du Niger : en 1929 la ville industrielle de Markala (ateliers et magasin), en 1930 les pavillons de Ségou avec une centrale électrique, un château d'eau etc., ensuite les divers chantiers agro-industriels (barrage de Markala, travaux de canalisation, de construction de bâtiments etc.). Les travaux ne prirent fin qu'en 1937 avec l'achèvement du barrage de Markala.

1. Quels colons pour l'Office du Niger : Français, Indochinois, Nord-Africains ou Noirs ?

Mais les problèmes n'ont pas attendu la création officielle de l'O.N en 1932 pour se poser. Dès 1929, BELIME était obligé d'élaborer un nouveau programme pour faire face aux difficultés que le projet connaissait. Le nouveau programme apportait des changements sur trois points essentiels :

- la superficie des terres à aménager et surtout la cadence de leur réalisation. Compte tenu des difficultés rencontrées pour le creusement du canal de Sotuba, BELIME était devenu prudent. Il pensait que seulement 20 000 ha pouvaient être aménagés pour 1941 ;
- le type de colonisation à mener. Après avoir lancé un appel aux exploitants européens (appel resté vain), les autorités coloniales avaient envisagé d'autres hypothèses : d'abord une émigration des travailleurs indochinois vers la région de l'O.N. mais les grèves de la main-d'œuvre asiatique sur les chantiers de chemin de fer Congo-Océan firent écarter cette possibilité ; ensuite un déplacement de population Nord-africaines : mais, outre la perte de main-d'œuvre que cela susciterait dans les oasis du désert algérien, la rencontre de populations islamisées et de populations animistes aurait pu avoir des effets sociopolitiques désastreux pour le colonialisme. Il restait à se tourner vers la solution de colonisation noire, c'est-à-dire à puiser dans les « réserves démographiques » du pays Mossi, particulièrement le Yatenga. Cette solution avait l'avantage aux yeux de la Métropole de retenir une partie de la main-d'œuvre Mossi, qui émigrait régulièrement pour travailler dans les colonies anglaises (la Gold Coast notamment) et utiliser cette

[9] Sur les méthodes utilisées par le S.T.I.N voir (MAGASA 1978).

main-d'œuvre à des fins favorables aux industries françaises. La solution ainsi préconisée avait aussi l'avantage d'être moins coûteuse (compte tenu de la proximité du pays Mossi) et de présenter un risque minimum sur le plan sociopolitique à cause des échanges séculaires entre les deux populations ;

- le but de l'Office du Niger qui n'est plus la satisfaction de tous les besoins de la France en coton mais la création d'un « îlot de prospérité ». Cet îlot devrait permettre de lutter contre la famine qui sévit au Soudan, d'assurer une partie du ravitaillement en coton des industries métropolitaines et enfin de procéder au « regroupement humain ». Ce dernier objectif ne figurait, dans le premier projet, que comme simple moyen d'atteindre les objectifs de production.

2. Quelles productions à l'Office du Niger : coton ou riz ?

L'O.N. se donnait désormais comme tâche de produire du coton, bien sûr, (sur 510 000 ha) mais aussi de regrouper les Noirs et de leur faire cultiver le riz (sur 450 000 ha) pour les protéger contre *« leur propre nature imprévoyante »*. BELIME était convaincu que : *« le plus grand obstacle à l'accroissement de la population, ce n'est pas l'épidémie, ni le manque d'hygiène aussi regrettable que général, c'est la disette permanente qui règne dans le pays »* (BELIME : 1925 : 15).

On peut donc affirmer que ce sont la faible densité de population de la région et des difficultés de peuplement de l'O.N qui ont amené BELIME à poser la question vivrière. Ses préoccupations concernaient la conservation et la reproduction de la force de travail. Mais la question vivrière s'est posée également sous l'aspect de la prise en charge par les colons de leur propre entretien : le capital n'avait pas à supporter cette charge, ni les risques de production que cela supposait.

A ces raisons de l'introduction d'une autre culture que le coton, il faut ajouter cette autre qui est très peu évoquée : le caractère inapte à la culture du coton, de certaines terres aménagées. Cependant le choix du riz (au lieu d'autres céréales habituellement consommées par les paysans) obéissait déjà aux impératifs d'exportation dans d'autres régions de l'Afrique Occidentale Française, jusqu'alors approvisionnées par le riz venu des colonies Françaises d'Asie.

La conséquence la plus importante qui résultait du nouveau programme de BELIME était la substitution au projet de mise sur pied d'une agriculture capitaliste de type classique, d'un projet de mise au service du capitalisme d'une agriculture de type paysan.

Les difficultés qui pouvaient surgir au cours de ce processus et sur lesquelles nous reviendrons ne semblent pas avoir été pressenties par le programme de 1929.

L'Office du Niger est créé en 1932 par le décret du 5 janvier qui lui confère le statut d'établissement public doté de la personnalité civile et de l'autonomie financière. Les tâches de l'O.N étaient définies comme devant permettre la colonisation, la mise en valeur et l'exploitation des terres fertilisées. L'Office devait peupler les terres, créer des villages et enseigner aux paysans noirs les nouvelles méthodes de culture.

Par ce décret, l'administration perdait la responsabilité des aménagements dont elle avait jusque là assumé la direction des travaux. L'O.N va jouir d'une telle indépendance vis-à-vis de l'administration que certains n'hésiteront pas à le qualifier *d'Etat dans l'Etat*[10]. Ce qui est admirable, c'est que ce caractère autonome de l'O.N demeure encore aujourd'hui. En effet, bien que la question (centralisation ou décentralisation) ait fait l'objet d'un grand débat et même de plusieurs décrets (9 décembre 1941 ; 18 juillet 1948 ; 22 octobre 1954) introduisant des modifications qui renforçaient ou restreignaient l'autonomie de l'O.N, l'autonomie avait fini par triompher : l'Ordonnance du 3 janvier 1981 érigea l'O.N, en « *Etablissement Public à caractère industriel et commercial* ». Le décret de 1932 définissait dans les grandes lignes les rapports entre colons et Office. Il faut dire que ces rapports n'ont pas fondamentalement changé malgré la nationalisation de cette entreprise en 1960 et l'africanisation de ses cadres en 1962. L'Office du Niger était demeuré une entreprise à caractère « *technocratie et dirigiste* » comme le soulignait GOSSELIN.

Dans la pratique cependant l'O.N a toujours été obligé de tenir compte des résistances paysannes. C'est ainsi qu'à certaines époques, il a dû reculer et adopter une « *politique de séduction* », soit pour faire venir des paysans sur ses terres (comme ce fut le cas avec l'échec des premières mesures de peuplement) soit pour les y retenir (comme après la Seconde guerre mondiale où on commença à enregistrer les premiers effets du décret du 11 avril 1940 supprimant le travail forcé). Malheureusement, la plupart du temps, les différentes « *politiques de séduction* » de l'O.N, ont été perçues comme des erreurs, des *« mesures antiéconomique »* et non comme des conséquences de la résistance paysanne. Cela tient au fait que l'autonomie accordée à l'O.N semblait le rendre tout puissant aux yeux des chercheurs.

---

[10] Voir à ce sujet les critiques formulées par le Président de la Chambre de Commerce de Dakar à l'encontre de l'O.N in « A.O.F Magazine » 1958.

Du reste, c'est cette autonomie appuyée par le type de contrat qui liait le colon à l'O.N qui, aussi paradoxal que ce soit, fait que l'Etat a très vite considéré l'O.N comme le champ privilégié d'application des mesures préconisées par ses différentes politiques agricoles. C'est ce qui explique entre autres le maintien du contrat par tous les régimes politiques qui se sont succédés au Mali depuis 1954 (date de mise en place du contrat) jusqu'en 1991.

B) Naissance et persistance des mythes à l'Office du Niger

L'O.N a servi de justification à tous les mythes qui ont alimenté les plans de développement rural au Mali :

- il a d'abord servi à entretenir le rêve colonial de faire du Soudan le fournisseur privilégié de certaines cultures industrielles de la Métropole ;
- ensuite il a entretenu le mythe de faire du Mali le « grenier de l'Afrique de l'Ouest ». Ce mythe aussi a pris naissance à la période coloniale. Pendant la seconde guerre mondiale, le Mali s'est vu attribuer par la Métropole le rôle de pourvoyeur des autres colonies en produits vivriers. C'était envisageable à cette époque où l'essor démographique n'avait pas connu la phase explosive d'après les indépendances.

Ainsi en avait décidé la stratégie d'exploitation économique des colonies françaises. En 1954, Robert IZAURE, Président de la Chambre de Commerce, d'Agriculture et d'Industrie de Bamako, expliquait bien cette stratégie : « *Pendant les dures années de la dernière conflagration mondiale, le Soudan a montré notamment qu'il pouvait aider ses voisins à subsister pour que ceux-ci puissent d'adonner entièrement à la production des corps gras pour l'économie de guerre. Ce qui s'est accompli à cette époque sans moyen, doit pouvoir être encore aujourd'hui par l'éducation des paysans indigènes et la vulgarisation des méthodes modernes* » (A.O.F Magazine N°195 : 16).

Le Président de la Chambre de Commerce de Bamako passe sous silence les méthodes employées à l'époque pour soutirer « *l'effort de guerre* » aux paysans. Ce qui est encore plus surprenant, c'est qu'il pense pouvoir atteindre les mêmes résultats avec « *l'éducation des paysans et la vulgarisation des méthodes modernes* ».

C'est en cela que réside la grande illusion qui va habiter les « *stratèges du développement* » : croire qu'on peut résoudre des problèmes qui sont finalement ceux de la destination et de la répartition des produits par un changement des mentalités et des méthodes de production. Ce mythe, concernant le Mali, avait cependant été qualifié « *d'espoir chimérique* » déjà en 1938 par un autre Président de Chambre de Commerce, celui de Dakar, qui s'élevait contre les tentatives coûteuses pour transformer la région nigérienne du Mali en grenier d'abondance.

La politique agricole du Mali sera toujours traversée par ces deux mythes, chaque régime favorisant l'un ou l'autre suivant ses objectifs propres. Il est arrivé qu'un même projet de développement puise la justification de son entreprise dans l'un puis dans l'autre : c'est le cas de l'Office du Niger. Son promoteur écrivait en effet en 1922 que le coton fourni là (production espérée : 300 000 tonnes de coton par an) devra permettre «*l'affranchissement de l'industrie française de l'étranger* » puisque la France importait par an 280 000 tonnes. En 1932 le slogan de BELIME concernant toujours l'O.N était « *création d'un îlot de prospérité, lutte contre la famine, politique des ventres pleins* ». Les causes de cette métamorphose sont intéressantes et nous aurons l'occasion de les examiner.

A certains moments, le pouvoir camoufla ses choix derrière cette idée, loin d'être démontrée à l'époque, que l'essor des cultures de rente allait favoriser l'essor des cultures vivrières. C'est cette idée qui fut à la base de tout un courant de pensée qu'on retrouve surtout exposé dans le « Programme triennal de redressement économique et financier » élaboré par le régime mis en place par les militaires, suite au coup d'Etat de 1968.

L'Office du Niger participa également à tous les modèles de développement :

- avant sa création officielle : essais de mise en place d'une agriculture capitaliste de type « classique » comme ouvriers agricoles, ou par la culture en régie grâce à une mécanisation assez lourde ;
- de 1932 à 1960 : mise en place d'une petite paysannerie africaine que l'Etat essaie d'inféoder le plus possible à l'économie de marché en contrôlant les différentes conditions de la production ;
- de 1960 – 1970 : tentative de collectivisation basée sur la mise en commun des terres et de la force de travail de plusieurs exploitations installées dans un même village. L'Etat utilise le discours politique pour convaincre mais n'en instaure pas moins son contrôle sur les conditions de production et sur certains marchés qui concernent les paysans ;
- de 1970 à 1980 : retour à l'exploitation familiale individuelle dont l'Etat essaie d'orienter l'effort essentiel vers la monoculture du riz en renforçant ses structures de contrôle de la production paysanne ;
- à partir de 1981 : « libéralisation du commerce des céréales » sous la double pression des sources extérieures de financement et des paysans eux-mêmes qui ont su mettre en échec les politiques antérieures de contrôle de la production paysanne.

Cette utilisation de l'O.N s'explique par le fait que la production agricole représente, au Mali, un enjeu essentiel car le pays était dépourvu (jusqu'en 1990) de ressources minières connues et facilement exploitables.

Pourtant la vocation de pays essentiellement agricole s'est heurtée au Mali à des obstacles importants parmi lesquels des techniques de production qui sont restées longtemps rudimentaires et un climat sahélien à pluviométrie capricieuse.

Il ne fait cependant aucun doute que le Mali constitue un pays à économie essentiellement rurale, et dont le développement repose sur une bonne réorientation de l'agriculture qui doit servir de point d'appui à l'ensemble de l'économie. Mais il convient de définir les conditions dans lesquelles l'agriculture malienne peut jouer ce rôle en tenant compte de ses capacités réelles, de ses caractéristiques propres et de la conjoncture socio-économique qui l'entoure. Or jusqu'ici on a nourri, à propos de l'agriculture malienne, des illusions dont la vanité a été largement montrée par la suite. A y regarder de près, aucun des objectifs agricoles essentiels, que se sont fixés les différents plans de développement du Mali jusqu'au milieu des années 80, n'a été atteint.

Ce qui est encore plus frappant, c'est la dégradation continue de la situation alimentaire dont la première alerte a été donnée en 1964-65 et qui s'est accentuée surtout après les années 1970. En proclamant après 1970 la nécessité d'assurer « *l'autosuffisance alimentaire* » du pays (même si derrière ce slogan se cachaient certains intérêts précis), les autorités maliennes reconnaissaient cette dégradation. Le vieux mythe de faire du Mali le « *grenier de l'Afrique de l'Ouest* » prenait et pour longtemps un coup sérieux.

Au-delà de la polémique à propos de différents choix de politique agricole, il importe de retenir que le Mali a été et demeure un pays de polyculture non seulement dans l'ensemble des terres cultivables mais pratiquement dans chaque région agricole. Ce fait le distingue fondamentalement de son voisin, le Sénégal, dont certaines régions (le Walo par exemple) ont été dévastées par la monoculture de l'arachide notamment. Il faut ajouter que les vicissitudes des choix officiels, qui ne tiennent pas compte des besoins des producteurs, prennent en partie naissance dans cette polyculture qui a toujours permis aux paysans de résister aux ravages d'un libéralisme économique, « *sauvage* » à plus d'un titre.

CHAPITRE II

LA PÉRIODE COLONIALE ET LE CONTRÔLE DES CONDITIONS DE PRODUCTION

Conformément à la méthodologie adoptée pour l'analyse des politiques agricoles (méthodologie basée sur la détermination des moments de rupture dans les rapports sociaux au niveau local, national, et international), il faudra procéder à la détermination des étapes essentielles de la période coloniale. Il convient, tout d'abord, de préciser que, dans le Mali de l'époque coloniale, les rapports sociaux étaient déjà fortement influencés par des facteurs internationaux. Cela s'explique par le fait que le Soudan, en tant que territoire de l'Afrique Occidentale Française (A.O.F.), n'était - politiquement et économiquement – qu'un élément de l'empire français.

Or la plus grande rupture qu'ait connue l'A.O.F. (de même que les autres colonies), s'est située à la fin de la deuxième guerre mondiale. Pour ce qui nous intéresse ici, cette rupture peut se résumer à deux points essentiels : la libération de la force de travail (par l'abolition du travail forcé) qui retire à l'administration coloniale le contrôle juridique de la principale force productive ; la loi accordant le droit d'association aux colonisés qui va mettre à la disposition de ceux-ci certaines méthodes de lutte auxquelles ils n'avaient pas accès jusqu'à cette époque. Les conséquences de ces deux éléments seront importantes au point de vue de la définition de nouvelles politiques permettant « *l'extorsion et l'appropriation du surplus paysan* ».

L'analyse devra viser à expliquer comment concrètement cela s'est opéré dans le cadre de l'O.N. et quelles en ont été les conséquences pour l'évolution de cette entreprise. Cela signifie qu'il ne faudra pas insister outre mesure sur les aspects généraux de ces époques, aspects qui ont été étudiés par différents auteurs comme Jean SURET-CANALE et Samir AMIN. Il faut rappeler cependant les caractéristiques de ces moments de notre histoire en tant que cadre général de déploiement des différentes politiques mises en place.

A) *La période précédant la deuxième guerre mondiale*

1. La politique de mise en valeur coloniale : rappel des aspects généraux

« Le capital » s'imposa dans les campagnes maliennes à travers l'économie de traite qui a pour caractéristiques essentielles le drainage des produits des colonies vers les pays capitalistes et l'importation dans ses colonies de certains produits manufacturés, venus des métropoles européennes. L'organisation de l'économie de traite était dominée par les maisons de commerce dont les premières à s'installer au Soudan français appartenaient aux groupes Marseillais et Bordelais. Ces maisons firent leur apparition avant la fin de la conquête coloniale qu'on situe, généralement, comme étant intervenue à la suite de la défaite et de l'arrestation, en 1898, du grand résistant l'Almamy Samori Touré.

En fait, l'installation de ces maisons suivait l'itinéraire de la conquête et de la « pacification » coloniale. C'est ainsi qu'avant 1898, cinq maisons étaient déjà installées à Kayes, la première

Région conquise par les Français : Devès et Chaumet (1890), Buhan et Tesseire (1892), Maurel et Prom (1893), Chavanel (1894) et Peyrissac (1897). Une trentaine d'autres vont suivre, entre 1900 et 1960, et elles s'installeront essentiellement à Bamako qui est devenue la capitale du Soudan en 1908, à la place de Kayes.

Les maisons de commerce utilisaient une foule d'intermédiaires locaux et étrangers (surtout « Libano-Syriens »). Elles assuraient leur suprématie grâce aux facilités que leur accordait l'Etat colonial : politique des prix favorables, accès au crédit bancaire, accès exclusif à certains marchés, etc., toutes conditions qui pousseront plus tard les commerçants soudanais à se joindre au mouvement de libération nationale.

La protection que l'Etat assurait aux firmes françaises a été telle que ces maisons purent diminuer, sans risque, le nombre de leurs comptoirs et boutiques dans les petits centres. Jean SURET-CANALE indique que, de 1939 à 1955, le nombre de « *factories* » européennes a diminué (passant de 216 à118), sans aucune répercussion sur le chiffre d'affaires des maisons mères.

Bien que les rapports entre les maisons de commerce et leurs intermédiaires aient joué un rôle important dans l'évolution politique du pays, à cause du soutien financier que les commerçants soudanais ont accordé à l'US-RDA dans sa lutte pour l'indépendance politique, ce qui nous semble essentiel, ce sont les rapports entre ces maisons et les producteurs. Ces relations apparaissent d'abord dans le système d' « échange inégal » qui régissait l'économie de traite. Le « capital commercial », qui connaissait dans les années 1900-1920 ses heures de gloire, dominait l'ensemble de l'économie.

Or, en ce début de XXe siècle où les consortiums ne s'étaient pas encore déployés, ce capital n'agissait que dans la sphère de la circulation des produits. C'est dans cette sphère qu'il prélevait la plus-value. Il ne s'intéressait pas directement au processus de production et ne se préoccupait pas d'en contrôler les conditions. La raison d'un tel phénomène est assez simple : le « capital commercial » n'avait pas encore épuisé les possibilités de réalisation de profits dans le cadre des conditions de production dont les paysans disposaient à cette époque. On était encore au stade de l'extension spatiale, les « *campagnes de pacification* » visant à soumettre les différentes ethnies du pays, n'ayant pris fin qu'en 1913, le « capital commercial » soumettait donc petit à petit de nouvelles zones à son influence.

Cette préoccupation apparaissait nettement dans l'utilisation des différents investissements, bien que la mise en valeur conçue à l'époque pour le Soudan fût essentiellement agricole, aucun effort important d'investissement en matière d'agriculture n'a eu lieu avant 1920. C'étaient les infrastructures routières qui absorbaient la plupart des capitaux et ceci, jusqu'à la fin des années 1930. Samir AMIN (AMIN : 1971) indique qu'en 1928 le chemin de fer de Kayes à Koulikoro représentait encore près de la moitié du capital national, l'autre moitié étant consacrée aux bâtiments administratifs et à l'équipement des maisons de commerce.

Mais, au fur et à mesure que les besoins des industries françaises augmentaient, une contradiction importante se dessinait : la production, en effet, ne concernait essentiellement que les produits vivriers alors que le « capital commercial » ne s'intéressait qu'aux produits d'exportation et uniquement à leur commercialisation. Cette contradiction capital/producteurs ne peut être résolue que par l'intervention de l'Etat colonial, dont une des tâches essentielles a consisté à imposer des *« rapports capitalistes dans un contexte de production marchande simple ».* L'État devait mettre sur pied et assurer le fonctionnement du mécanisme « *d'extorsion de la plus-value* ».

La première mesure dans le sens de l'installation d'un tel mécanisme a été d'ordre économique : ce fut l'instauration de l'impôt en espèce. La perception des différents impôts sous forme monétaire obligeait les paysans à vendre une partie de leur production et donc à entrer dans l'économie de marché. Le paysan était ainsi obligé de cultiver les produits susceptibles d'intéresser les maisons de commerce. Mais cette mesure s'est avérée assez rapidement insuffisante. Les paysans avaient, en effet, trouvé le moyen de limiter cette incursion des rapports dans leur économie, en continuant à consacrer le plus gros de leurs efforts aux cultures vivrières.

Par une nouvelle législation foncière basée sur la spoliation de terres considérées comme « vacantes et sans maître », l'Etat tentait d'assurer son contrôle sur le principal objet de travail : la terre. Par le travail forcé et les différentes mesures de réquisition de main-d'œuvre, il s'assurait le contrôle de la principale force productrice : la force de travail. Enfin, par l'imposition de cultures commerciales (coton, arachide, dah, etc.), il franchissait une nouvelle étape vers l'intervention directe dans le procès de production proprement dit.

Au Soudan, ces différentes mesures ont toutes été appliquées à partir des années 1915-1920. Cependant, leur impact a varié de façon notable en fonction des enjeux économiques qui les sous-tendaient. Ainsi, la spoliation des terres n'a pas donné lieu à des soulèvements importants à cause, surtout, de l'inexistence de pression foncière dans la plus grande partie du pays.

Du reste, le Soudan n'a pas connu l'attribution de grandes concessions agricoles comme dans les pays côtiers de l'A.O.F. La concession de 100 000 ha octroyée en 1919 au groupe Hirsch ne constitue, finalement, qu'une exception. Concernant également l'Office du Niger, la spoliation des terres n'a pas atteint de dimensions dramatiques, à cause du faible peuplement de la région. L'entreprise elle-même évita certains conflits qui pouvaient nuire à son développement futur : les rares villages qui étaient dans la zone (comme Molodo-Bamanan devenu ensuite village de l'O.N. sous le nom de Molodo-I) ont bénéficié d'indemnisations pour la partie de leur terroir que l'O.N. s'appropriait. La terre ne constituait donc pas encore un enjeu essentiel à cause tout simplement de son caractère peu fertile et relativement abondant. L'Etat colonial ne s'y trompe pas puisque le contrôle de la force de travail, tant qu'il est assuré, rend superflu le contrôle de la terre au Soudan. Mais ce contrôle s'impose dans la zone où l'Etat veut faire des aménagements fonciers, ne serait-ce que pour pouvoir entreprendre ces aménagements.

Par contre, le contrôle de la force de travail allait créer des conflits aigus entre L'Etat et les paysans. Ces conflits étaient d'autant plus importants qu'ils opposaient l'Etat pratiquement à chaque famille, surtout en milieu Bambara où c'étaient les familles (et non le pouvoir central traditionnel) qui avaient le contrôle des producteurs. La main-d'œuvre fut donc réquisitionnée pour la production des cultures commerciales dans les champs traditionnels maintenus ou établis par l'administration et dans les « *champs de commandant* ». Les résultats ainsi obtenus furent loin d'être négligeables, notamment dans le domaine de la production du coton : selon J. SURET-CANALE (1971 : 280-281) sur les 1.876 tonnes (T) de coton produites en 1942 au Soudan, 1.000T l'ont été sur les « *champs de commandant* », l'Office du Niger ne fournissant que 606T et Diré 270 T. La main-d'œuvre était également réquisitionnée pour différents autres travaux (chantiers, routes, etc.). Les hommes mobilisés comprenaient les prestataires, les prisonniers (pour les besognes quotidiennes d'entretien) et l'immense armée des réquisitionnés, travailleurs prélevés dans les villages.

En Afrique de l'Ouest, c'est le Plateau mossi (dans l'actuel Burkina-faso) qui a le plus souffert de ces réquisitions. Une des raisons en est certainement le rôle de relais que le pouvoir central traditionnel, représenté par les Nabas, a joué dans la mobilisation des travailleurs autour des projets coloniaux. Les Mossi ont fourni 6.000 travailleurs (renouvelés tous les 6 mois) pour la construction de la ligne de chemin de fer Dakar-Niger, 2.200 travailleurs pour le chemin de fer de Côte d'Ivoire. Ils vont fournir également les premiers colons de l'O.N Auparavant, ils auront participé aux grands travaux devant créer l'infrastructure de l'Office du Niger sous la direction du S.T.I.N (Service Temporaire des Irrigations du Niger).

C'est l'administration qui assurait la levée des contingents et veillait à retrouver les « *déserteurs* », pour leur infliger des sanctions exemplaires. Pourtant le S.T.I.N. représentait des intérêts privés, puisqu'il était constitué de différentes sociétés de travaux publics, et la Convention du 25 Décembre 1926 de la Société des Nations interdisait le travail forcé au service d'intérêts privés. Ce type d'intervention de l'Etat avait été justifié par le Gouverneur ANGOULVANT, dans des propos que nous rapporte Jean SURET-CANALE (1971 : 291) : « *Si les représentants des maisons de commerce et des entreprises européennes de colonisation doivent compter sur leur autorité personnelle pour déterminer l'habitant au travail rémunérateur pour lui-même et leur maison, ils échoueront à peu près complètement, non sans d'onéreux sacrifices* ».

Il faut croire que les réquisitions de main-d'œuvre s'avéraient profitables puisque la France va continuer à les pratiquer, prenant le risque d'être mise au banc des accusés de la communauté internationale en 1929, à cause des scandales provoqués par le travail forcé au Congo. L'ensemble du système mis en place pour assurer la suprématie des maisons de commerce et des entreprises françaises, va fonctionner de façon plus ou moins harmonieuse jusqu'à la fin de la première guerre mondiale. C'est le regain d'activité, que connaissent le commerce et l'industrie des vainqueurs de la grande guerre, qui va en montrer les insuffisances. Il devenait manifeste que les besoins des industries françaises ne pouvaient pas être couverts par des paysans des colonies.

Malgré les mesures de contrainte, en effet, les conditions de production de ces paysans constituaient un écueil incontournable et le « capital commercial », qui s'était appuyé sur l'usure et la spéculation, avait créé un environnement peu propice au développement des forces productives. Ce capital avait donc atteint les limites de l'extension des rapports marchands dans un contexte où la faible capacité de production des paysans était reflétée par la médiocrité des rendements. De plus, la faiblesse des revenus du paysan lui interdisait tout investissement dans l'agriculture et donc éloignait tout espoir d'une évolution rapide des techniques culturales. Malgré la prise de mesures tendant à spécialiser les territoires colonisés dans la production de certaines cultures commerciales (arachide pour le Sénégal et coton pour le Soudan), les quantités produites demeuraient, de loin, inférieures aux besoins.

Le « capital commercial » eut à souffrir lui-même de ce phénomène. Les limites de la production paysanne lui apparurent sous la forme d'un risque de plafonnement des profits commerciaux. La réalisation, par ce type de capital, de plus grands profits, passait par un changement profond du processus de production. L'Office du Niger est né dans les conditions de recherche d'un plus grand profit aussi bien pour le « *capital commercial* » que, surtout, pour le capital industriel, dans un contexte où la principale force productive (la force de travail) était quasi gratuite. Il n'est pas surprenant que l'O.N. ait fini par porter le sceau de son époque : le recours aux petits paysans pour assurer une production destinée au marché.

2. Le « Travail Contractuel Imposé » (T.C.I.), comme moyen de contrôle de la production paysanne

Trois raisons essentielles ont justifié le recours aux petits paysans africains pour peupler les terres de l'O.N. :

- le refus du capital d'assumer les risques de production après l'échec de la compagnie HIRSCH dans sa tentative de produire du coton à Diré ;
- l'échec des tentatives de recours à la colonisation blanche ;
- la recherche d'un plus grand profit par l'utilisation d'une main-d'œuvre bon marché.

Ces trois raisons ont prévalu sur les difficultés que pouvait rencontrer le peuplement des terres de l'O.N. par des paysans Noirs et, surtout, les conséquences qui pouvaient en résulter. Elles l'ont emporté également sur les préjugés de BELIME. Le promoteur de l'O.N. se défiait de l'organisation familiale des paysanneries africaines. Pour lui, la structure patriarcale de la « *société indigène* » rend cette société « *particulièrement réfractaire aux concepts modernes de la production intensive* ». BELIME affirmait volontiers, qu'au contraire du Fellah, de l'Indien et de l'Annamite « *....aptes à la terre et au gain, le Soudanais végète dans une ambiance communiste qui est loin de développer ses facultés intuitives* ». Il demandait que l'administration ne soit pas arrêtée par des questions de principe pour « *désintégrer cette cellule économique stérile qu'est le village indigène » (BELIME : 1929 : 15-16).*

BELIME connaissait donc très bien le rôle fondamental que joue le village dans l'économie paysanne parce que le village est, en quelque sorte, la « *coque protectrice* » de l'économie familiale contre l'extérieur, particulièrement l'économie de marché. C'est le village, en effet, qui assure les formes traditionnelles d'échanges aussi bien de la force de travail que des produits.

Le discours de BELIME s'est heurté aux difficultés rencontrées dans le peuplement des terres de l'O.N. puisqu'il a dû avoir recours à la colonisation africaine et, à ce niveau également, il aura beaucoup de déceptions. D'après SURET-CANALE, il espérait installer 800.000 Mossi à l'Office. Cependant, malgré les recrutements répétés et le zèle de certains Nabas (chefs traditionnels Mossi), on ne put installer que 8.000 Mossi à la veille de la seconde guerre mondiale (J. SURET-CANALE : 1971 : 318-319).

Devant le peu d'enthousiasme des paysans Mossi, des promesses alléchantes leur sont faites. L'une de ces promesses faisait un grand effet sur les paysans : en 1937, on leur promit qu'au bout de 10 ans, les parcelles qu'ils cultivaient leur appartiendraient. BELIME écrivait à l'époque que des mesures devaient également être prises pour que le colon ne se sente pas à jamais séparé de son village d'origine et qu'il ait le sentiment que, s'il le désirait, il pourrait y retourner (BELIME : 1925 : 16).

C'est dès les premières années d'exploitation après la création officielle de l'O.N. en 1932, qu'apparut le travail contractuel imposé (T.C.I.). C'était une formule qui cherchait à séduire les paysans et à les amener, tout de même, à produire pour le marché. Le Travail Contractuel Imposé montrait, par son existence, que l'Etat renonçait aux méthodes coercitives directes, basées sur le travail forcé non rémunéré et qui avaient été utilisées par le Service Temporaire des Irrigations du Niger (S.T.I.N.). Ces méthodes avaient, en effet, montré leurs limites, ne serait-ce qu'à cause du fait qu'on atteignait chaque résultat au prix d'une destruction importante de forces de travail.

L'aspect de « *politique de séduction* » du T.C.I. résidait dans le fait que, par le Travail Contractuel Imposé, le colon se trouvait lié à l'Office par un contrat qui stipulait qu'il avait certains droits (droit, contre remboursement, au matériel agricole, à une aide vivrière la première année, aux semences ; droit à une maison ; etc.). Ceci pouvait être considéré comme un progrès important, dans un contexte où le travail forcé et les réquisitions de main-d'œuvre étaient encore abondamment utilisés par l'administration. Il est possible que se aspect ait joué un certain rôle dans la venue des Mossi à l'O.N. et que les paysans, soumis à des pressions du pouvoir local, aient préféré venir à l'office du Niger où les conditions de travail semblaient moins contraignantes.

Il est très difficile de faire la part de ce qui revient, dans les résultats obtenus pour faire venir la force de travail à l'O.N., à la « *politique de séduction* » et à la politique de contrainte. Il nous semble que ce qui a été déterminant, c'est l'aspect « contrainte » puisque l'administration coloniale elle-même admettait que, parmi les colons, il y avait des « volontaires partiels », et la plupart des chercheurs qui ont travaillé sur cette époque ont insisté sur les mesures de contrainte prises contre les futurs colons.

Par contre, il est sûr que le T.C.I. a joué, par son aspect moins contraignant par rapport au travail forcé, un rôle certain dans le maintien de la force de travail à l'O.N. Emile BAILLAUD parle du bonheur des travailleurs installés au centre de Sotuba et cite, à titre d'exemple, les performances qu'ils ont pu atteindre dans le domaine de la production de 1930 à 1936. Il (BAILLAUD : 1936) raconte, presque avec délectation, le retour de certains fils de colons du centre, qui avaient fui pour aller travailler au Sénégal et qui revenaient tout repentants, demander des lots de terres au centre.

BAILLAUD faisait l'apologie de l'œuvre de l'Office du Niger. Mais il est vrai que les fuites de colon étaient devenues rares, tout simplement parce que le colon avait conscience qu'en retournant dans sa région d'origine, il retrouverait les conditions du travail forcé, c'est-à-dire d'un contrôle encore plus arbitraire et brutal de la force de travail. Le colon ne pouvait également pas se déplacer facilement (en direction d'autres régions par exemple) à cause des contrôles administratifs incessants.

Dans la pratique, le T.C.I. ne différait cependant pas beaucoup des méthodes utilisées par le S.T.I.N. Le paysan devenait, en effet, dépendant de l'O.N. pendant plusieurs années. Et, ce qu'on se gardait bien de dire au futur colon quand il quittait son village, c'est qu'il devait achever lui-même son habitation et les bâtiments annexes, défricher les champs, enlever arbres, souches, buttes, termitière etc. et surtout aider à finir les installations d'infrastructures du village. (BELIME : 1940 : 132). Par certains côtés le T.C.I. pouvait se révéler plus contraignant que le S.T.I.N, dans la mesure où il s'agit d'un contrat qui liait l'Office, non pas au seul paysan, mais à l'ensemble de sa famille. Le colon devait en effet répondre devant l'entreprise de l'absentéisme de tout membre de sa famille. Pierre HERBART, rapportant, les paroles d'un instructeur français de la période du T.C.I. écrit : « *Oui, les hommes, les femmes, les enfants, tous travaillent. Ils sont prêts au coup de cloche et ne se font pas punir ... Des punitions sont infligées à ceux qui fournissent un travail insuffisant. Elles consistent pour les nouveaux colons (auxquels une ration remboursable est distribuée) en :*

- *privation de sel,*
- *privation de beurre de karité,*

- *privation de poisson sec*[11],
- *diminution ou suppression du mil ou du riz » (HERBART : 1939 : 96).*

Quels sont les résultats réels que le T.C.I. a permis d'atteindre ? Certains auteurs ont, nous semble-t-il, exagéré l'efficacité de ce système. Nous avons vu que BAILLAUD en faisait l'apologie et expliquait les résultats de production par la satisfaction que les Noirs trouvaient dans ce système. Dans un autre sens, il existe chez d'autres auteurs (dont AMIDU MAGASA) une sorte de surestimation de l'efficacité du Travail Contractuel Imposé. Pour ces derniers, en effet c'est grâce au T.C.I. que l'O.N., entreprise capitaliste, s'est assujetti la « *grande famille étendue* » (G.F.E.). Attirant l'attention sur la façon particulière dont le capitalisme s'approprie certains milieux ruraux, A. MAGASA conclut : « *Le grand bénéficiaire de cette situation, c'est l'employeur qui ne supporte pas de salaire social. Et le grand perdant c'est le travailleur qui, au lieu de diriger son agressivité contre le patronat, reposera ses espoirs sur les capacités très hypothétiques mais toujours dociles de la G.F.E* » (MAGASA : 1978 : 132).

Il y a surestimation parce que, d'un côté, BAILLAUD établit une liaison un peu rapide entre le T.C.I. et les résultats de production, sans tenir compte suffisamment des autres facteurs ; de l'autre, MAGASA semble accorder trop d'importance aux rapports juridiques et à leur impact réel en matière de production. Tous deux ont, de notre point de vue, conclu un peu trop vite à la capacité du T.C.I. à mobiliser la force de travail pour les cultures commerciales, à partir de sa capacité de maintenir cette force de travail à l'O.N. Leur analyse n'a pas concerné le type d'agriculture qui se mettait en place, alors que ce sont les caractéristiques de cette agriculture qui vont montrer les limites du T.C.I. dans l'orientation des efforts du paysan vers les cultures commerciales.

---

[11] Le poisson sec est beaucoup consommé par les couches pauvres de la population de cette région : il fait office de viande.

3. Les caractéristiques de l'agriculture paysanne à l'O.N. et les limites du T.C.I.

L'efficacité du Travail Contractuel Imposé trouvait ses limites dans trois domaines essentiellement : les conditions même de l'exploitation agricole, la nature de l'unité de production de base, l'organisation du travail à l'O.N.

Le premier facteur limitant le rôle du T.C.I. provient du fait que l'agriculture, surtout basée sur le travail de petits paysans, ne se prête pas à l'imposition d'un rythme de travail avec l'assurance d'obtenir des rendements élevés.

En cela, l'agriculture d'une façon générale et singulièrement l'agriculture paysanne se différencie de l'industrie qui parvient, à travers le travail à la chaîne, à imposer à l'ouvrier un rythme déterminé. Dans l'industrie, en effet, le rythme de travail est finalement imposé par la machine alors que dans l'agriculture, même mécanisée, c'est finalement l'homme qui détermine le rythme de travail. Le Travail Contractuel Imposé ne pouvait rien changer à ce phénomène.

Le second facteur est né des conditions d'installation des colons à l'O.N. Quand la solution de colonisation africaine a été préconisée, des essais ont été entrepris à Niénébalé afin de « *tester la capacité de colonisation du Noir* ». Ces essais reposaient sur le recrutement à partir de la cellule familiale : en 1928, quinze familles ont été recrutées dans la zone de Kénenkou et vinrent rejoindre les familles déjà installées à Diarabougou (nom autochtone de Niénébalé). Les autorités coloniales distribuèrent des terres à ces familles qui furent considérées comme travaillant à leur propre compte. L'expérience fut considérée par les responsables du centre comme un succès.

Mais, cette appréciation n'était que d'ordre technique. On ne fit pas attention au fait que l'installation de familles introduisait à l'O.N. un des traits fondamentaux de l'agriculture paysanne : le caractère familial de l'unité de production. Or la dimension familiale imposait à l'unité de production des objectifs d'autosubsistance qui allaient entrer forcément en conflit avec les objectifs réels visés par l'O.N. (augmentation des cultures commerciales et surtout leur commercialisation avec des marges bénéficiaires importantes).

C'est là que se situe donc notre première divergence avec la thèse de certains auteurs sur l'utilisation de la « *grande famille étendue* » par l'O.N. Par cette thèse, ils rejoignent la théorie de « *l'articulation des modes de production* » qui met l'accent plus sur l'aspect de complémentarité entre les deux modes que sur l'aspect d'antagonisme, de conflit. En fait, ils sacrifient à une mode (de pensée) alors que tout concourt à montrer que les familles installées à l'O.N. ne pouvaient pas être considérées comme des G.F.E.

Les raisons en sont simples :

- rares ont été les chefs de grande famille qui se sont effectivement installés à l'Office. Pour Jean SURET-CANALE. « Les chefs Mossi envoyèrent à ce bagne (l'O.N.) des captifs ou des éléments inutilisables ou indésirables, y compris malades et sommeilleux » (1971 : 318). Dans le meilleur des cas, on y envoyait de jeunes chefs de ménage qui, par leur position même, sont incapables de mobiliser à leur service l'ensemble de la force de travail de la famille étendue. On peut se demander également si le fait même d'être colon, c'est-à-dire d'être hors du village d'origine, n'est pas en lui-même un handicap sérieux à l'accession au poste d'aîné, à l'accession à toutes les prérogatives qui sont censées se rattacher à cette fonction ;
- l'objectif visé par l'O.N. n'a jamais été la reconstitution de la grande famille étendue pour la simple raison qu'il n'avait pas besoin de cette structure-là. Nous savons ce que BELIME pensait de la « cellule économique stérile » que constituait à ses yeux la Grande Famille. L'O.N. a toujours essayé, et cela dès le début comme en témoignent les propos de BELIME sur le manque d'initiative chez le Noir, de transformer le colon en un entrepreneur agricole individuel qui épouserait une logique purement capitaliste de production : développement de l'exploitation, recherche du rendement maximum et du plus grand profit, réinvestissement dans l'agriculture ;
- il faut savoir estimer, à leur juste mesure, les modifications importantes introduites dans le processus même de production par le fait qu'on imposait aux colons de nouvelles méthodes culturales, avec des instruments (la charrue par exemple) venus de l'extérieur et que les colons ne pouvaient se procurer eux-mêmes. Le mode de production ancien, malgré les futures tentatives des colons de récupérer la culture attelée au profit de méthodes de culture extensive, se trouvait totalement et irrémédiablement modifié. La grande famille étendue en tant qu'unité de production ne peut subsister dans ces conditions.

Il n'est pas juste non plus de voir dans le colon un « *paysan petit propriétaire* » pour la raison que le statut des terres de l'O.N. est tel que le colon ne disposait d'aucune garantie réelle. Malgré le point de vue de certains auteurs (G. SPITZ ; E. BAILLAUD et plus tard P.VIGUIER) qui soutiennent qu'on a reconstitué à l'O.N. le système foncier traditionnel, le colon ne se sentait pas *« chez lui »*, sur ses propres terres. Et il existait un document qui le lui rappelait constamment. Ce document, c'est le *« bail d'établissement provisoire* » délivré à plusieurs colons en 1937, avec la promesse que cet établissement serait définitif au bout de dix ans.

Le troisième facteur limitant l'efficacité du T.C.I. était lié à l'organisation même de la production à l'O.N. au moment de l'installation des premiers colons. Cette organisation devait, en effet, tenir compte de la question vivrière et de la nécessité d'une incitation économique pour motiver les colons. C'est ainsi qu'à Niénébalé, chaque chef de famille reçut (en plus du lot de terres défrichées et dotées de l'irrigation) des terres sur lesquelles il pouvait entreprendre des cultures en terrain sec. Le colon ainsi installé procédait au remboursement des frais d'aménagement des terres irriguées. Mais le fait le plus important et qui, à notre avis, constitue un des traits fondamentaux de l'agriculture paysanne, surtout dans une zone conçue pour le développement de cultures commerciales, c'est le maintien de la polyculture (avec existence de cultures vivrières notamment de céréales traditionnelles). Or, il est à remarquer qu'à l'O.N. qui a eu, à partir de 1932, la gestion des terres de Niénébalé et de Sotuba, la polyculture (principalement la culture d'autres produits que le coton et le riz), occupait une place très importante. Emile BAILLAUD montre en effet, qu'en 1934, les superficies cultivées par les colons de Niénébalé s'élevaient à 950 ha dont seulement 250 ha en riz et 50ha en coton. C'est dire que les cultures irriguées n'occupaient qu'à peu près 1/3 des terres cultivées. On trouve la même proportion chez Georges SPITZ[12] concernant l'année 1940 : sur 1.500 ha cultivés, 500 étaient consacrés au coton et au riz. La plupart des terres cultivées par les colons étaient occupées par des produits que l'Office ne contrôlait pas (mil, maïs, manioc, arachide, jardins, etc.).

L'intervention de l'O.N. dans ce domaine n'était pas clairement définie. C'est ce que fait remarquer E. BAILLAUD : « *Ses attributions* (celles de l'O.N.) *à cet égard et l'étendue de son action paraissent définies d'une manière assez vague et, à cette imprécision, devra succéder une organisation définitive, car cette action en terrain sec et les résultats obtenus sont aussi intéressants que l'œuvre entreprise au point de vue de l'irrigation* » (E. BAILLAUD : 1936 : 10).

---

[12] Voir « *Sansanding – Les irrigations du Niger* » G. SPITZ , Paris, 1949.

Ce n'est pas qu'à Niénébalé que le problème de la polyculture s'est posé. Ainsi, à Sotuba, les colons disposaient, à côté des terres irriguées enserrées entre le fleuve et le canal et réservées à la riziculture, d'une bande de terres non irriguées mais humidifiées par le fleuve et situées sur la rive droite du canal. Cette bande comportait trois catégories de terres : des terres humides riveraines du canal et qui pouvaient être cultivées en maïs, manioc, et assolement fourrager ; des terres humidifiées en profondeur par les infiltrations de la nappe phréatique et qui devaient être cultivées en assolement biennal : coton et pois d'Angole ; enfin des terres sèches plus légères et plus hautes, à cultiver en assolement triennal : mil, arachides et légumineuses fourragères. Mais, contrairement à ce qui se passait à Niénébalé, c'étaient les terres consacrées au riz et au coton qui étaient les plus importantes à Sotuba : selon BAILLAUD, sur les 2.096 ha cultivés (en 1933), 1.687 ha étaient consacrés au riz et 46 au coton, le reste étant consacré au mil et au maïs (105 ha) ainsi qu'aux autres cultures (258 ha). Cette différence provient du fait qu'à Sotuba, les terres aménagées étaient beaucoup plus importantes qu'à Niénébalé et on remarquera que, plus l'O.N. maîtrisera la question de l'aménagement des terres, plus il voudra réduire la superficie des terres consacrées aux autres cultures.

Mais, en ces années 1932-40, le rythme d'aménagement des terres est loin d'atteindre les prévisions des promoteurs : BELIME comptait qu'en 1941, il y aurait 20.000 ha d'aménagés mais, en réalité, seulement la moitié le sera à cette date. De plus, ces terres comprenaient la zone de Macina où on avait inclus dans le projet O.N. des villages déjà existants et qui disposaient de terroir leur permettant d'entreprendre des cultures sèches.

L'introduction des cultures sèches que l'O.N. ne pouvait pas entièrement contrôler, mettait à la disposition de l'économie paysanne un des leviers essentiels de sa résistance à l'économie de marché et constituait, de ce fait, un facteur limitant du Travail Contractuel Imposé. Le T.C.I. devait en effet permettre, par la réorientation des efforts du paysan vers les cultures commerciales au détriment des cultures vivrières, d'atteindre la limitation de l'extension de l'économie paysanne d'autosubsistance. C'est donc la nécessité même de la reproduction de la force de travail (qui ne pouvait pas être assurée dans un système basé uniquement sur les cultures commerciales à cause de la faiblesse des prix) qui rendait la tâche du T.C.I. quasiment impossible.

Mais quelle forme d'agriculture est née de cette situation ? Il ne s'agit certainement plus de l'agriculture précoloniale d'autosubsistance : la base sociale de la production n'est plus la même et le surplus dégagé ne se fait plus au profil des mêmes catégories sociales (autrefois les aînés, aujourd'hui l'Etat et le capital français). Les éléments de déstructuration de l'ancienne société ne sont donc pas seulement en place, ils ont opéré des changements déjà irréversibles. Il faut cependant noter que tous les ressorts de l'ancien système de production ne sont pas brisés et que les tentatives pour les reconstituer seront nombreuses. Entre l'O.N. et les colons s'engagera une véritable lutte, l'entreprise cherchant à modifier essentiellement d'une part, la façon dont les colons jusqu'ici assuraient l'acquisition de leurs « valeurs d'usage » et d'autre part, la relative maîtrise qu'ils ont de leurs conditions de production. Mais ce succès est plus ou moins remis en cause par le fait que la rationalité paysanne ne changeant pas, ceci compromet l'ensemble de la stratégie de l'O.N. L'entreprise cherchera sans cesse de nouveaux moyens (législatifs ou non), pour assurer son contrôle sur la production paysanne. Sa tâche semble se compliquer après la seconde guerre mondiale lorsque l'O.N. perdra le contrôle juridique de la force de travail, après les événements qui ébranlèrent l'empire colonial français.

B) La période d'après guerre et les conditions de définition d'un nouveau contrat à l'O.N.

1. La nouvelle politique de mise en valeur coloniale

A partir de 1947, la France entreprit de procéder à une « mise en valeur rationnelle » de ses territoires d'Outre-mer. Elle mit alors en chantier deux plans de développement (il s'agit des premiers « plans de développement » conçus pour nos pays).

Le premier plan devrait ouvrir la voie à un vaste programme d'industrialisation auquel participeraient d'importants capitaux privés. L'exemple le plus cité, à ce moment, concernant l'A.O.F., était le complexe hydroélectrique prévu sur le Konkouré en Guinée. La construction d'un barrage et d'une usine hydroélectrique a été décidée dans cette région et son coût était estimé entre 110 et 120 milliards de francs CFA de l'époque (1947). Une société privée, la Société des Bauxites du Midi, était particulièrement intéressée par ce projet qui, espérait-elle, allait lui permettre de construire une usine de transformation du minerai en alumine, d'une capacité annuelle de 200.000 tonnes.

Le second plan, qui a démarré en 1953 et s'est achevé en 1957, apparaissait comme le pendant agricole du programme d'industrialisation. Son objectif officiel était d'élever le niveau de vie des populations, d'accroître le potentiel économique dans l'empire français et de développer le progrès humain dans l'ensemble de la population. Ces buts devaient être atteints à la suite de l'extension des surfaces cultivées, la généralisation de l'action hydraulique et la diffusion de méthodes culturales nouvelles. Les moyens, sur lesquels les promoteurs du plan comptaient pour atteindre les résultats du programme agricole, se résumaient en : encadrement des paysans, constitution de sociétés de crédit, politique intense d'hydraulique agricole et pastorale.

La nouvelle politique de mise en valeur coloniale reposait sur une articulation industrie/agriculture conçue, non pas au niveau de chaque territoire, mais au niveau de grands ensembles (A.O.F ; A.E.F., etc.). Les territoires ont donc été spécialisés, certains comme le Soudan dans le seul domaine agricole ; d'autres, comme la Guinée, essentiellement dans le domaine industriel.

L'obstacle fondamental auquel la nouvelle politique va se heurter tout de suite, c'est le problème des capitaux. L'Etat, qui pouvait difficilement compter sur le capital privé, allait prendre en charge le financement de ces programmes : d'abord parce que, dans les colonies, le capital français était essentiellement commercial et spéculatif et qu'il avait presque toujours refusé de prendre des risques en matière de production ; ensuite parce que les entreprises étaient sorties très affaiblies de la guerre (l'infrastructure industrielle française avait subi des dommages très importants). Il ne restait donc que l'Etat, c'est-à-dire les contribuables de la Métropole et les populations des colonies, pour financer les deux plans.

La loi du 30 Avril 1946, en instituant une participation directe du budget de l'Etat dans la mise en valeur des colonies, consacrait le nouveau rôle de l'Etat : celui d'investisseur. Bien sûr, avant la seconde guerre mondiale, l'Etat intervenait dans le programme de mise en valeur mais les modalités de sa participation financière se faisaient sous forme d'appels au crédit public ou d'avances du Trésor métropolitain. Les investissements de l'Etat connurent en A.O.F. un bond considérable au cours de la décennie 1946-57, comme le montre le tableau 1.

Tableau 1 : Investissements publics en A.O.F. de 1903 à 1956.

Définitions	Francs courant Métro	Francs C.F.A 1956 (équivalent)
- Période 1903-1930 Lois d'emprunt	446	20 673
- Période 1931-1937 Lois d'emprunt	710	13 847
- Période 1938-1946 avance du Trésor	2 435	11 280
- Période 1947-1956 FIDES et Caisse Centrale de la France d'Outre Mer	193 100	105 850

Source : Etudes et documents, « *La semaine en A.O.F* » ; 1959.

L'instrument privilégié de l'action entreprise par l'Etat était le Fonds d'Investissement pour le Développement Economique et Social dans les territoires d'Outre-mer (FIDES). Les ressources du FIDES provenaient des dotations de la Métropole et des contributions des territoires coloniaux intéressés (ressources propres ou emprunts à long terme auprès de la Caisse Centrale de la France Outre-Mer). Grâce à ces ressources, le FIDES a financé les deux plans de développement de l'A.O.F. En ce qui concerne le Soudan, la part affectée à son développement a varié entre les deux plans. Etant donné qu'il était prévu pour ce pays un développement essentiellement agricole, la part qui lui était affectée au cours du plan d'industrialisation était relative faible : le Soudan venait après le Sénégal, la Côte d'Ivoire et la Guinée au point de vue de l'importance des investissements. Par contre, à partir de 1953, il se voyait propulsé au premier rang.

L'importance des investissements à cette époque s'expliquait par l'espoir que la France nourrissait encore à propos de l'Office du Niger. C'est, en effet, cette entreprise qui va se voir affecter 56% des crédits d'équipement de l'agriculture pour l'aménagement de 16.000 ha[13]. Qu'est ce qui pouvait justifier à nouveau de tels investissements ? Certainement pas les performances passées de l'O.N. puisque, de 1928 à 1939, les 2/3 des

[13] Ces différents chiffres proviennent d'un article publié sur le FIDES en 1954 dans "A.O.F. Magazine".

investissements du Soudan ont été consacrés à l'O.N., selon S.AMIN (1971 : 103), sans que les résultats aient été encourageants (606 tonnes de coton en 1942, selon J. SURET-CANALE). La justification de telles dépenses à l'O.N. ne pouvait venir que des espoirs placés dans la nouvelle politique agricole mise en place et qui, en modernisant les méthodes culturales, devrait permettre rapidement de rentabiliser l'entreprise, malgré les nouveaux problèmes qu'elle connaissait.

2. La question de la mécanisation à l'Office du Niger et le contrat de 1954

Après la deuxième guerre mondiale, la France prit des mesures politiques qui accordaient plus de liberté aux habitants des colonies (en particulier dans le domaine de la législation du travail). Ceci permit à des milliers de colons de quitter l'O.N. Les colons démissionnaires retournaient dans leur village d'origine, dans lequel ils étaient assurés de ne plus encourir les tracasseries de l'administration et des chefferies locales. Les départs de colons furent surtout nombreux en 1948, quand les paysans eurent l'assurance que les nouvelles lois entraient véritablement en vigueur.

Ces départs signifiaient la perte par l'O.N. du contrôle de la force de travail, c'est-à-dire la perte de ce qui avait été, jusqu'ici, la base de sa politique agricole. Il est à noter, en effet, que même pour les colons qui restaient à l'O.N., le Travail Contractuel Imposé était levé et qu'ils ne voyaient plus leur temps de travail soumis au contrôle de l'O.N. Une nouvelle politique s'imposait, dont le principe essentiel était soit de remplacer la force de travail manquante par une autre force productive (en l'occurrence la mécanisation), soit de prendre des mesures pouvant attirer et fixer à l'O.N. de nouvelles forces de travail.

L'une et l'autre solution vont être tentées, d'abord séparément, ensuite elles vont être combinées, pour diverses raisons. La mécanisation fut d'abord conçue comme une mécanisation intégrale en régie, qui devait permettre une augmentation rapide de la production. Des essais furent entrepris concernant aussi bien la culture du coton que celle du riz. La mécanisation intégrale fut abandonnée pour des raisons sur lesquelles nous aurons à revenir.

Elle fut remplacée par la mécanisation partielle qui n'intéressait que certaines opérations. Elle avait pour but de rendre le travail du colon plus rapide et plus productif.

A partir de 1950, commença un débat sur les facultés de l'Africain à s'adapter à la mécanisation des cultures[14].

La mécanisation partielle fut justifiée par des arguments techniques : l'impossibilité pour le paysan, à partir de la seule culture attelée, de résoudre les problèmes comme la préparation correcte des terres, l'exécution des façons culturales en temps voulu, et le maintien de la fertilité du sol. Il fut donc décidé que, pour la culture du coton, les opérations suivantes seraient mécanisées : enfouissement de l'engrais vert, épandage et enfouissement de l'engrais chimique, et billonnage. Pour le riz, il s'agirait des labours de déchaumage et des labours profonds.

Malgré les justifications techniques avancées, nous pensons qu'il faut envisager que la mécanisation partielle a été un élément de la « *politique de séduction* » mise en place à l'O.N. pour retenir les colons. Cette hypothèse est d'autant plus à prendre en compte que la mécanisation partielle allégeait la tâche des colons, sans qu'il y ait augmentation des prélèvements opérés sur leurs récoltes : les redevances étaient maintenues au taux de 400 kg/ ha pour le riz et de 240 kg/ha pour le coton.

La « *politique de séduction* » en direction des colons incluait également la construction des maisons en dur, coûteuses pour l'O.N. mais qui avaient l'avantage, pour le colon, de ne pas exiger de réparations chaque année. Mais ce qui, à notre sens, constituait le point le plus important de la politique mise sur pied à cette époque, c'est le maintien de la polyculture et surtout son extension dans les zones irriguées que l'O.N. maîtrisait entièrement. Il s'agit essentiellement des zones de culture cotonnière où on commença à pratiquer l'assolement. Chacun des lots de colonisation attribués aux colons a été divisé en quatre parcelles. La surface de chaque lot étant de 6 ha, la division en parcelles était ainsi faite : 2 ha effectifs de coton, 2 ha d'engrais vert, 1 ha de rizière en culture, 1 ha de rizière en jachère.

---

[14] Cf. à ce sujet notamment l'ouvrage (A. HAUSSER ; 1956).

La superficie attribuée à chaque colon était calculée sur la base d'un lot de 6 ha par « travailleur- homme » (homme valide de 15 à 55 ans). Une telle organisation avait pour l'O.N. l'avantage de permettre le remembrement des cultures réunies en bloc d'un seul tenant, ce qui facilitait une exploitation plus intensive : surveillance, exécution des arrosages, entretien, travaux de culture mécanique, etc. C'est ainsi que les terres tributaires d'un même partiteur comportaient une « zone coton » divisée en deux blocs égaux (l'un en culture, l'autre en jachère).

Mais si une telle organisation simplifiait certains problèmes techniques de l'O.N. elle avait le gros désavantage, aux yeux de l'entreprise, d'éparpiller topographiquement les différentes parcelles d'un même lot, c'est-à-dire finalement de déboucher sur un démembrement des terres du même colon. Du coup, il devenait plus difficile de contrôler le temps de travail du colon. Ce contrôle était jusqu'alors basé sur le passage d'un agent sur la parcelle du colon, avec pour mission de vérifier la présence effective de tous les actifs de l'exploitation sur la parcelle. L'ensemble des mesures prises par l'Office du Niger pour retenir les colons et attirer d'autres paysans semble avoir eu des effets favorables en ce qui concerne la question du peuplement. S'il faut en croire J. M. KOHLER (1974 : 21), qui malheureusement ne donne aucun chiffre à ce sujet, il y a eu une stabilisation du peuplement à l'O.N. à partir de 1951.

Toujours est-il que l'O.N. continuait de recruter en même temps qu'il maintenait une politique de mécanisation coûteuse. Les conséquences financières d'une telle politique, qui ne cherchait pas un équilibre entre le capital et la force de travail, ne se firent pas attendre : l'entreprise vit son déficit augmenter et ce n'est que grâce aux subventions du FIDES qu'elle pouvait encore faire illusion.

Pourtant les résultats de production, enregistrés en 1948-1949 déjà, étaient jugés intéressants par ceux qui étaient favorables à l'O.N. Ainsi P. VIGUIER (1950 : 172) se réjouissait des rendements obtenus dans le centre rizicole de Kokry (rendement moyen 1,8 T/ha) et dans le centre cotonnier de Niono (rendement moyen 780t/ha de coton et 1,8 T/ha de paddy). Cependant, VIGUIER regrettait que les rendements accusent de fortes variations : de 5 à 40 quintaux/ha de paddy et de 3 à 15 quintaux/ha de coton brut.

La relative faiblesse des rendements en coton est encore imputée à la difficulté de cette culture. Mais les fortes variations de rendement sont expliquées essentiellement par le peu de travail (quantitatif et qualitatif) fourni par certains colons concernant les cultures préconisées par l'O.N. Le problème des « *mauvais colons* » commençait à se poser à nouveau à l'Office, à partir de 1950. Il est clair que plusieurs colons vont tirer profit des « *mesures de séduction* » de l'entreprise, pour pouvoir atteindre leurs objectifs propres. La mécanisation partielle présentait le double avantage de diminuer le temps de travail à consacrer aux cultures de l'Office, et d'atteindre des rendements relativement élevés. Les colons pouvaient se consacrer à d'autres cultures ou à d'autres activités, d'autant plus qu'ils revendiquaient, depuis 1944, le libre choix des spéculations.

L'Office va répondre à cette stratégie des colons par l'instauration en 1954 (et ceci contrairement à l'esprit des mesures prises concernant les autres paysans du Soudan Français) d'un système de contrat annuel très contraignant. Ce contrat supprimait certains avantages dont les colons avaient bénéficié depuis 1946. Parmi ces avantages, il y a la quasi gratuité des travaux mécanisés. Désormais, l'O.N. se propose de facturer « *contre les bénéficiaires le montant de ces prestations* » (cf. la clause sur la répartition des tâches agricoles).

Le nouveau contrat renforçait le contrôle de l'O.N. sur la terre. Non seulement le colon ne peut « *transférer ou céder tout ou partie des droits qui lui sont concédés* » mais il est exposé, chaque année, au risque d'éviction. L'O.N. peut, à tout moment de l'année, évincer le colon pour plusieurs motifs dont le non-respect du calendrier agricole ou le non- respect des spéculations définies par l'entreprise.

Peut-on parler d'un retour aux conditions du Travail Contractuel Imposé ? Oui, dans le sens où le nouveau contrat accordait à l'O.N. des privilèges importants. Non, dans la mesure où d'une part les colons n'étaient pas astreints à certains travaux d'infrastructure, et d'autre part l'O.N. ne pouvait pas utiliser contre eux les mêmes méthodes que pendant le T.C.I.

Les objectifs visés par le nouveau contrat consistaient en :

- une diminution des charges de l'O.N. qui n'entreprend plus les travaux mécaniques (même ceux concernant la préparation des terres des nouveaux colons) que « dans la limite de ses moyens » ;

- une limitation de la polyculture : l'O.N. renforce, en effet, son emprise en faveur des spéculations considérées comme essentielles. Le colon ne peut entreprendre d'autres cultures que dans la mesure où celles-ci ne constituent pas une entrave aux spéculations qui intéressent l'O.N. (le coton et le riz).

Pour mieux atteindre ses objectifs, l'Office a imposé aux paysans de s'organiser au sein d'associations agricoles qui doivent prendre en charge les dettes des colons, au cas où ceux-ci s'avéreraient incapables de rembourser. Le nouveau contrat permettait à l'O.N., outre le contrôle de la terre, un meilleur contrôle du procès de production, à travers la définition (pour toutes les spéculations) des méthodes culturales, des tâches agricoles et des tâches d'entretien du réseau hydraulique. De plus, par l'action des associations agricoles, il renforçait le contrôle qu'il exerçait sur les colons.

Face à ces nouvelles dispositions qui reposaient essentiellement sur le contrat, c'est-à-dire sur un lien juridique, les colons vont répliquer par une des formes de lutte les plus « modernes », la lutte syndicale, pour arracher à l'ON une nouvelle législation du travail.

3. La réplique des colons au contrat de 1954 : les luttes du Syndicat des Colons et Agriculteurs de l'Office du Niger (SCAON)

Nous avons choisi de parler de cette forme de lutte des colons (la lutte syndicale) à cause de la place particulière que le SCAON a occupée dans l'histoire des luttes paysannes au Mali. Le SCAON est intéressant, moins pour les résultats immédiats qu'il a permis d'atteindre, que pour le démenti que son existence porte à toutes les thèses qui ont été développées à propos de l'incapacité des paysans d'atteindre les formes « modernes » de lutte. Il est, en effet, habituel d'entendre que les paysans ne disposent pas de véritables représentants susceptibles de discuter avec les fonctionnaires, pour l'élaboration des politiques agricoles[15].

L'inexistence de telles structures s'expliquait, à l'époque, surtout par le fait que c'est l'Etat qui a mis fin aux formes d'organisations endogènes des

---

[15] Cet argument a été surtout avancé lors de l'élaboration de la stratégie alimentaire du Mali. Se référer essentiellement aux interviews accordées par les responsables de cette stratégie dans *"Stratégies Alimentaires"* Note N° 3 - Juin 1984, Paris.

paysans, pour leur en imposer d'autres, parfois inférieures (pré-coopérative) à celles qu'ils avaient mises sur pied (syndicat).

L'objectif de l'Etat était de contrôler les paysans et c'est en réaction à cette tentative de mainmise que les colons ont créé le SCAON. L'entreprise avait, en effet, imposé l'adhésion de tous les colons aux Associations Agricoles Indigènes (A.A.I.), version adaptée à l'ON des Sociétés Indigènes de Prévoyance (SIP)[16].

A. MAGASA précise bien la double vocation de ces associations : « *D'un point de vue social, leur objectif fut de domestiquer la révolte paysanne, de la « récupérer » comme on dirait de nos jours, afin d'obtenir l'indispensable adhésion du colon à la politique agricole de l'Office. Pour améliorer la productivité, leur rôle de coopérative consistait à jeter un pont entre l'établissement et les colons dans les domaines agro-industriels, commercial, financier, administratif et social afin de faciliter l'exploitation des centres* » (1978 : 147).

Le mouvement d'opposition des colons aux A.A.I. a commencé dès les années 1940. En Avril 1944, eut lieu une manifestation d'un millier de colons de la zone de Niono pour appuyer des revendications qui portaient aussi bien sur le contrôle des conditions de production à l'ON[17] que sur le partage de la plus- value[18].
Ce mouvement a montré que les colons avaient une conscience claire de leurs revendications. Il a surtout donné une impulsion importante à leur organisation. Le syndicat des colons est né de ce mouvement, même s'il a fallu attendre 1954 pour qu'il se constitue.

L'US-RDA (Union Soudanaise – Rassemblement Démocratique Africain), qui a pris la direction politique de la lutte pour l'indépendance, a beaucoup contribué à la naissance du SCAON. Ceci grâce notamment à l'action d'un

---

[16] Pour l'analyse des SIP voir (Jean SURET-CANALE : 1971).

[17] Les colons dénonçaient l'organisation de la vie dans les villages de colonisation, l'impossibilité d'entraide au profit des vieux colons, les mutations trop fréquentes dans les parcelles attribuées, l'absence de liberté dans le choix des cultures.

[18] Les colons se plaignaient, faisaient remarquer « *leur appauvrissement depuis l'entrée en colonisation, l'insuffisance des vivres, l'impossibilité de gagner de l'argent ailleurs en cas de mauvaises récoltes* » (MAGASA : 1978 : 147).

de ces militants, Mamadou El Béchir GOLOGO, à l'époque médecin contractuel dans la zone de l'Office. Dès sa naissance donc, le SCAON se trouvait lié à l'US-RDA et très vite ce parti considéra le syndicat des colons comme un moyen lui permettant de contrebalancer l'influence de son adversaire, le Parti Progressiste du Soudan (sigle statutaire : P.S.P.) mieux implanté dans la région.

Pourtant, la plupart des militants du SCAON ne voulaient s'en tenir qu'aux revendications corporatistes : « *obtention d'un titre de propriété foncière, cessation des perquisitions (saisie de graines et de bétail) et des abus des agents techniques et des chefs traditionnels, révision rationnelle du tarif des redevances à fixer selon la récolte, recours à l'autorité juridique pour résoudre les conflits, participation à la fixation du prix d'achat du producteur, liberté de commercialiser en dehors des dotations exigées, droit d'exploiter des terres hors casier pour le dry-farming ; enfin, élection démocratique du représentant des colons au Conseil d'administration siégeant à Paris* » (MAGASA : 1978 : 148).

Et le SCAON était très bien structuré pour atteindre ces objectifs. Ainsi, pour être élu au comité syndical, il fallait être « *dur à la tâche* » et être en règle avec les autorités de l'O.N. Les résolutions de l'Assemblée Générale des colons étaient portées à la connaissance de tout le monde par des crieurs publics qui officiaient dans les villages. Le mouvement des jeunes, rattaché au syndicat, apportait une aide en force de travail aux colons qui avaient des difficultés pour mener les travaux agricoles en temps utile. Quant aux femmes, elles étaient chargées de la protection des greniers contre les agents de perquisitions de l'O.N., pendant que les hommes travaillaient aux champs.

L'US-RDA parviendra à s'emparer de la direction du SCAON parce que les revendications des colons ne trouvaient pas, la plupart du temps, un écho favorable auprès de la direction de l'O.N. Beaucoup de paysans, qui répugnaient à l'époque à se lancer dans la lutte politique, furent sensibles aux arguments de l'US-RDA qui liait l'attitude de la direction de l'ON au fait colonial lui-même. C'est ainsi que les colons commencèrent à réclamer l'africanisation des cadres de l'Office. C'est ainsi, également, que l'on retrouvera parmi les résolutions du congrès des colons de l'Office du Niger des 20, 21 et 22 Février 1960, une résolution appuyant le programme de l'US-RDA en faveur de l'émancipation africaine.

S'il était normal de « *saluer la prise de conscience des colons pour l'émancipation du peuple entier* », l'articulation de la lutte syndicale et de la lutte politique, au fur et à mesure qu'approche l'indépendance, fera passer au second plan les revendications parmi les plus importantes des colons, notamment celle concernant le statut de la terre. A partir de l'indépendance politique du Mali, le SCAON cessera d'exister, dissout par l'US-RDA qui affirmait que l'Etat qu'il mettait en place représentait les intérêts de toutes les couches de la société, donc des paysans.

Or, les revendications des colons n'avaient pas été satisfaites. Le Congrès de 1960 du SCAON demandait : « *la refonte totale et immédiate des statuts, des conventions et règlements qui régissent l'Office du Niger ; l'attribution immédiate des permis d'occuper définitifs à tous les colons détenteurs de permis d'occuper provisoires et à tous ceux qui ont accompli deux années de présence effective et remplissant les conditions exigées par la réglementation de l'ancien statut dénoncé* » (« L'Essor » n° 3323 : 1960)[19].

Ces revendications n'avaient pas encore trouvé satisfaction en 1984, date de la libéralisation du commerce du riz. Sur le plan strict des luttes du SCAON, les résultats ont surtout porté sur le partage de la plus-value : les mesures de dégrèvement, c'est-à-dire de suppression des redevances pour les parcelles à faible rendement, ont été maintenues et même multipliées.

Quant au contrat, s'il n'a pas été supprimé, il a vu une atténuation des abus qu'il engendrait. Le nombre des colons victimes d'exactions a beaucoup baissé. On a même constaté que plusieurs colons, qui avaient été victimes d'abus, ont été rétablis dans leurs droits.

Les luttes du SCAON, au-delà du contexte spécifique de l'O.N. dans lequel elles se sont déroulées, permettent au chercheur de réfléchir sur un certain nombre de points dont les suivants.

C) *Les formes d'organisation paysanne : Le sens du mouvement social* *(lutte de libération nationale)*

---

[19] Cf. *"L'Essor"*, organe de l'US-RDA N° 3323 paru en 1960.

Le SCAON est la preuve que les paysans ne s'en tiennent pas uniquement à la forme économique dans la lutte pour la défense de leurs intérêts. Chaque fois que la situation politique le permet réellement, ils sont prêts à adopter d'autres formes pour faire aboutir leurs revendications. Que les paysans aient besoin d'alliés pour structurer ces formes de lutte est un fait indéniable. Avec cette nécessité d'avoir des alliés, naissent pour les paysans les risques que leurs mouvements soient « *récupérés* ». C'est ce qui provoque, la plupart du temps, la démobilisation des paysans concernant ces mouvements.

Les hommes politiques africains, notamment les «*pionniers de l'indépendance*», ont très souvent interprété les revendications des paysans à la période coloniale comme la forme de participation des paysans au mouvement de libération nationale. Il faudrait se demander si les paysans ne voyaient pas dans le mouvement de libération animé par les intellectuels des villes, le moyen pour eux d'atteindre leurs propres objectifs.

Cette question se pose d'autant plus que les paysans insistent moins sur les différenciations sociales qui peuvent exister en milieu rural, que sur ce qui les oppose aux autres catégories sociales, particulièrement celles des villes.

Ainsi, les colons pensaient à cette époque précise de leur histoire que ce qui les unissait était plus important que ce qui les différenciait. Ceci est très perceptible dans leurs revendications qui portaient plus sur l'aspect juridique (même si cet aspect concernait des points ayant trait aux conditions de production et au partage de la plus- value) que sur des faveurs spécifiques à accorder à telle ou telle catégorie de paysans.

Certaines analyses de l'US-RDA ont présenté le SCAON comme la forme de participation des colons à la lutte de libération nationale. Ce raccourci, qui a permis au parti de faire passer au second plan les revendications spécifiques des colons, a créé plus tard un véritable conflit entre les paysans et l'Etat. L'US-RDA pensait trouver dans l'unité sinon l'unanimisme, la solution des problèmes que rencontre tout mouvement de libération nationale ou parti d'opposition lorsqu'il devient parti au pouvoir. Cela lui permit en effet de prendre des mesures impopulaires au niveau des paysans (comme la réduction de 25%, en 1961, du prix au producteur de paddy).

L'opposition des paysans montre, qu'au contraire de ce qu'affirmait le parti, la lutte de libération nationale apparaissait à leurs yeux comme d'abord et avant tout, un moyen de faire aboutir leurs revendications spécifiques. L'adhésion du SCAON aux thèses de l'US-RDA sur l'indépendance procède finalement plus du concours de circonstance, de la convergence momentanée des intérêts des paysans avec ceux de la petite bourgeoisie intellectuelle et des commerçants africains, qui constituaient l'infrastructure et le soutien financier de l'US-RDA.

D) Le bilan de la politique coloniale de mise en valeur

Le bilan de la politique coloniale de mise en valeur, particulièrement à l'Office du Niger, a été apprécié différemment. Comme à sa naissance, l'O.N. avait ses laudateurs et ses critiques. Mais, comme au début, les uns et les autres continuaient à nourrir de grands espoirs concernant l'Office du Niger. Nous avons choisi parmi les différentes analyses faites sur la situation de l'Office du Niger et des colons, celles des promoteurs de la nouvelle politique agricole que voulait mettre en place le jeune Etat du Mali.

Nous analyserons plus longuement les thèses avancées par René DUMONT[20] et Samir AMIN[21] lorsque nous aborderons les fondements de la politique « socialiste » à l'O.N. Rappelons, pour l'instant, que ces deux chercheurs n'étaient pas satisfaits des résultats atteints à l'Office du Niger.

Leurs critiques concernaient notamment la façon dont la mécanisation y a été menée. DUMONT trouvait qu'à l'O.N., les colons ont été les « *bénéficiaires exclusifs des investissements publics* ». Il partait de l'idée que l'Office a fait une politique « *antiéconomique* », qui n'a été profitable qu'au colon dont « *le gain... à l'heure de travail était largement supérieur à celui de ses collègues de cultures sèches* ». Il ajoutait, à l'adresse du Gouvernement malien : « *Il n'y a aucun intérêt économique ou social à accroître la catégorie des privilégiés de ce pays où la différenciation sociale entre villes et campagnes est déjà très marquée,... par la constitution d'une catégorie de « Koulaks* » (DUMONT : 1962 : 181-182).

---

[20] René DUMONT a été sollicité en 1961 par le Gouvernement du Mali, pour présenter un Plan de conversion de l'agriculture malienne, particulièrement de l'O.N.

[21] Coauteur du Premier Plan Quinquennal de Développement du Mali (1961-65).

A ce propos Gabriel Gosselin écrit : « *Pour René DUMONT, les colons forment une catégorie de privilégiés, de « Koulaks bénéficiaires exclusifs des investissements publics ». De ce fait, non seulement les colons de l'Office ont un revenu très supérieur à celui des paysans ordinaires de la région, ou de leurs parents restés au village mais ils acquièrent vite un genre de vie différent : on a vu que certains commencent même à acheter des voitures* ». (GOSSELIN : 1978 : vol. I : 259).

Qu'en était-il réellement de la situation de l'O.N. et de celle des colons, à la veille de l'indépendance du Mali ?

1. La situation à l'O.N. : Difficultés de l'entreprise et situation réelle des colons

Sur le plan économique, que représente l'O.N. en 1958 [22] ?

- Au point de vue des réalisations : 41.200 ha sont aménagés dont 37.790 effectivement cultivés par les colons. Ceux-ci ne parvenaient pas, compte tenu de leurs faibles moyens, à cultiver toutes les superficies aménagées. Il restait donc à récupérer près de 3.500 ha. ;
- sur le plan de la production : l'O.N. fournit 45.000 tonnes de paddy dont 28.500 commercialisées. En revanche, la production de coton demeurait très faible : 3.405 tonnes de coton graine dont 2.712 commercialisées. C'est que les rendements demeuraient encore faibles aussi bien pour le riz (entre 1.700 kg/ha et 2.990 kg/ha de paddy alors que les parcelles de la recherche vont jusqu'à 4.600 kg/ha) que pour le coton (entre 223 kg/ha et 650 kg/ha contre 2.216 kg/ha pour les parcelles de la recherche) ;
- au niveau du peuplement, on note un réel progrès : on enregistre, en 1958, la candidature de 8.000 paysans au statut de colon ; de 1940 à 1960, on a noté des variations importantes de l'O.N., après la seconde guerre mondiale. Le courant des départs a été ralenti par la « politique de séduction » mise en place, et a été totalement renversé en 1958 avec le projet d'autonomie des Territoires Français d'Outre-mer, qui accordait plus de pouvoir aux partis africains dans la gestion des affaires du pays. Les promesses faites par l'US-RDA pour le colonat et la prise en charge des gros travaux par l'O.N. expliquent la ruée des paysans vers l'Office. En 1960, on recensera 37.000 personnes à l'O.N. dont 6.000 Mossi (KOHLER : 1974 :7-8).

L'entreprise connaît des difficultés financières considérées par de nombreux auteurs comme très importantes. Sur l'origine de ces difficultés, plusieurs

[22] Cf. « *La semaine en A.O.F.* » du 1er Mars 1958.

thèses sont avancées qui sont d'ailleurs considérées par leurs auteurs comme complémentaires. Parmi ces thèses, il faut citer le coût élevé des aménagements, la mauvaise politique de l'O.N. qui, tout en investissant dans la mécanisation, continuait de recruter des colons alors que les redevances que ceux-ci payaient ne pouvaient pas suffire pour les frais d'entretien du réseau hydraulique, les frais des travaux mécaniques et les salaires des agents.

Mais, peut-on en conclure que les colons ont été les « *bénéficiaires exclusifs des investissements publics* » ? Cela reviendrait à admettre que ce sont les colons qui s'appropriaient une bonne partie de la plus-value produite par l'ensemble des contribuables. Cette thèse est certainement exagérée et nous verrons les raisons pour lesquelles elle a été avancée et confortée à cette époque.

En réalité, la situation des colons était moins brillante et surtout leurs revenus n'étaient pas très supérieurs à ceux des paysans de la zone périphérique de l'O.N. Leur situation était quasiment identique à celle des paysans disposant de charrues dans les autres régions du Mali. Ce sont là les conclusions d'enquêtes menées, à l'époque, sur le colonat et sur l'ensemble de l'agriculture malienne. En Mars 1964, un organisme français de recherche de grande renommée, l'institut National de Statistiques et d'Etudes Economiques (INSEE) publiait, en effet, les résultats d'une enquête agricole menée au Mali en 1960[23]. Cette enquête, qui devait fournir aux autorités maliennes les données de bases indispensables à l'élaboration du plan 1961-65, concernait l'ensemble du territoire malien à l'exception de l'O.N. qui avait déjà fait l'objet d'une enquête budgétaire, pour les besoins du même plan.

L'enquête budgétaire à l'O.N.[24] a touché un échantillon de 111 familles de colons et elle permet d'avoir une idée plus exacte de la situation comptable des paysans de la zone et de leur degré d'endettement vis-à-vis de l'O.N. L'analyse de la situation comptable des colons, des cultivateurs et de toutes les catégories socioprofessionnelles du delta vif, c'est-à-dire la zone

---

[23] Cf. *"Enquête Agricole au Mali (1960)"*.
[24] *"Enquête budgétaire dans le delta central nigérien..."* République du Mali (Janvier 1961).

limitrophe de l'O.N., montre que les recettes et dépenses des colons étaient supérieures (en montant) à celles des autres groupes considérés. (cf. Tableau des recettes et dépenses).

Elle montre surtout que le budget familial à l'O.N. a eu un excédent supérieur à celui des autres groupes étudiés. Les auteurs du rapport remarquent, en effet, que « *la campagne de commercialisation à l'O.N. donne lieu à une épargne nette moyenne de 1.300 Fcfa par personne et par an* » (INSEE ; opuscule cité ; Avant- propos ; page IV). Concernant la zone périphérique, les auteurs ajoutent : « *Le budget global s'avère en léger excédent* (et on note) *que la balance est, en fait, favorable pour les uns – exploitants avec charrue – et défavorable pour les autres. Toutefois l'excédent (ou le déficit) est faible : l'épargne est à peu près nulle et le cultivateur vit au jour le jour* » (op. cité ; Avant-propos : page III).

Tableau II : Recettes et dépenses par personnes et par an, par grands postes suivant la zone :

Office du Niger

Recettes	Montant CFA	En %	Dépenses	Montant CFA	En %
Total dont	9 684	100	dont	8 436	100
-recettes monétaires	3 521		-recettes monétaires	2 225	26
-troc (entrées)	794	37	-troc (entrées)	811	10
-cadeaux (‘‘)	227	82	-cadeaux ()	258	3
-Autoconsommation	5 142	53	-Autoconsommation	5 142	61

Culture Delta vif :

Recettes	Montant CFA	En %	Dépenses	Montant CFA	En %
Total dont -recettes monétaires -troc (entrées) - cadeaux ( ) -Autocon sommation	9 957 1 131 685 510 4 631	10 16 10 7 67	 dont -recettes monétaires -troc (entrées) -cadeaux () - Autoconsomm ation	6 765 1 052 712 366 4 631	10 16 11 5 68

Toutes professions Delta vif :

Recettes	Montant CFA	En %	Dépenses	Montant CFA	En %
Total dont -recettes monétaires -troc (entrées) - cadeaux ( ) -Autopont-sommation	7 156 1 419 723 560 4 454	100 20 10 8 62	 dont -recettes monétaires -troc (entrées) -cadeaux (‘‘) -Autocon-sommation	7 056 1 453 743 402 4 454	100 21 10 6 63

On voit donc qu'il paraît y avoir une certaine différence entre les autres paysans et les colons. Mais peut-on la considérer comme réelle si l'on ajoute, par ailleurs, ce que disent les auteurs du rapport à propos des bénéfices obtenus par les colons : « *ces bénéfices nets moyens étaient, en partie, dépensés pour :*

- le renouvellement de l'outillage
- la soudure alimentaire » (INSEE 1964 : Avant propos).

L'épargne n'est finalement qu'apparente et ceci, pour deux raisons :

- les dépenses pour la soudure alimentaire ne sont pas comptabilisées parmi les dépenses de la saison parce qu'elles ont lieu quand la

campagne, au cours de la laquelle a eu lieu l'enquête, est considérée comme terminée ;
- elle ne sert qu'à renouveler les forces productives, aussi bien la force de travail (comme nous l'avons vu à propos de la soudure), que les moyens de production.

Il semble exister une épargne tout simplement à cause des conditions de production à l'O.N. C'est pourquoi, plus que des données budgétaires, il faudrait comparer des niveaux réels de vie (alimentation, habitation, etc.). D'autre part, signalons que des inégalités importantes séparent les colons. Nous en avons une idée avec le degré d'endettement des colons vis- à –vis de l'O.N., comme le montre le tableau ci-dessous.

Tableau III : Répartition des colons de l'O.N. suivant leur endettement en début et en fin de période comptable.

	KOKRY				NIONO			
	Début période		Fin période		Début période		Fin période	
	Nbre	En %	Nb re	En %	Nbre	En %	Nbre	En %
Pas de dette	9	16	18	32	13	24	11	20
- 20	20	36	5	9	25	45	19	34
20 – 39,9	6	11	8	15	11	20	10	18
40 – 59,9	6	13	4	7	3	5	7	13
60 – 79,9	4	7	5	9	2	4	1	2
80 – 99,9	3	5	7	13	1	2	1	2
100 – 119,9	4	7	4	7	-	-	4	7
120 – 139,9	1	2	3	5	-	-	1	2
140 et +	2	3	2	2	-	-	1	2
Ensemble	56	100	56	100	55	100	55	100

Source : Enquête budgétaire dans le delta central nigérien.

On voit, à partir de ce tableau, qu'à Kokry aussi bien qu'à Niono, ceux qui sont endettés vis-à-vis de l'O.N. représentent plus de 60% en toute saison. On remarque également que le nombre des endettés s'accroît dans le centre de Niono. Compte tenu de la priorité accordée au prélèvement de la dette de l'O.N. sur la récolte du colon, on peut s'accorder à dire que la situation de la grande majorité des colons est loin d'être celle de « *koulaks* ».

Il est indéniable qu'à l'O.N. existent les conditions pour favoriser les colons par rapport aux autres paysans. Parmi ces conditions, il faut citer la fourniture de matériel aux colons.

L'enquête agricole montre que seule une minorité des paysans du pays (12,4%) détiennent une charrue. Mais nous pensons que ce qui, incontestablement, a permis l'enrichissement d'un certain nombre de colons, ce sont surtout les activités commerciales auxquelles ils se sont adonnés. Ce phénomène n'est pas spécifique à l'O.N. mais il s'y est développé parce que les colons disposaient de parents non colons installés ailleurs et qui pouvaient leur servir de relais pour le commerce de certains produits, notamment ceux qui alimentaient déjà le commerce traditionnel (cola par exemple).

Tableau- IV : Dépenses monétaires brutes par rubrique.

Rubrique	Ensemble du delta vif	Cultivateur avec charrue	Cultivateur avec charrue	Colon de l'O.N.
Alimentation : Total	43,5	43,3	43,3	24,3
Agriculture au total	25,4	22,5	29	24,3
Dont : - riz	2,2	2,2	2,2	6,9
- mil sorgos	3,7	2,1	5,7	7,6
-sumballa	3,2	2,7	3,8	1,3
-beurre de karité	7,2	6,7	8	3,5
Elevage chasse	1,8	1,9	1,5	6,2
Pêche	8,3	10,8	4,6	7,9
Autres produits dont	8,3	8,1	8,5	6,4
- Sel	5,9	5,5	6,3	1,8
- Sucre	0,9	1,4	0,3	0,5
Boisson				1,1
Tabac, cola	11,7	14,4	6,5	11,2
Textiles et cuirs	13,2	16	9,4	11,9
Cheptel, outillages	6,4	0,5	15,5	3,9
dont : outillage	6	0,2	15,2	0,8
Objets et produit ménager	5,4	5,9	4,6	8,2
dont : pétrole	0,7	0,8	0,8	3,7
Salaires et services	6,4	6,7	6,2	13,7
dont : transport	4,4	4,9	3,8	1,8
cadeaux	3,2	4,6	1	2,7
Impôts et cotisation	10,2	8,6	13,2	2,4
ENSEMBLE	100	100	100	100

Source : Enquête budgétaire dans le delta central nigérien.

Pour les auteurs de l'enquête budgétaire dans le delta central nigérien, une des différences les plus marquées entre les colons et les populations des zones limitrophes est l'importance des dépenses monétaires à l'O.N. Par ailleurs, ils font remarquer la part presque identique qu'occupent les dépenses consacrées à l'alimentation (cf. tableau des dépenses monétaires brutes). On pourrait être tenté de croire que le colon dépense plus, pour les autres produits. En réalité, certains colons s'adonnent au commerce de produits comme la cola, qu'ils achètent pour revendre (cf. Tableau des recettes monétaires brutes).

Ces activités « annexes » permettront l'enrichissement de certains colons qui, d'ailleurs, ne réinvestissement que rarement dans l'agriculture, reléguant cette activité au second plan au fur et à mesure que leur commerce fleurissait. Ils ne voudront cependant pas abandonner le statut de colon qui leur permet de rester dans les villages de l'O.N.

Le terme de « *koulak* », au sens strict de paysan enrichi par la spéculation sur les produits agricoles, ne leur convient pas. Il ne convient pas non plus à ceux des colons riches qui sont venus s'installer à l'ON., déjà munis d'un capital de départ (anciens combattants, encadreurs, fonctionnaires à la retraite) ou les colons qui disposent d'autres sources de revenus relativement importants. Cette catégorie de colons sera à la base du développement d'un phénomène de caciquisme à l'O.N., fournissant à l'Etat une armée d'auxiliaires fidèles : délégués colons, responsables de coopératives, chefs de villages, responsables de cellules du parti, etc.

Ce qu'il faut retenir essentiellement à ce niveau de notre réflexion, c'est que, si certains colons sont effectivement assez riches :

- ce n'est pas le cas de la moyenne des colons, surtout si on prend en considération non pas le niveau des dépenses monétaires mais le niveau réel de consommation et le niveau des dettes ;
- cette richesse est due à des facteurs extérieurs et non intérieurs à l'O.N. en tant que projet agricole.

2. La situation de l'agriculture paysanne à l'O.N. et ses caractéristiques par rapport au reste du pays

Compte tenu des résultats d'enquête de l'INSEE, il faut noter qu'il y a, à l'O.N., un développement plus important des rapports marchands en comparaison du reste du pays. Ce développement de rapports marchands creuse des différenciations sociales entre les populations vivant dans la région, mais ces différenciations elles-mêmes affectent très peu la structuration interne de la paysannerie.

Ce qu'il faut se garder de faire, c'est de conclure que tout développement de rapports marchands en milieu rural a pour conséquence le développement de différenciations sociales entre paysans[25]. Si ces rapports concernent des activités non directement agricoles, les différenciations ont tendance à s'accentuer entre paysans et autres groupes sociaux (les commerçants vivant en milieu rural exemple). Finalement, il est important de faire une distinction entre les colons et ses possesseurs de voiture dont parle GOSSELIN et dont la plupart sont des commerçants déguisés en colons. Il est également important de souligner que, malgré le développement de rapports marchands, l'agriculture de l'O.N. garde les caractéristiques essentielles de l'agriculture de l'ensemble du pays, c'est-à-dire d'une agriculture paysanne.

Ces caractéristiques sont :

2.1. Une faible monétarisation

Plus exactement, nous constatons une monétarisation partielle de l'agriculture malgré l'action des différents facteurs d'involution structurelle (facteurs économiques et techniques, rôle des autorités administratives) de l'agriculture traditionnelle.

Le caractère partiel de cette monétarisation se voit à :

- la part très importante de l'autoconsommation qui, comme l'indique le tableau II (tableau recettes et dépenses par personne…) représente nettement plus de la moitié des dépenses à l'O.N. (5.100 sur 8.400 Fcfa par personne et par an) et atteint les 2/3 dans la zone traditionnelle (6.431 Fcfa, sur 6.765 Fcfa par personne et par an)26 ;
- le faible volume de la circulation monétaire, bien qu'il soit de 35% de la valeur de la production globale à l'ON contre à peine 8% dans la zone traditionnelle ;
- l'implantation notable du troc dans les échanges : en ne tenant pas compte de l'autoconsommation qui ne fait pas partie, à proprement parler, des échanges, le troc représente de 15% à 40% de la circulation en valeur, suivant la saison.

---

[25] Nous verrons plus loin qu'on peut envisager un développement de rapports marchands dans un contexte de maintien d'une agriculture paysanne basée justement sur de petits paysans. Cette idée nous a été inspirée par la lecture de (BERNSTEIN ; 1962).
[26] Cf. (INSEE ; 1964).

2.2. Une « soumission inachevée du travail au capital »

Nous entendons par cela que la nécessité ne se pose pas pour le travailleur de vendre sa force de travail. D'ailleurs à l'O.N., si le capital a pu s'emparer de la terre sur laquelle le paysan n'a plus aucun droit, il n'a pas changé technologiquement le « *procès de travail* ». Il essaie, bien sûr, de s'emparer de ce procès, mais il n'avait pas réussi, à l'époque, à lui imprimer ses caractéristiques propres. La charrue, qui a été imposée à l'O.N. et qu'on tente avec difficulté d'étendre à tout le pays, n'a pas amené de changements importants à ce niveau. Elle a tout juste rendu possible, en fournissant moins d'efforts, d'étendre les superficies. La mécanisation, bien qu'elle ait été si coûteuse à l'O.N., a été entreprise sans qu'on y associe vraiment les colons. Elle n'a pas amené de transformations majeures dans la forme de production au niveau des colons. Le paysan a donc, malgré le contrat de 1954, une réelle prise sur une partie importante de son activité de travail, particulièrement en ce qui concerne sa propre subsistance. En dépit des différentes législations de contrainte, le faible développement de l'économie de marché fait que le capital ne parvient à allonger ni le temps ni l'intensité du travail paysan.

CHAPITRE III

AGRICULTURE PAYSANNE ET COLLECTIVISME SOCIALISTE[27]

Tous les chercheurs, même ceux qui ont participé à son élaboration, s'accordent à reconnaître au premier plan de développement du Mali indépendant (Plan Quinquennal 1961-65), un caractère particulièrement ambitieux. Ce plan, destiné avant tout à promouvoir la production agricole, se fixait comme objectif d'imprimer à l'économie malienne un taux de croissance annuel de 8%. La question se pose, compte tenu de l'état de l'agriculture malienne à la veille de l'indépendance, de savoir si cet optimisme reposait sur une cécité économique ou sur un volontarisme excessif.

Pour répondre en partie à cette question, il convient de faire le point sur la situation politique qui prévalait à l'époque et qui a pesé d'un poids important sur la définition de l'option socialiste et l'urgence de *"pousser jusqu'au bout la décolonisation économique"*, grâce à un *"développement autocentré"*.

Le Mali accéda à l'indépendance dans une situation de tension politique importante dans la sous-région. Cette tension avait été engendrée par l'éclatement de la Fédération du Mali qui regroupait le Soudan et le Sénégal. La rupture était survenue à la suite des *"événements d'Août 1960"* qui ont vu, à Dakar, l'arrestation pendant quelques jours du Président de la Fédération, Modibo KEITA, qui était aussi Secrétaire Général de l'US-RDA. Modibo KEITA est arrêté par des dirigeants sénégalais qui accusaient les Soudanais de vouloir s'emparer des leviers essentiels du pouvoir fédéral.

Nous n'étudierons pas ici les causes du conflit entre le Soudan et le Sénégal. Notons seulement qu'au niveau des conséquences, la fermeture de la frontière entre les deux pays renforçait l'isolement de la jeune République du Mali, dont le chemin de fer Dakar-Niger et le port de Dakar assuraient l'essentiel du trafic de marchandises venues d'Europe, principalement de la France. Dans un discours *"énergique"* prononcé le 22 septembre1960 au Congrès Extraordinaire de l'Union Soudanaise R.D.A. qui a proclamé la

---

[27] Ce titre a été modifié dans la deuxième édition. Dans la première, ce chapitre était intitulé « *Le régime 'socialiste' et l'extension du contrôle de l'Etat* ».

naissance de la République du Mali, le nouveau Président Modibo KEITA, après avoir fustigé le comportement *"irresponsable"* des dirigeants sénégalais, critique violemment la France pour le rôle qu'elle a joué dans l'éclatement de la Fédération ("*Modibo KEITA : discours et interventions*" Bamako : 1965 : 7 à 12).

Ce discours met en cause deux des pays les plus importants pour l'économie malienne, même si le Président de la République s'évertuait à dire : *"Tout le monde sait que le Mali est indépendant, même ceux qui sont contre nous! Nous continuerons d'aller de l'avant ! Il y en a qui vous ont dit, qui vous diront encore en cachette et avec un ton paternaliste : - Vous ne pouvez pas vivre sans le Dakar-Niger, vous ne résisterez plus longtemps à ceci ou à cela, etc.! Répondez leur en leur démontrant (les faits sont là) que c'est bien le Sénégal qui ne peut pas vivre sans le Dakar-Niger. La preuve a toujours été faite que notre pays se suffit à lui-même en matière de subsistance, mais on refusait délibérément d'y croire"* (Modibo KEITA : 1965 : 38).

C'est donc dans un tel climat que le Mali élabora son premier plan, ce qui explique en partie pourquoi on surestima les capacités internes d'investissement. Il faut dire, cependant, que cette tension sous-régionale ne peut expliquer à elle seule l'excès de confiance du Gouvernement dans les capacités de l'économie malienne. Le jeune Etat avait pris soin de faire appel à des chercheurs pour établir un diagnostic précis de la situation économique du pays et proposer des solutions dans le cadre d'un développement socialiste. C'est ainsi que l'INSEE a mené des études concernant l'ensemble de l'agriculture malienne en 1960, que des chercheurs réputés comme le Professeur Jean BENARD et des jeunes et brillants économistes comme S. AMIN furent chargés de l'élaboration du plan. Concernant spécifiquement l'O.N., l'INSEE a fait une enquête budgétaire et René DUMONT a proposé un plan de reconversion de l'O.N. et de l'ensemble de l'économie agricole malienne.

N'en déplaise à S. AMIN qui dans "*Trois expériences africaines de développement : le Mali, la Guinée et le Ghana*", insiste sur les erreurs d'exécution, commises par le Gouvernement malien et les coups de colère qui en ont résulté chez le Professeur BENARD, l'échec du Plan Quinquennal 1961-65 est aussi l'échec des thèses (sur le développement) de la plupart des chercheurs de l'époque des indépendances africaines. Si certains d'entre eux ont parfois essayé, en effet, de contester tel ou tel point du Plan, tel ou tel aspect technique, les thèses officielles maliennes étaient partagées par tous. Samir AMIN lui-même restait persuadé encore en 1965 que l'accroissement de la production agricole de 11% était possible (S. AMIN : 1965 : 106). L'argument essentiel à ce niveau était que les moyens dont disposait l'agriculture malienne avaient été très mal gérés par l'administration coloniale, ce qui laisserait une marge de progression importante.

Tous donc, chercheurs et hommes politiques, prônaient le développement agricole, persuadés que le surplus agricole devrait permettre de financer l'industrialisation du pays. Et, pour une fois, on ne pouvait pas affirmer que le politique piégeait la recherche, du moins pas directement puisque aucune pression n'était exercée sur les chercheurs en ce qui concernait les thèses qu'ils avançaient. On peut même se demander si ce n'était pas le contraire qui arrivait car la recherche, obnubilée par une approche trop technocratique, avait sous-estimé trois facteurs essentiels : l'âpreté de la concurrence internationale après les indépendances africaines, qui allait rendre l'accès au marché étranger très difficile alors que le Plan comptait, avant tout, sur les exportations agricoles ; les prétentions des catégories sociales qui venaient d'accéder au pouvoir politique et qui allaient chercher à se constituer le plus rapidement possible une assise économique, et *last but not least,* la capacité de résistance des paysans à l'accaparement du surplus agricole par l'Etat.

A) La politique « socialiste » et ses objectifs à l'O.N.

L'analyse que nous ferons de la politique agricole "socialiste" à l'Office du Niger couvrira la période 1960-1970. Bien que le coup d'Etat, qui a mis fin au régime "socialiste", ait eu lieu en 1968, les modifications importantes en matière de politique agricole ne furent introduites qu'à partir de 1970.

Ceci est particulièrement vrai en ce qui concerne l'O.N., comme nous aurons l'occasion de le voir. L'étude que nous proposons s'appuie aussi bien sur le Plan Quinquennal 1961-65, du moins son programme agricole, que sur les propositions, plus spécifiques à l'Office du Niger, qu'a faites René DUMONT et qui sont pour l'essentiel exposées dans son ouvrage "*L'Afrique Noire : Développement agricole, reconversion de l'économie agricole : Guinée, Côte d'Ivoire, Mali*" (PUF/IEDES 1962). Du reste, les deux programmes reposent sur les mêmes grands principes.

1. Les axes fondamentaux de la politique « socialiste » à l'O.N

Au point de vue de la production, l'objectif visé à l'O.N. est que l'entreprise puisse passer de 63.000 tonnes de paddy en 1960 à 87.000 tonnes en 1965, grâce essentiellement à une augmentation des rendements. De même, pour le coton, on espère augmenter de façon très appréciable la production : le rendement moyen estimé à 2 T/ha en 1960 devrait être atteint non pas sur 1.500 ha mais sur 15.000 ha ou même 17.000 ha. D'autres cultures devront être introduites (la canne à sucre, le dah, etc.), car le principe qui sous-tend toute la restructuration à l'O.N., c'est la *"diversification"*[28].

Mais cette diversification se fait dans le sens d'un plus grand développement des cultures commerciales. L'accent est mis sur l'intensification de la culture du coton tandis qu'on procède à une diminution des superficies allouées à la culture du riz et même à une diminution de 25% du prix au producteur du paddy (le riz étant alors conçu par le pouvoir comme une simple culture vivrière). C'est qu'à l'époque l'intensification de la culture du coton apparaissait comme une des premières mesures indispensables à la relance de l'O.N. Plusieurs planificateurs en étaient convaincus, particulièrement René DUMONT. L'optique dans laquelle se situait ce dernier était essentiellement d'ordre financier. Il voulait un redressement rapide des finances de l'O.N. et son souci essentiel a été de diminuer les coûts de production tout en augmentant la production. Il pensait que l'O.N. devrait pouvoir s'autofinancer rapidement pour pouvoir *"participer largement à l'accumulation générale du pays"* (DUMONT : 1962 : 183).

Pour atteindre cet objectif, DUMONT va proposer une méthode pour augmenter le surplus réel fourni par les colons par une autre combinaison des facteurs de production, mais aussi de nouvelles taxes (plus élevées) concernant les colons afin de mobiliser, en faveur de l'Etat, une part plus importante du surplus réel. S'élevant contre la politique agricole antérieure à l'O.N., DUMONT préconisait :

---

[28] L'ensemble des chiffres et des objectifs de R. DUMONT concernant l'O.N. a été étudié à partir de son ouvrage "*Afrique Noire : développement agricole, reconversion de l'économie agricole : Guinée, Côte d'Ivoire, Mali*" (Etudes Tiers-Monde PUF/IEDES ; 1962).

- de freiner les extensions rizicoles et de donner la priorité au plein emploi des aménagements existants. Il s'élevait ainsi contre toute la politique coloniale d'extension des superficies aménagées en riz et même contre le projet initial du Plan Quinquennal qui prévoyait une extension des terres cultivées de 22.000 ha. Son argumentation essentielle tenait au coût excessif des aménagements, coût qu'il estimait à 275.000 Fcfa/ha. Des superficies aménagées à ce coût et cultivées en riz (qui fournirait dans le meilleur des cas à l'époque, 22.500 F/ha) ne feraient qu'aggraver la situation financière de l'O.N. ;
- d'accorder la toute première priorité au planage vrai des terres à coton. Ces opérations ne coûteraient que 50.000 F/ha grâce à une semi mécanisation, alors qu'elles permettraient de faire passer les rendements de 600 kg/ha à 2 T/ha de coton graine ;
- de procéder à la "démotorisation" culturale. DUMONT demandait à l'O.N. de "rompre avec les vieux errements" et de liquider progressivement la Régie mécanisée dont il disposait, à mesure de l'usure d'un matériel qui ne serait pas renouvelé ;
- de ne reprendre les extensions et la mécanisation qu'après l'intensification dans un cadre coopératif.

René DUMONT concevait l'évolution de l'O.N. en deux étapes : une première phase "d'intensification de la culture industrielle la plus poussée possible", à partir de la généralisation de la culture attelée, du repiquage du riz et de la culture intensive du coton ; une deuxième étape qui verrait le paddy refoulé par la canne à sucre, les fourrages et d'autres cultures encore. Ce serait à ce stade que démarrerait à nouveau la mécanisation sur la base de la coopérative de culture.

On peut noter, à propos du mouvement coopératif, une différence essentielle entre R. DUMONT et le pouvoir malien. DUMONT d'ailleurs faisait une mise en garde qui se révélera prophétique et qui, malheureusement, n'avait reçu aucun écho auprès des autorités maliennes : *"Créer une coopérative de production avec des cultivateurs illettrés semant du mil sur défriche, ou du riz sur un casier mal aménagé et déjà envahi de mauvaises herbes, serait volontairement risquer un lourd échec, fort difficile à remonter par la suite"* (DUMONT : 1962 : 203). L'ensemble de son programme reposait sur une augmentation de l'intensité du travail des colons. La force de travail était à nouveau conçue comme la principale force productrice et il fallait trouver les moyens de la mobiliser.

A côté de cette reconversion de l'O.N. visant essentiellement à l'augmentation des rendements, il y a les autres mesures que préconisait René DUMONT et qui concernaient directement la part des colons dans la plus-value produite. Il demandait en effet "... *une contribution plus importante des colons tant sous forme de taxes d'irrigation relevées que d'une participation accrue et non (ou peu) rémunérée aux travaux d'entretien locaux. Puis la réduction des avantages consentis dont l'octroi des maisons (modernes) à l'arrivée, sous forme de location-vente"* (DUMONT ; 1962 ; 183). Cette exigence de DUMONT prend naissance dans la vision qu'il a des colons, vision qui entre pour une part essentielle dans les fondements de la politique agricole qu'il propose pour l'Office.

2. Les fondements de la politique « socialiste » à l'O.N.

Les mesures préconisées à l'O.N. s'expliquaient par deux raisons : la place que l'agriculture en général et l'O.N. en particulier occupaient dans le Plan 1961-65 ; la conception que le pouvoir et les chercheurs se faisaient de l'O.N. et des colons. Concernant la première de ces raisons, il était précisé dès le départ *"qu'un effort très important serait demandé à l'O.N."* (Ministère du Plan : 1966 ; 82)[29]. Ce n'était pas peu dire quand on sait que le Plan prévoyait qu'environ 40% de son financement seraient assurés par l'intérieur.

La couverture du financement intérieur évalué à 30,6 milliards de francs maliens[30] devrait être la suivante : bénéfices des entreprises (14 milliards F.M), recettes fiscales (12,3 milliards), investissements humains (2,7 milliards), épargne privée (1,6 milliard). L'effort demandé à la population était considérable. Dans les conditions d'alors du Mali, avec une population rurale à plus de 90%, c'est l'agriculture qui était chargée de "sécréter" une bonne partie du surplus nécessaire au décollage de l'économie. Cette conception qui détermine l'importance de la ponction effectuée sur le milieu rural, va déterminer également les rapports entre les paysans et l'Etat.

C'était beaucoup demander aux paysans que de leur exiger une participation de cette importance au financement du plan. L'Etat va être plus exigeant sur

---

[29] Nous n'avons pas trouvé de chiffres sur la part assignée à l'O.N. dans le financement interne, mais l'effort demandé à l'O.N. est visible aux prévisions de production annuelle dont la vente sert à assurer la poursuite du programme.

[30] Le Franc malien, créé en 1961, valait le Franc CFA (= 0,02 Franc Français) jusqu'à la dévaluation de 50% qui a eu lieu en 1967.

la participation paysanne, à cause aussi des objectifs ambitieux que le Plan s'est fixé. On peut citer quatre objectifs principaux :

- développer la production agricole et animale dans un cadre socialiste pour "renforcer l'indépendance alimentaire du pays et augmenter ses exportations" ;
- jeter les bases d'une "économie planifiée diversifiée" par la recherche et la mise en valeur systématique des richesses minières et pétrolières ;
- réaliser les investissements d'infrastructure (transports, administration, santé, éducation) qui permettront un nouvel essor de la production au cours des plans ultérieurs ;
- développer la conscience nationale, former les cadres et mobiliser les masses populaires.

Le principal résultat escompté est de faire passer la Production Intérieure Brute de 52,4 milliards de francs CFA en 1959 à 84,8 milliards en 1965 et la consommation par tête d'habitant de 12.400 Fcfa à 14.200 Fcfa. Il faudra, pour atteindre ce résultat, que la production agricole et animale passe de l'indice 100 (année de référence : 1959) à l'indice 170 (en 1965). Par une augmentation des rendements plus que par une augmentation des superficies, on espère que la production augmentera notablement. Cette politique vaut surtout pour les céréales.

Tableau VI : Comparaison de production de céréales : production 1959 et production escomptée en 1965.

PRODUCTION	1959	1965	INDICE
Mils - sorgho	800.000 T	1.080.000 T	135
Paddy	188.000 T	322.000 T	175

Source : Plan Quinquennal 1961-65.

Pour les mils-sorghos, on compte sur l'utilisation de la fumure organique et, pour le riz, sur la généralisation de la pratique du repiquage. Bien sûr, les autres cultures ne sont pas oubliées, ni la pêche et surtout pas l'élevage. Mais, il serait fastidieux de tout énumérer ici. Nous reviendrons sur la production de coton, particulièrement à l'O.N. Le Plan espère atteindre ses résultats dans le domaine agricole par la modernisation et l'encadrement de l'agriculture traditionnelle mais aussi grâce à l'Office du Niger. C'est à ce niveau que nous retrouvons la seconde raison de la politique mise en place à l'O.N. à partir de 1960, dans la conception qu'on avait de l'Office et des colons. L'O.N. apparaissait comme l'entreprise pilote du Mali. Il faut dire que c'était la seule entreprise dont le Mali a héritée à l'indépendance. Aussi, en attendait-on beaucoup à la fin du Plan, comme le montre le tableau ci-dessous :

Tableau VII : Augmentation escomptée à l'Office du Niger.

	Résultat de 1959	Objectif l'an 1961-1966	Pourcentage d'augmentation
Surface aménagée	43 427 ha	70 000 ha	61
Surface cultivée	36 608 ha	63 000 ha	72
Surface rizicole	33 508 T	35 000 ha	4
Collecte du riz	53 811 T	87 000 T	62
Rendement de riz/ha	1,6 T	2.5 T	56
Surface cotonnière	6 600 ha	15 000 ha	127
Collecte du coton	4300T	30 000 T	598
Rendement coton/ha	0,7 T	2T	186

Source : Émile SCHREYGER : 1984 : 224.

D'autre part, on avait tendance à surestimer le surplus dégagé par les colons. Nous avons déjà vu ce que René DUMONT et, à sa suite, Gabriel GOSSELIN pensaient des colons qu'ils décrivaient comme des privilégiés. Comme le montre l'enquête de l'INSEE, cette affirmation est exagérée. Il faut noter qu'une telle conception sur l'O.N. et surtout sur les colons était trop commode, pour le pouvoir, pour qu'on ne se pose pas certaines questions. On peut se demander, en effet, comment René DUMONT n'a eu aucune connaissance des enquêtes menées par l'INSEE peu avant son étude à lui. Il faut du moins le croire puisqu'ils arrivent à des conclusions fort éloignées, sinon contradictoires. Ajoutons que R. DUMONT a surtout travaillé avec les données officielles de l'O.N. (et on peut supposer que son séjour, trop court, ne lui a pas permis de vérification) et que sa méthode, qui consiste à travailler sur des moyennes, ne permet évidemment pas de déceler les différences de situations entre colons.

On peut également se demander comment l'US-RDA, qui déplorait le sort des colons (cf. les numéros de l'Essor, surtout entre 1954 et 1958), pouvait, quelques mois seulement après l'indépendance, les considérer comme des paysans privilégiés, riches. A moins de montrer qu'entre 1958 et 1960, le colonisateur a considérablement amélioré les conditions de vie des paysans de l'Office du Niger. Ce que démentent les revendications en 1960 encore (ESSOR N° 3323 : 1960). Mais ce ne seront pas les seules idées qui vont être développées par le pouvoir sur les colons. D'autres idées serviront à justifier les mesures que l'Etat va prendre à l'O.N., particulièrement au niveau des moyens d'encadrement utilisés.

B) Les Moyens mis en œuvre pour la réalisation de la politique « socialiste » : la collectivisation à l'O.N.

L'ambitieux programme agricole du Plan Quinquennal 1961-1965 nécessitait, avons-nous dit, une importante mobilisation des paysans. L'Etat malien était d'autant plus convaincu d'y parvenir qu'il trouvait une espèce d'exaltation dans l'exemple du Kibboutz israélien[31]. Cet exemple faisait la preuve, à ses yeux, de l'efficacité du travail collectif soutenu par *"l'ardeur patriotique"*. Dès lors, le Parti s'est donné pour tâche d'assurer d'un côté l'encadrement des paysans en vue de leur donner une formation dans les nouvelles méthodes culturales, de l'autre de créer dans le pays une véritable *"mystique de la terre"*.

---

[31] Cf. notamment le Compte rendu de voyage de Modibo KEITA en Israël, qui a servi de base aux propositions concernant l'organisation du paysannat in "*Conférence territoriale de l'US-RDA des 17, 18 et 19 Octobre 1958*" ("Action Rurale" Edition Spéciale ; 1958).

1. Les moyens envisagés pour l'ensemble du pays

Des structures d'encadrement très hiérarchisées sont créées : au niveau du village, il y a le Groupement Rural de Secours Mutuel et de Production ; au niveau de l'arrondissement, la Zone d'Expansion Rurale (ZER) ; au niveau de la région, la Direction Régionale de Développement Rural. Toutes ces structures sont sous le contrôle du Parti unique.

Cette organisation collective obligatoire devait fournir, sous forme de travaux collectifs, une partie du financement du Plan. Il faut noter que le Groupement Rural de Secours Mutuel était aussi le premier stade des coopératives, qui devaient permettre à l'Etat le contrôle du marché des produits du paysan, du marché des articles dont le paysan a besoin, et même du crédit. C'est ce que spécifiait le Plan lui-même : *"Toutes les opérations commerciales de vente des produits agricoles et d'achat des biens de consommation pour l'ensemble de la population rurale, devront se faire par l'intermédiaire de l'organisation coopérative. C'est dans le cadre coopératif, également, qu'interviendra le crédit agricole".* (Ministère du Plan 1961 ; 21).

La raison évoquée (invoquée ?) par l'Etat pour donner ce rôle aux coopératives était d'empêcher l'exploitation des paysans par les usuriers. Les coopératives devraient entrer en contact avec des Sociétés d'Etat qui avaient officiellement le monopole concernant ces différents marchés : l'Office des Produits Agricoles du Mali (OPAM), créé en 1965, pour le marché des produits du paysan ; la Société du Crédit Agricole et de l'Equipement Rural (SCAER), créée en 1964 (en remplacement de la Caisse Centrale du Crédit Agricole Mutuel), pour le marché du matériel agricole.

Le contrôle de la force de travail par l'Etat est renforcé par plusieurs mesures qui visent à maintenir les jeunes au village et même à envoyer une partie des chômeurs les villes à la campagne. Pour le maintien des jeunes au village, l'Etat a recours à des campagnes de *"réhabilitation du travail de la terre"*, grâce à la réduction du *"prestige illusoire des emplois administratifs"*. Il lutte également contre les *"formes traditionnelles de domination des chefs de famille"* par la modification, en faveur des jeunes, de la répartition des responsabilités[32]. Le pouvoir voulait, en effet, tout mettre en oeuvre pour que les jeunes ne soient pas poussés au départ par le désir d'émancipation de la tutelle des aînés. En réalité, c'était un moyen pour lui d'affaiblir le contrôle de l'exploitation familiale sur ses propres forces de travail.

Enfin, il organisait dans les *"écoles saisonnières"* des stages de formation de cultivateurs pilotes jeunes et *"fidèles à la Révolution"*. A côté de ces mesures de séduction des jeunes, existaient la surveillance et la réglementation des déplacements. A partir de 1961, tout voyageur devait présenter une carte d'identité et un laissez-passer pour sortir du pays, tout migrant devait avoir sa carte et devait signaler aux autorités locales son départ et sa destination. Pour limiter les départs, il n'était pas rare que les autorités suspendent provisoirement la délivrance des pièces.

Quant à la politique de *"retour à la terre"*, elle s'est adressée d'abord aux chômeurs, puis entre 1963 et 1966 aux commerçants et, à partir de 1966, aux jeunes diplômés sans perspective de travail. L'organisation de toute cette main-d'œuvre devait se faire autour soit de villages coopératifs (pour les citadins qui retournaient à la terre), soit de champs collectifs qui ont été instaurés dans chaque village.

A l'Office du Niger, c'est le même programme qui est appliqué, avec cette différence que l'Etat pensait que l'expérience "socialiste" pouvait y être accélérée, à cause du caractère particulier de cette entreprise.

2. Les particularités au niveau de l'Office du Niger : les tentatives de collectivisation de l'exploitation des terres

Les autorités maliennes étaient particulièrement convaincues d'une mise en pratique facile de la collectivisation à l'O.N. parce qu'à leurs yeux, l'obstacle

---

[32] Cf. LA COGNATA ; 1976.

de la propriété privée de la terre y était inexistant. Cette conviction provenait du maintien du statut issu du contrat de 1954, que les colons continuaient cependant de dénoncer. Paradoxalement, les autorités qui admettaient que les colons étaient des paysans enrichis sur lesquels il fallait opérer une ponction plus forte, comptaient sur le maintien chez les colons d'habitudes communautaires héritées du passé pour promouvoir le collectivisme moderne. Comme le souligne Jean-Marie KOHLER, le *"socialisme traditionnel africain"* devait engendrer le *"socialisme scientifique"*.

C'est sur ces bases que la collectivisation fut entreprise à l'O.N. Elle devait permettre à l'Etat de réussir, grâce à une organisation qui supervise toutes les activités du village, à assurer son contrôle sur la production paysanne. Cette collectivisation connut trois phases essentielles dont nous empruntons les éléments descriptifs essentiels à J.-M. KOHLER (1974 : 75-85).

3. La phase de semi-collectivisation à partir de 1960

Des *"blocs de culture collective"* furent en effet constitués, qui comprenaient aussi bien des *"blocs collectifs coton"* que des *"blocs collectifs riz"*. Ils furent aménagés soit sur de nouveaux périmètres, soit sur les terres des *"mauvais colons"* trop endettés, *"négligents ou malhonnêtes"*, soit enfin sur les terres des colons démissionnaires. La main-d'œuvre fut constituée de nouveaux colons ou d'anciens colons, à qui on avait retiré les terres. Dans les *"blocs coton"*, il était permis à chaque travailleur d'avoir un champ individuel de riz. Les « travailleurs » avaient entre 15 et 55 ans et la superficie affectée à chaque exploitation était en fonction du nombre de travailleurs dont elle disposait, au taux de 1 ha/travailleur.

Un moniteur adjoint était chef de l'exploitation et il constatait le temps et la qualité de travail. Il dirigeait l'exploitation et comptabilisait le travail fourni à l'aide de jetons gros et petits, quotidiennement remis aux travailleurs et aux équipes. Il est assisté dans son travail par les représentants d'équipes (une équipe compte entre 6 et 15 membres) et les délégués (représentants de plusieurs équipes, élus parmi les responsables de ces équipes).

Au niveau de la rémunération, elle se faisait en fonction de la quantité et de la qualité du travail fourni par chacun, plus une bonification pour les équipes les plus actives. Le travailleur recevait un acompte au terme de chaque tranche de travaux, mais il ne touchait le total qu'une fois la récolte collectée et payée par l'Office, déduction faite, bien sûr, des redevances et autres frais de production. Les travailleurs se partageaient les 80 % des sommes ainsi gagnées, le reste étant distribué à titre de bonification entre les équipes qui étaient chargées de faire le partage entre leurs membres.

La semi-collectivisation ne constituait, aux yeux des dirigeants politiques de l'US-RDA, qu'une étape car elle comportait pour eux deux défauts majeurs : elle laissait encore une place aux cultures individuelles et, surtout, elle maintenait l'esprit individualiste (chaque travailleur tenant à avoir une part de revenu rigoureusement proportionnelle à la part de travail qu'il a fournie).

4. La tentative de collectivisme intégral

Elle commença en 1961 par la création du village collectif de Lago-Tominian, où on installa une centaine de jeunes paysans dont une vingtaine sont d'ailleurs venus avec leurs femmes. Ces jeunes ont tous été recrutés dans la même zone (Tominian dans le cercle de San) et, se connaissant entre eux, ils étaient censés avoir une *"confiance réciproque et totale"* les uns dans les autres. Le but visé était d'avoir un ensemble totalement collectif où tout serait commun (riz vivrier, coton semi-intensif, jardins, etc.), jusqu'à la vie quotidienne : repas en commun, participation des femmes (bois de feu, cuisine, jardinage, récolte...) ; *"Tout sera effectué en commun, chacun selon sa force et ses connaissances, et réparti sur une base unitaire, étant seulement décomptées du droit au partage, les absences délibérées".* (Note n° 1146/DG-DP Office du Niger du 17 mai 1960 ; citée par KOHLER : 1974 : 46).

Au plan de l'organisation du travail, qui consistait à produire surtout du coton et du riz, des "sections" de travail ont été créées. Elles effectuaient des rotations pour éviter que certaines spécialisations n'entraînent certains privilèges. Le travail était réparti quotidiennement par le moniteur du village, assisté par les chefs de section qui, tout en étant des *"associés comme les autres"*, étaient des leaders grâce à leurs qualités personnelles. L'Office a accordé à la communauté des acomptes en attendant la récolte. Le pouvoir comptait beaucoup sur cette expérience qui devait donner le jour à un nouveau type d'homme. Il y aurait non seulement changement des rapports de production mais aussi changement des structures sociales et mentales.

Malheureusement pour l'Etat, ces prévisions ne se réalisèrent pas : de nombreux *"volontaires"* s'enfuirent de Lago-Tominian, peu de semaines après leur installation à l'Office. Les premières fuites furent enregistrées dès fin mai 1961.

5. La réforme du système collectiviste en 1966.

A cette date, il y eut une réorganisation des champs collectifs avec, notamment, des modifications importantes du système de production collectif. Les objectifs visés étaient de créer l'émulation entre les travailleurs, par leur intéressement moral et matériel au fruit de leur travail, et de promouvoir un système de répartition du revenu qui combine harmonieusement les intérêts particuliers et les besoins de la collectivité.

Cependant, le principe du passage de l'exploitation individuelle à la *"grande production"* n'était pas remis en cause ; mais ce passage devait se faire progressivement, laissant le temps aux colons de se rendre compte, par eux-mêmes, des avantages de la collectivisation.

Chaque village devait donc continuer à cultiver un champ collectif divisé en blocs. Chaque bloc était cultivé par une brigade composée de 15 travailleurs pour un *"bloc-coton"* d'un demi-hectare et de 10 travailleurs pour un *"bloc-riz"* de même superficie. Ces cultures collectives devaient être mécanisées au maximum et il était donc vivement conseillé d'avoir recours aux façons mécaniques et à divers types de traitements. Au niveau du village, les brigades étaient contrôlées par un Comité présidé par le moniteur du village. Etaient également membres de ce comité, le responsable du Conseil de village et celui des jeunes.

Concernant la répartition, après déduction des redevances et frais de production dus à l'O.N., les revenus étaient divisés en deux parts égales : la première était distribuée aux travailleurs ; la deuxième était ainsi répartie : 1/3 au fonds de roulement, 1/3 au groupement coopératif, le reste à la caisse du parti politique unique et au pouvoir. Il faut dire qu'avant cette réforme, il avait même été question de verser l'intégralité des revenus des champs collectifs à la caisse du parti. Après la réforme, la rétribution du colon était exprimée en *"journées - travail",* unité de mesure de la quantité et de la qualité du travail qu'il a fourni.

Les responsables politiques espéraient, avec la réforme, atteindre leurs objectifs qui étaient, à la longue, que les champs collectifs prennent de l'ampleur au détriment des champs individuels et deviennent la principale source de revenus du colon. On peut affirmer que l'idée fondamentale, qui était à la base de toutes ces expériences de collectivisation, consistait à considérer tous les habitants des villages de l'O.N. comme un ensemble ayant des habitudes communautaires héritées du passé. Or, non seulement des inégalités existaient déjà entre les colons mais, paradoxalement, la politique mise en place va contribuer à les aggraver.

6. Les stratégies des colons face aux tentatives d'extension du contrôle de l'État

La première réaction des colons à l'annonce des différentes mesures de collectivisation et d'intensification de la culture du coton, a consisté dans la fuite. Selon KOHLER, entre 1960 et 1968, on a enregistré le départ de l'Office de 7.500 personnes dont 2.000 Mossis. Cette tendance au dépeuplement de l'O.N. est sensible dans la population recensée en 1969 par les services de l'Office lui-même : 30.395 personnes en juin 1969 contre 33.833 personnes en 1960. Ces chiffres ne sont pas forcément en contradiction avec ceux de KOHLER, car ce dernier n'a relevé que les départs et n'a pas tenu compte des rentrées. Mais, il faut noter que malgré ces rentrées, la tendance au dépeuplement de l'O.N. était fortement perceptible.

L'arrivée de nouveaux colons était organisée par l'Etat, notamment entre 1961 et 1966, pour les expériences de *"collectivisme intégral"* qui ont débouché, comme nous l'avons vu, sur des échecs. Les nouveaux colons ont commencé à fuir dès le début des expériences de villages coopératifs. Les premiers départs ont été le fait, selon les autorités, de *"mauvais patriotes* ". Mais devant le flot incessant des fuites, l'Etat a dû admettre que c'étaient les bases mêmes de la collectivisation qu'il fallait réviser.

Cependant, pour spectaculaires qu'elles aient été, les fuites n'ont pas constitué l'essentiel de la résistance des colons à la politique agricole du moment. Partir pour un paysan n'est pas, en effet, chose aisée à organiser parce que cela suppose des conditions d'intégration ou de réintégration socio-économique très difficiles à réunir.

TABLEAU VIII : Cultures hors casiers (superficies en ha par exploitation)

SECTEUR	1957 – 58 (ensemble ON) Chiffre mission socio-économique du soudan 1957 - 58	1970 – 71 (échantillon)
Kolongotomo	0,6	0,7
SECTEUR	1957 – 58 (ensemble ON) Chiffre mission socio-économique du soudan 1957 - 58	1970 – 71 (échantillon)
Niono	1,4	2,1
Kourouma	-	2,7
Molodo	2,1	4,8

Source : Rapport de Y. DIALLO (1970)

Parallèlement au développement des hors casiers, on note un retour à l'artisanat. En effet, alors qu'en 1956-57, d'après l'enquête de l'INSEE, seulement 1,1 % des colons tiraient leur revenu monétaire essentiel de l'ensemble « artisanat, transports et salaires », en 1970 d'après l'enquête de Y. DIALLO, 25 % des colons tiraient leur revenu monétaire essentiel de l'artisanat seul.

Pour comprendre toute l'importance que prend à nouveau l'artisanat, il est intéressant de comparer la proportion de colons qui, par exemple, affectaient leurs dépenses essentielles à l'achat de textiles : 11,9% en 1956-57, seulement 2 % en 1970. Cela traduit certainement un appauvrissement des colons mais peut tout aussi bien trouver une partie de son explication dans l'essor de l'artisanat familial. On peut même dire que cet essor de l'artisanat renforce en fin de compte les bases mêmes de l'économie paysanne.

De même, l'essor de l'élevage contribuait à raffermir cette économie : seulement 6,2% des colons consacraient en 1956-57 leurs dépenses essentielles à l'élevage et à la chasse, contre 13% pour l'achat de bovins (uniquement) en 1970.

Les efforts des colons pour investir dans ces domaines contrastaient avec leur attitude d'indifférence vis-à-vis des dettes qu'ils avaient contractées avec l'O.N. C'est qu'ils imputaient leur endettement à la politique entamée en 1961 par l'Etat, politique qui a consisté à convertir à la culture du coton des terres qui, pour les colons, ne s'y prêtaient pas. Les dettes apparurent aux colons comme *"une simple écriture sur les registres"* d'autant que les paysans n'adhéraient pas à la politique d'intensification de la culture du coton. Toujours d'après Y. DIALLO, 85% des colons interrogés en 1970, déclaraient être contents des mesures qui ont abouti à l'abandon de la culture du coton à l'Office.

Cette attitude se comprenait d'autant plus que la mécanisation de la culture du coton avait été mal menée, les travaux demeuraient donc très durs alors que les rendements restaient faibles. L'augmentation de l'intensité du travail paysan, qui était accompagnée d'une réduction de leur part dans la plus-value produite, est à l'origine de l'échec de la politique agricole de l'O.N. Cela a été ressenti rapidement aussi bien au niveau des résultats de production de l'entreprise, qu'au niveau des paysans eux-mêmes dont on a remarqué l'appauvrissement en 1970.

7. Les conséquences de la politique « socialiste » à l'O.N.

Le Plan Quinquennal 1961-65 a été loin d'atteindre ses objectifs. La déception de certains dirigeants était à la mesure des espoirs entretenus. Le taux de croissance visé par le Plan était de 8% l'an, il n'a finalement été que de 1,5% pendant cette période. Parallèlement, les dépenses administratives se sont accru de 72% et le volume global des investissements de 65 %.

Le pays s'est installé dans une inflation structurelle qui devait conduire aux accords monétaires de 1967, au terme desquels la monnaie malienne était dévaluée de 50% par rapport au Franc CFA, en cours dans les pays voisins. Sur le plan strict de l'agriculture, les rendements escomptés n'ont pas été atteints et on a même enregistré des reculs concernant certains produits par rapport à la situation de 1960.

Tableau IX : Résultats comparés des rendements de produits agricoles (1960 -1970)

PRODUITS	RENDEMENT ESCOMPTE ET REEL (Kg/ha)				
	1960	Escompté en 1964-1965	Réel en 1964-1965	1967-1970	1960-1970
Mil-Sorgho	660	900	820	800	810
Riz	1200	1800	1000	870	1220
Arachide	660	850	620	650	1090
Coton	970	1100	370	480	600

Sources : Plan Quinquennal pour 1960 et 1964-65 ; "*Mali, le paysan et l'Etat*" pour les autres années.

Ceci traduit l'échec de la politique agricole qui était essentiellement basée sur l'augmentation des rendements plus que sur l'augmentation des superficies cultivées, grâce à l'amélioration des méthodes culturales et à l'utilisation des engrais. A l'O.N., les résultats atteints n'ont pas été meilleurs.

C) Les résultats atteints à l'Office du Niger et la situation des colons en 1970

Nous avons vu qu'à l'O.N. il y a eu un recul du peuplement. Mais ce n'est pas à ce seul niveau que l'entreprise a enregistré des contre-performances. Sur le plan de la production en effet, il était prévu d'atteindre pour le coton 2 T/ha sur 15.000 ha et pour le riz 2,5 T/ha sur 35.000 ha. En réalité la campagne agricole 1965-66 a seulement atteint pour le coton 1,2 T/ha comme rendement moyen sur 4.200 ha et, pour le riz 1,5 T/ha sur 28.869 ha[33].

Quant à la situation des colons, elle s'est dégradée. Bien que n'ayant pas trouvé de données précises concernant le revenu moyen des colons, nous pouvons noter, par comparaison encore une fois des enquêtes de Y. DIALLO et de l'INSEE, qu'il y a eu appauvrissement des paysans de l'O.N.

Il faut, bien sûr, demeurer prudent sur des résultats d'enquête qui n'ont pas concerné le même échantillon et qui, dans le cas de Y. DIALLO n'ont pas bénéficié d'un appui matériel et humain relativement important qui puisse renforcer la fiabilité des résultats. Mais nous n'avions le choix qu'entre ces enquêtes, qui ont l'avantage d'avoir été menées par un chercheur relativement indépendant de l'Office, et les chiffres avancés par les sources officielles et ne concernant pas, le plus souvent, les données qui nous intéressent. Il faut ajouter que nous trouvons l'échantillon[34] de Y. DIALLO assez représentatif, au moins aussi représentatif que celui de l'INSEE.

Trois indices permettent de se faire une idée de l'appauvrissement des colons entre 1960 et 1970 :

- l'augmentation du pourcentage de colons qui affectent leurs dépenses essentielles à l'achat de mil et, ceci, malgré une augmentation importante des champs hors-casiers consacrés au mil et au sorgho : en 1970, 10 % des colons ont comme dépenses essentielles les achats de mil, contre 7,6 % en 1956-57. Cela s'explique surtout par le recul du riz lui-même, dans la mesure où ce riz prenait une place non négligeable dans l'alimentation des colons. Or, les superficies consacrées avaient diminué sans que les rendements aient atteint le niveau escompté ;
- l'augmentation importante du nombre de colons qui tirent leurs revenus essentiels soit d'une pension militaire soit (et c'est le cas le plus fréquent) de l'argent que leur envoie un proche parent salarié. Ce

[33] Ces chiffres sont cités par (SCHREYGER E. : 1984 : 271) qui dit les avoir recueillis dans l'ouvrage de William J. JONES.
[34] Pour plus d'informations sur l'échantillon de l'enquête de 1970, cf. (Y. DIALLO ; 1970 ; 24 - 52).

pourcentage, qui n'était que de 1,1 % en 1956-57, est monté à 13% en 1970 ;
- l'importance que prennent les revenus obtenus dans l'artisanat : 25% des colons tirent leurs revenus de l'artisanat. Or, la concurrence des produits industriels (ne serait-ce que ceux des Sociétés d'Etat comme la Compagnie Malienne des Textiles COMATEX dont le siège est à Ségou à quelque 100 Km de Niono) rend le marché des produits artisanaux assez restreint.

Et comme c'est souvent le cas, l'appauvrissement de la majorité des colons s'accompagne d'un développement des inégalités. DIALLO note que 6% des colons tirent leur revenu essentiel *"des labours à façon"*, c'est-à-dire de la location de matériel de labour à d'autres colons. Ce phénomène s'explique par le manque de matériel au niveau de plusieurs colons, l'O.N. ne renouvelant pas le matériel même normalement amorti. Il s'agissait en fait d'une carence que l'O.N. partageait avec la Société du Crédit Agricole et de l'Equipement Rural (SCAER), qui avait officiellement le monopole du commerce de matériel agricole.

Les défaillances du ravitaillement en matériel par le circuit officiel se traduisaient par un développement des pratiques jugées illégales : vente ou location de matériel par des tiers, y compris des colons.

Bien que nous n'ayons pas beaucoup de données sur les inégalités entre les colons, il était important de signaler ce phénomène d'exploitation de colons par d'autres colons, à partir de la propriété des instruments de travail. Il s'agissait d'un phénomène nouveau à l'O.N. et il va se prolonger pour atteindre même l'accès à la terre qui, en principe à l'Office, est du seul ressort de l'Etat, par l'intermédiaire de l'entreprise. Nous aurons l'occasion d'y revenir.

Signalons simplement que ce phénomène est dû, en grande partie, au fait que l'Etat ayant freiné le commerce privé particulièrement dans la région, le rôle de spéculateur (même sur les moyens de production) qui est habituellement celui des commerçants, était rempli par des gens bénéficiant du statut de colons. Ceci aura certainement un impact sur l'évolution de l'agriculture à l'Office du Niger. Mais quel y a été l'impact de la collectivisation sur l'agriculture paysanne ?

D) Les caractéristiques de l'agriculture paysanne à l'Office du Niger en 1970

Pour l'explication qu'il donne de l'échec de la collectivisation, KOHLER met surtout en avant le fait que les colons n'avaient plus les habitudes communautaires traditionnelles sur lesquelles le pouvoir comptait pour l'instauration de structures socialistes à l'O.N[35]. Il ajoute que l'Etat Malien faisait preuve d'une véritable ignorance des bases mêmes de ces habitudes communautaires, rendues nécessaires autrefois par la faible maîtrise que la population avait de la nature. Les problèmes de subsistance ne pouvaient trouver leur solution, à l'époque, que dans le cadre de communautés locales se confondant le plus souvent avec des groupes de parenté. Il s'agissait donc plus d'une nécessité de production que de vertus particulières liées aux communautés villageoises.

Selon KOHLER, l'évolution technologique, en modifiant le système de production, devait apporter des changements dans les rapports de production. Et ces changements ont été importants à l'Office du Niger, plus que partout ailleurs.

Une technologie relativement développée a permis à plusieurs colons de dépasser le stade de l'autosubsistance. L'échec des tentatives de collectivisation entreprises par la nouvelle administration après l'indépendance, montrait que des changements importants étaient intervenus chez les colons. Ces derniers se sont d'ailleurs appuyés sur les structures imposées par l'O.N., pour mettre en échec la nouvelle politique de l'Etat. Malheureusement, KOHLER ne précise pas quelles étaient ces structures et il conclut que trente années d'exploitation de l'Office avaient laissé des traces qu'on ne pouvait pas négliger.

---

[35] KOHLER avance plusieurs autres raisons, mais il insiste particulièrement sur celle que nous évoquons ici.

Ces thèses de KOHLER paraissent particulièrement intéressantes par la référence explicite qu'elles font à l'évolution de l'agriculture pratiquée par les colons, à l'impact de l'évolution technologique sur les rapports de production.

On remarquera que KOHLER applique aussi à l'O.N. certaines thèses essentielles du matérialisme historique. Cependant on peut se demander si ces thèses peuvent être appliquées à des zones aussi réduites que l'O.N. et à des périodes aussi restreintes, quoique une période d'une trentaine d'années puisse s'avérer, dans quelques cas, suffisante pour des changements importants au niveau des rapports sociaux.

Deux remarques essentielles peuvent être formulées contre les thèses que KOHLER développe à propos de l'Office du Niger :

- concernant la modification du système de production sous l'influence de l'évolution technologique, KOHLER semble croire à un véritable bouleversement à l'O.N. Nous pensons, quant à nous, que cette modification du système de production n'a pas été importante même si cela paraît être le cas par rapport aux autres régions du pays. Malgré l'utilisation de certaines machines à l'O.N., il n'y a pas de révolution technologique dans le procès de production parce que les paysans ont été tenus à l'écart de l'utilisation de ces machines et qu'ils ont, par contre, tout simplement cherché à intégrer la charrue au système traditionnel basé sur la culture extensive. La lutte des colons pour garder le contrôle des conditions de production et l'incapacité de l'O.N. à conserver même la qualité des aménagements, ont freiné l'évolution technologique. Les colons continuaient, comme dit René DUMONT, à semer du mil sur défriche et du riz sur un casier mal aménagé. La base de l'économie paysanne, qui apparaissait notamment dans la prolifération des champs hors-casiers, n'a pas été bouleversée ;
- concernant les structures socio-économiques des colons, KOHLER écrit que les paysans de l'O.N. se sont appuyés sur ces structures qui leur ont été imposées par l'Office, pour faire échec à la politique de collectivisation. KOHLER semble convaincu qu'à l'Office du Niger, le processus d'une agriculture tournée vers le marché est assez avancé pour que les colons aient un comportement "individualiste". Nous pensons plutôt que l'opposition des colons s'est exprimée, comme nous l'avons vu, dans un repli sur l'agriculture paysanne. Que cette stratégie ait été élaborée et appliquée au niveau des unités familiales, cela ne fait aucun doute. Mais on peut affirmer que finalement les méthodes utilisées par les colons (qui consistent en une redynamisation des rapports de parenté en période de crise) ne sont pas très différentes de celles utilisées par les autres paysans du Mali, pour résister aux tentatives de collectivisation de l'Etat.

Jerzy TEPICHT fait remarquer que : "*Dans les pays qui se donnent pour tâche une transformation socialiste de l'agriculture, il y a pratiquement deux mouvements à accomplir, conjoints mais non identiques :*

- *de l'agriculture paysanne à une agriculture industrielle ;*
- *de l'exploitation privée à une exploitation collective.*

Si le mouvement 2 *devance en vitesse le mouvement* 1, *c'est "l'économie paysanne multipliée" sous une forme ou une autre qui en ressort".* (TEPICHT : 1973 : 75).

A l'O.N. justement, ce passage de l'agriculture paysanne à l'agriculture industrielle ne s'est pas fait, de sorte qu'il y a eu multiplication de l'économie paysanne, comme on l'a vu avec la prolifération des hors-casiers et le nouvel essor de l'artisanat. Ceci est aussi sensible à deux autres niveaux :

- l'affaiblissement des échanges monétaires concernant les produits agricoles. Ainsi en 1956-57, près de 68% des colons tiraient leur revenu essentiel de l'agriculture, dont plus de 35% du commerce du riz et seulement 5% des autres cultures (comme le maraîchage). En 1970, 50% tirent leur revenu de l'agriculture mais, principalement, du maraîchage.

Au niveau des dépenses : en 1956-57, les dépenses essentielles concernaient, pour 24% des colons, l'acquisition de produits agricoles, les impôts seulement pour 2,4%. En 1970, les impôts deviennent le pôle essentiel pour 34% des colons tandis que les produits agricoles ne le sont plus que pour 16% ;

- malgré le caractère spécifique de l'O.N., le maintien et même le développement de rapports économiques entre les colons et les parents non colons. Il faut d'ailleurs dire que ces rapports concernent aussi bien des échanges de force de travail (essentiellement en faveur des colons, ce qui a fait dire à GOSSELIN que les colons exploitaient leurs parents non colons) que de produits et argent (en faveur surtout des parents non colons, ce qui fera dire aux cadres de l'O.N. que la pénurie vivrière à l'O.N. est due à l'exploitation des colons par leurs parents non colons).

Dans son enquête, Y. DIALLO donne des chiffres intéressants sur les rapports colons/parents non colons : 90% des colons recevaient en 1970 la visite de parents non colons ; de même 90% des colons rendaient visite aux parents restés dans le village d'origine. Ces visites, bien qu'elles ne soient pas annuelles (60% ont lieu tous les 2, 3, ou 4 ans), sont régulières et dépassent largement le cadre des relations matrimoniales qui est conçu le plus souvent comme pouvant expliquer ces relations.

L'échec de la politique agricole *"socialiste"* à l'O.N. et surtout les raisons de cet échec permettent de comprendre que le régime instauré par l'US-RDA était perçu par les paysans comme étant de la même nature que celui de la période coloniale d'après la seconde guerre mondiale. Certains le jugeaient comme étant plus contraignant même. Il faut dire que cette stratégie agricole était accompagnée de mesures politiques qui heurtaient la conception des paysans. L'indépendance accordée officiellement aux organisations des jeunes par rapport aux Conseils de village ; la tenue fréquente, le soir, de réunions du Parti auxquelles participaient les femmes ; tout cela scandalisait les paysans, parce qu'il représentait l'anarchie à leurs yeux.

Les conditions d'une alliance tacite entre paysans et commerçants étaient ainsi nées, chacune de ces catégories sociales estimant la politique de l'Etat défavorable à ses intérêts. Les liens de clientélisme qui servaient à camoufler les rapports d'exploitation se développèrent entre paysans et commerçants, ruinant ainsi les bases mêmes de la politique économique en milieu rural, puisque l'Etat affirmait avoir instauré son monopole en matière de commercialisation des produits agricoles pour mettre fin à l'exploitation des paysans par les *"commerçants usuriers"* (Ministère du Plan : 1961 : 21).

Tableau X : **Investissements publics en A.O.F. de 1903 à 1956**

Définitions	Francs courant Métro	Francs C.F.A. 1956 (équivalence)
- Période 1903 -1930 lois d'emprunt	446	20.673
- Période 1931 -1937 lois d'emprunt	710	13.847
- Période 1938 -1946 avance du Trésor	2.435	11.280
- Période 1947-1956 FIDES et Caisse Centrale de la France d'Outre Mer	193.100	105.850

Source : Etudes et Documents "*La semaine en A.O.F.*" ; 1959.

Tableaux XI - XII et XIII : Recettes et dépenses par personne, par an et par grand poste suivant la zone

Office du Niger :

Recette	Montant CFA	%	Dépenses	Montant CFA	%
TOTAL	9 684	100		8 436	100
dont			dont		
- Recettes monétaires	3 521	37	-Recettes monétaires	2 225	25
- Troc (entrées)	794	8	- Troc (entrée)	811	10
- Cadeaux	227	2	- Cadeaux	258	3
-Autoconsommation	5 142	53	- Auto-consommation	5142	61

Culture du Delta vif :

Recettes	Montant CFA	%	Dépenses	Montant CFA	%
TOTAL	9 957	100		6 765	100
dont			dont		
-Recettes monétaires	1 131	16	-Recettes monétaires	1 056	16
-Troc (entrée)	685	10	-Troc entrée)	712	11
-Cadeaux	510	7	-Cadeaux	366	5
-Autocon-sommation	4 631	67	-Autocon-sommation	4 631	68

Toutes professions Delta vif :

Recettes	Montant CFA	%	Dépenses	Montant CFA	En %
TOTAL	7 156	100		7 056	100
dont			dont		
- Recettes monétaires	1 419	20	- Recettes monétaires	1 453	21
- Troc (entrées)	723	10	- Troc (entrées)	743	10
- Cadeaux	560	8	- Cadeaux	402	6
- Autoconsommation	4 454	62	- Autoconsommation	4 454	63

Tableau XIV : Répartition des colons de l'O.N. suivant leur endettement en début et en fin de période comptable

Montant dette en (milliers de CFA	KOKRY				NIONO			
	Début période		Fin période		Début période		Fin période	
	Nbre	En %	Nbre	En %	Nbre	En %	Nbre	En %
Pas de dette	9	16	18	32	13	24	11	20
- 20	20	36	5	9	25	45	19	34
20 -39,9	6	11	8	15	11	20	10	18
40 – 59,9	7	13	4	7	3	5	7	13
60 – 79,9	4	7	5	9	2	4	1	2
80 – 99,9	3	5	7	13	1	2	1	2
100 – 119,9	4	7	4	7	-	-	4	7
120 – 139,9	1	2	3	5	-	-	.1	2
140 et +	2	3	2	3	-	-	1	2
Ensemble	56	100	56	100	55	100	55	100

Tableau XV : Dépenses monétaires brutes par rubriques

Rubrique	Ensemble du delta vif	Cultivateurs avec charrue	Cultivateurs avec charrue	Colon de ON
Alimentation : Total	43.5	43,3	43,3	24,3
Agriculture au total	*25,4*	*22,5*	29	24.3
dont : - riz	2,2	2,2	2,2	6,9
- mil sorghos	3,7	2,1	5,7	7,6
- sumballa	3,2	2,7	3,8	1,3
- beurre de karité	7,2	6,7	8	3,5
Elevage, chasse	1,8	1,9	1,5	6,2
Pêche	8.3	10.8	4,6	7,9
Autres produit	8,3	8,1	8,5	6,4
dont : - sel	5,9	5,5	6,3	1.8
- sucre	0,9	1,4	0,3	0,5
Boisson				1,1
Tabac, cola	11,7	14,4	6,5	11.2
Textiles et cuirs	13,2	16	9,4	11.9
Cheptel. outillage	6,4	0,5	15.5	3,9
dont : - outillage	6	0,2	15.2	0,8
Objets et produits ménagers	5.4	5,9	4.6	8.2
dont : - pétrole	0,7	0.8	0.8	3,7
Salaires et services	6,4	6,7	6.2	13.7
dont : - transports	4,4	4.9	3.8	1,8
Cadeaux	3.2	4,6	1	2,7
. Impôts et cotisations	10,2	8.6	13.2	2.4
ENSEMBLE	100	100	100	100

Source : Enquête budgétaire dans le delta central nigérien.

CHAPITRE IV

AGRICULTURE PAYSANNE ET « ÉTAT-PROVIDENCE » : les colons et les tentatives étatiques de contrôle total de l'économie paysanne (1970 – 1980)

La période 1970-80, qui va suivre, peut être caractérisée comme celle qui a vu s'établir une tentative de contrôle total de l'agriculture paysanne à l'O.N. Une telle stratégie, dont les éléments constitutifs seront exposés dans ce chapitre, ne peut surprendre si on la situe dans le contexte qui l'a engendrée. Ce contexte est avant tout politique. Bien qu'il ait fallu attendre 1970 pour voir se mettre en place les grandes orientations de la nouvelle stratégie économique du Mali, les conditions politiques en avaient été réunies en 1968, par le coup d'État du 19 Novembre. Celui-ci apparut comme la conséquence de l'affaiblissement progressif de la base sociale de l'US-RDA. Ce parti a perdu le soutien de toutes les catégories sociales qui avaient fait sa force, au moment de la lutte de libération : le système d'extorsion mis en place dans les campagnes avait très vite détourné les paysans du Parti ; les mesures de contrôle du commerce avaient mécontenté les commerçants qui avaient apporté un appui important à l'US-RDA, au moment de la lutte de libération nationale ; la dévaluation de 50% de la monnaie avait entraîné une importante baisse du pouvoir d'achat des salariés, dont 80% relevaient du domaine public.

Le pouvoir était de plus en plus isolé. Il faut dire que la perte d'une partie de la base sociale du mouvement de libération, au cours de sa transformation en parti au pouvoir, est un phénomène normal et même inévitable. Le maintien de ce parti passe alors par d'autres catégories sociales ou par une mobilisation puissante de sa base la plus fidèle.

L'US-RDA n'a réussi ni l'une ni l'autre de ces stratégies. Ce parti s'est aliéné les commerçants et les paysans et a perdu, en 1967, le soutien des salariés qui étaient encore les seuls à le soutenir. Même ceux qui s'étaient servis de l'appareil de l'Etat pour s'enrichir aspiraient à un changement d'équipe au pouvoir. C'est que l'assise économique qu'ils venaient de constituer pouvait encore être menacée par l'appareil politique, dont certains responsables continuaient d'afficher leur option pour le socialisme et avaient déclenché la *"radicalisation de la Révolution"* (des *"Comités de Défense de la Révolution"* avaient vu le jour en Août 1967).

Les groupes d'intérêts, constitués à partir de la propriété publique des moyens de production, aspiraient à la mise en place d'un nouvel appareil politique qui respecterait leur acquis et créerait les conditions de son extension. Mais, si le coup d'État peut apparaître comme la sanction de l'échec politique de l'US-RDA, il signifie surtout le triomphe de ce que la littérature de l'époque appelait la *"bourgeoisie compradore"*, c'est-à-dire des catégories sociales *"alliées au capital international "*.

Ces catégories se composent en premier lieu des grands commerçants, qui saluèrent avec enthousiasme le coup d'État comme le triomphe des intérêts qu'ils représentaient. Ils en eurent la preuve quelques semaines seulement après Novembre 1968, lorsque le nouveau pouvoir abolit la loi de 1965 sur le commerce et leva notamment la mesure obligeant les gros commerçants et les sociétés à déposer le quart de leur capital sur compte bloqué en banque.

La collusion d'intérêts entre les commerçants, la *"bourgeoise bureaucratique"* et le nouveau pouvoir apparut clairement lorsque certains dirigeants de l'US-RDA et du Gouvernement *"socialiste"* participèrent au premier Gouvernement mis en place par les militaires. Il s'agit entre autres de Jean Marie KONE (ancien vice-président de la République et membre du bureau politique de l'US-RDA) et de Louis NÈGRE (ancien Ministre des Finances). Comme par hasard, c'étaient ces deux dirigeants de l'US-RDA qui avaient mené les négociations monétaires avec la France en 1967. Ils ont constitué, avec beaucoup d'autres cadres moins connus, le premier soutien politique au nouveau régime. La plupart d'entre eux se sont ensuite retirés de la vie politique, pour devenir des hommes d'affaires.

Le triomphe de la *"bourgeoisie compradore"* signifie le retour du *"capital international"* dont les intérêts avaient été menacés sous le régime *"socialiste"*. Cela s'est traduit par une augmentation importante des investissements étrangers dans l'économie malienne, c'est-à-dire principalement dans l'agriculture, puisque cette économie demeurait essentiellement rurale.

La politique agricole est réorientée alors dans le sens des besoins des groupes au pouvoir et du *"capital étranger"*, pour des raisons qui seront exposées plus loin. Cela est surtout visible à l'importance accordée à la riziculture dans les deux plans élaborés entre 1970 et 1980, c'est-à-dire le "Programme Triennal de redressement économique et financier 1970 -72" et le "Plan Quinquennal 1974 -78". Il faut retenir que cette politique favorable à l'intensification de la riziculture va déborder le cadre de l'année 1980 puisque, dans le "Plan Quinquennal 1981-85", elle occupe encore une place fondamentale. Mais l'occasion sera donnée de voir comment la réalisation de ce dernier plan a été remise en cause. Auparavant, il est utile d'examiner les axes fondamentaux de la nouvelle politique des années 1970 et les conséquences de cette politique pour les colons.

A) L'instauration de la monoculture à l'O.N.

C'est en 1970 que la décision fut prise de transformer les colons en simples riziculteurs. L'échec du régime précédent, dans sa tentative d'intensification de la culture du coton, était évoqué comme une des raisons principales de ce choix. La seconde, considérée d'ailleurs comme la plus importante, était l'augmentation de la population citadine qui avait amené le Mali à importer du riz, au cours des dernières années de la décennie 1960-70. Par la décision d'instaurer la monoculture du riz, l'O.N. perdait sa spécificité et rejoignait les autres zones de riziculture en tant que simple instrument de la nouvelle politique. Et, de fait, il n'y a pas eu de programme particulier de restructuration de l'Office, au-delà de la transformation des parcelles de coton en parcelles de riz. Tout au plus, le projet de promotion de la riziculture à l'O.N. est conçu comme devant servir de modèle aux autres zones dans lesquelles on s'apprête à créer des Opérations de Développement Rural (ODR) s'occupant essentiellement de riz.

Les colons de l'O.N. n'auront d'autre *"privilège"* que d'être soumis à un prélèvement plus grand, du fait qu'il était plus facile de les encadrer, du fait aussi que l'on continuait à croire qu'ils étaient des privilégiés. C'est pourquoi, s'il n'est pas nécessaire de consacrer de chapitre spécial à l'exposé des axes fondamentaux de la politique de riziculture concernant spécifiquement l'O.N., il est utile d'étudier de façon plus détaillée les moyens mis en oeuvre à l'Office, pour la réussite de cette politique.

1. Les axes fondamentaux de la politique agricole de l'Etat dans les années 1970-80 : l'intensification de la riziculture au Mali

Le "Programme Triennal" a pour objectif, comme il apparaît d'ailleurs dans son intitulé complet, d'amener le *"redressement économique et financier du pays"*. Pour atteindre cet objectif, le Programme compte en priorité sur le secteur rural, afin d'éliminer les principaux déséquilibres de l'économie malienne. Il soutient que cet objectif peut être atteint tout en accroissant les revenus des paysans. L'effort doit s'exercer dans trois directions : intensification de la culture de trois produits-clés (riz, coton et arachide), diversification des cultures et préparation des projets de *"développement intégré"*. *"Les cultures vivrières traditionnelles (mil, sorgho, maïs, etc.) ne font pas l'objet de programmes particuliers. Etant dans la plupart des cas associés aux cultures – clés, elles bénéficieront des effets de la vulgarisation technique sur ces cultures et, dans le cas du coton, de l'arrière - effet de l'amendement"*. (Présidence du Gouvernement 1970 : 22).

L'année 1970 correspond donc à un tournant dans la politique agricole du Mali dont les objectifs affirmés débouchent sur un recul des *"céréales traditionnelles"* et *"l'élévation"* du riz au rang de culture de rente. Le prix au producteur du paddy est relevé pour intéresser les paysans à la riziculture, parce qu'il s'agit pour l'Etat d'atteindre *"l'autosuffisance alimentaire"*, en diminuant les importations de riz. En fait, cette politique des trois produits-clés correspond à un retour officiel à la politique agricole de la période coloniale puisque, de 1928 à 1959, seules ces trois productions agricoles commercialisées avaient vu leur volume augmenter de façon notable.

Tableau XVI : Evolution de la production de riz, coton et arachide

Produits	Production (en milliers de tonnes)				
	1927 -28	1958-59	1968-69	1971-72	1979-80
Riz (paddy)	90	182		170	143
Coton (graine)	1	8,5		7,3	15,3
Arachides (coques)	35	105		152	107

Source : "*Mali, le paysan et l'Etat*", 1re partie.

Les résultats de production ne correspondent pas toujours aux efforts d'investissements fournis sur ces différentes cultures. Cette remarque vaut surtout depuis 1970, période à partir de laquelle on note une *"réticence"* des paysans à produire ces cultures. Pour atteindre les objectifs du futur Plan Quinquennal (1974-78) dans le domaine agricole, des Opérations de Développement Rural sont créées (Ordonnance du 24 Mars 1972). Elles ont pour mission de procéder à la mise en oeuvre harmonieuse des programmes de développement rural, grâce aux moyens suivants : recherches et études, aménagements, formation des cadres, vulgarisation, commercialisation, transport, transformation et conservation des produits, crédit et équipement. Le financement des Opérations de Développement Rural (ODR) provient de l'extérieur (essentiellement des prêts) et cela est justifié par le fait que "*... les Opérations sont prévues de telle manière qu'elles doivent pouvoir s'autofinancer après la 6ème année d'intervention, ce qui permet d'espérer que, dans l'avenir, les dépenses d'intervention de l'Etat sur la riziculture n'excéderont pas le montant annuel moyen prévu pour la période triennale"* (Ministère du Plan : 1974 : 73).

Mais, ce qui distingue le Plan 1974 -78, c'est le caractère accru des investissements en riziculture. D'après la Banque Mondiale, une des principales sources de financement extérieur des projets au Mali, les cinq projets rizicoles (Office du Niger, Riz Sikasso, Riz Ségou, Riz Mopti et le projet d'irrigation pour la riziculture à Gao) représentent en investissements près de 10 % du total des dépenses du Plan et plus du quart des dépenses en faveur du secteur rural. Les sommes affectées à la riziculture s'élèvent à près de 25 milliards de Francs Maliens (25 milliards de Francs CFA, après la dévaluation de cette monnaie en Janvier 1994) et, contrairement aux prévisions du Programme Triennal 1970 -72, le financement extérieur ne s'affaiblit pas (82 % du financement sur le riz) alors que la part du budget malien ne s'élève qu'à 3,4 %, et que l'autofinancement n'atteint pas 15%.

Cet accroissement des financements accordés à la riziculture va continuer, même après les résultats médiocres du Plan 1974 -78. Ainsi, pour le financement du Plan 1981-85, et au cours de la seule année 1981, près de 10 milliards de Francs maliens étaient obtenus des sources de financement extérieures.

Tableau XVII : Financement acquis durant 1981 pour la riziculture.

PROJET	Source	Date de signature	Montant en FM (millions de FM)
Office du Niger TOTAL			978.5
dont : - Tracteur à moteur huile	FAC	09/11/81	13,5
- Réhabilitation	FAC	09/11/81	965
Opération Riz TOTAL			480
dont : - 3ème tranche	FAC		300
- 4ème tranche	FAC	31/10/81	180
Opération Riz Ségou TOTAL			7995,3
dont : - 4ème tranche	FED	01/12/81	7770
- Autre non déterminé	BEI	20/02/81	225,3
Aide d'urgence en semence riz	FED	-	222

Soit un TOTAL en riziculture de 9.675,8 millions (**Source** : Ministère du Plan : 1981 : 68).

2. Les fondements officiels de la politique d'intensification de la riziculture

Comment l'État justifie-t-il cette concentration de capitaux sur le riz ? La première justification officielle de la nouvelle politique agricole se trouve dans les réflexions critiques du Programme Triennal sur la conception et l'exécution du Plan Quinquennal 1961-65. Les militaires reprochent au régime précédent sa *"gestion désastreuse"* pour la réalisation d'un plan d'ailleurs trop optimiste, notamment en ce qui concerne les possibilités de financement interne. Le Plan 1961-65 a, selon eux, trop compté entre autres sur le reversement des bénéfices des sociétés et entreprises d'Etat, alors que la gestion étatique était à une phase expérimentale.

Le Programme constate que le régime précédent a finalement provoqué un blocage de la capacité de production de l'économie. Il s'agit donc de redynamiser cette économie en donnant une nouvelle impulsion à l'agriculture mais, cette fois, dans le sens d'une baisse des cultures vivrières traditionnelles au profit des cultures d'exportation. L'État se fixe pour objectif un taux de croissance annuel de 5,4 % de la Production Intérieure Brute. Pour y parvenir, il compte porter à 9,1 % le taux de croissance des cultures d'exportation, cette stratégie agricole devant se répercuter favorablement sur la balance commerciale : les exportations devront progresser de 11 % et les importations de seulement 3%. Pour financer la production agricole, l'Etat fait appel aux capitaux étrangers : 86,7% des 14,4 milliards de Francs Maliens (F.M.), nécessaires au financement du programme, proviennent de l'étranger.

Cela constitue une des raisons fondamentales du choix des cultures d'exportation comme cultures-clés car ce choix est fortement déterminé par les exigences du "capital étranger". Parlant du contrôle que le Mali était en mesure d'exercer sur les orientations fondamentales de sa planification économique, la Banque Mondiale écrit : *"Le Mali dispose... de très peu de ressources intérieures à consacrer aux investissements, ce qui se traduit dans la pratique pour les planificateurs maliens par un contrôle très limité de l'orientation ou du volume de l'investissement de leur pays. Dans la mesure où ils peuvent influer sur la marche des événements, leur contrôle s'exerce surtout dans un sens négatif car si les autorités responsables peuvent refuser des projets, il ne leur est guère possible d'attirer des projets qui n'intéressent pas les donateurs étrangers. Elles sont donc fortement tributaires de la bonne volonté de ces donateurs et si personne ne s'intéresse à des projets ou d'autres activités liées à la bonne réalisation d'un certain nombre d'autres projets, c'est l'ensemble du Plan qui risque d'en pâtir".*

Concernant spécifiquement l'importance accordée à la riziculture, l'Etat l'explique dans le Plan 1974-78. Pour lui, la consommation de riz va fortement augmenter : la consommation annuelle de riz par habitant va passer de 20 kg en 1972 à 48 kg en 1983. Voilà pourquoi il faudrait doubler la production et tripler le tonnage commercialisé, par rapport aux objectifs de 1972. Cette flambée de la consommation de riz que prévoit l'Etat, s'expliquerait par l'essor des villes qui crée de nouveaux besoins.

Que penser de cette justification ? Il est indéniable qu'il y a eu une augmentation considérable de la population citadine du Mali depuis l'indépendance. Pendant la période coloniale, la population urbaine (celle des agglomérations de plus de 2 500 habitants) n'a jamais dépassé 6% de la population totale. Ce taux n'a d'ailleurs été atteint qu'en 1959, à la veille de l'indépendance. Auparavant, le taux d'urbanisation avait été très faible : en 1928, la population urbaine ne représentait que 1,7% de la population totale ; en 1945, elle est passée à 2,9%, ce qui était un des taux les plus faibles de l'A.O.F. (Samir AMIN : 1971 : 155).

Le boom commença avec l'indépendance qui vit affluer, notamment à Bamako, un flot important d'hommes politiques et de fonctionnaires venus des quatre coins du pays, pour remplacer les fonctionnaires français qui partaient. A ce flot, se sont ajoutés les militaires qui étaient au service de l'armée française en Algérie ou ailleurs, surtout plusieurs milliers de personnes qui durent abandonner précipitamment le Sénégal, après l'éclatement de la Fédération du Mali.

Ainsi, Bamako passa en deux ans et demi (milieu 1958 à juin 1960) de 76.200 habitants à 129.300[36]. Dans un document publié en 1981, la Banque Mondiale montrait que le taux d'urbanisation au Mali était de 20% sur une population officiellement estimée à plus de 7 millions d'habitants.

Le régime socialiste avait pourtant essayé différentes mesures pour lutter contre l'exode rural et contrôler la croissance urbaine. Il s'était fixé à cet effet trois objectifs :

---

[36] Cf. LA COGNATA ; 1976 ; 268.

- parvenir à maintenir les jeunes au village par différentes mesures de séduction : formation technique pour donner plus de prestige aux jeunes dans les villages et diminuer ainsi l'influence des vieux ; activités culturelles pour rendre la vie au village plus attrayante, etc.
- surveiller les déplacements et les installations dans les villes : réglementation des déplacements, refoulement des immigrants sans travail, lutte contre les implantations urbaines illégales ;
- inverser le flux migratoire par une politique de "retour à la terre", notamment des citadins : attribution de lots de cultures à des fonctionnaires, création de villages de colonisation regroupant de jeunes volontaires, etc.

Il parvint un moment à freiner l'exode, notamment en direction de Bamako. La ville apparut aux yeux du paysan comme trop hostile et le chemin de l'exode semé de trop d'embûches. Le coup d'Etat leva toutes ces mesures contraignantes et on assista aussitôt à un nouveau flux vers les villes. En 1970, la population de Bamako avait doublé par rapport à 1960.

L'augmentation de la population citadine provoqua des besoins de plus en plus importants du pays en matière de riz et, en 1969, le Mali dut, pour la première fois, en importer. Mais cela explique-t-il totalement les prévisions de consommation de riz que l'Etat avançait en 1974 ?

Dans son évaluation des résultats du Plan 1974 -78, la Banque Mondiale fait cette remarque : *"Il semble que les responsables se soient basés, en partie, sur des prévisions exagérées de l'augmentation de la consommation de riz par habitant, pour accorder la priorité absolue au riz... Cette augmentation (de 20 à 48 Kg/habitant/an) n'était compatible ni avec les prévisions de croissance réelle, ni avec les conclusions empiriques sur l'élasticité de la demande par rapport au revenu".*

Les chiffres avancés par l'Etat pour justifier l'intensification de la riziculture sont excessifs tout simplement parce que, même si les villes voient leur population augmenter, le nombre de consommateurs de riz n'augmente pas dans la même proportion. L'essor des villes comme Bamako, Ségou, Kayes, etc., n'est pas dû à l'arrivée de nouveaux salariés dans des villes où il y a création d'emplois, mais à la ruée de paysans fuyant la misère des campagnes avec leur cortège d'exactions politiques et administratives. Les populations qui s'installent dans les *"quartiers périphériques"* vivent d'expédients et, pour elles, le riz est un produit de luxe à cause de son prix. Il faut donc chercher ailleurs les véritables motifs de la politique d'intensification de la riziculture.

Bien que les prévisions de consommation ne soient pas justifiées, bien que les objectifs de production ne soient pas atteints, l'Etat maintient ses objectifs de livraison sur le marché. Cela signifie que le volume de la ponction opérée sur la production paysanne ne diminue pas, malgré les contre-performances de production.

Qu'est-ce que les sources de financement pensent de ce manque de corrélation entre les schémas de consommation et le niveau de revenu prévisionnel de la population ? Tout en déplorant le caractère peu réaliste du Plan 1974-78, les sources de financement extérieures pensent que la politique de promotion de la riziculture est justifiée "... *dans la mesure où cette production* de *riz pourrait être exportée* de *manière à couvrir l'importation* de *céréales meilleur marché pendant les années normales"*.

Mais comment amener les paysans à souscrire à une telle politique ou tout simplement à produire pour le marché ? L'Etat pense y parvenir par l'augmentation de sa capacité de contrôle de la production paysanne, c'est-à-dire le renforcement des structures d'encadrement du milieu rural, particulièrement à l'O.N.

B) Les moyens mis en œuvre à l'ON : le renforcement des structures d'encadrement

La plupart des auteurs qui se sont penchés sur les rapports entre l'Etat et les paysans au Mali, se sont employés à analyser le mécanisme économique de l'exploitation, notamment à travers la fiscalité et la politique des prix agricoles. Certains y ajoutent la *"commercialisation forcée",* sans révéler ce que cet euphémisme cache comme contraintes et exactions pour le paysan, tant il est vrai que la bonne marche d'un système économique basé sur l'exploitation suppose une défaite politique des exploités. Nous n'insisterons donc pas sur ces aspects économiques qui ont déjà été analysés[37]. Il convient cependant de s'y arrêter un instant car, si la fiscalité et la politique des prix en tant que mode d'exploitation des paysans ne sont pas une nouveauté, leur utilisation dans le sens d'un prélèvement du surplus a atteint, à partir de 1972, un niveau jamais égalé depuis la fin de la seconde guerre mondiale. Cela est surtout vrai en ce qui concerne la politique des prix agricoles, prix qui servent à fixer les conditions des rapports marchands imposés aux paysans.

1. La politique des prix agricoles

Concernant la fiscalité il faut noter que, de tous les systèmes de prélèvement, c'est celui auquel le paysan est le plus sensible. Cela tient à trois raisons : la multiplicité des impôts, les abus commis lors de leur perception et l'absence totale pour le paysan de contrepartie à ce prélèvement direct. Ce sont les abus qui se sont le plus multipliés depuis 1972.

Pour ce qui est de la politique des prix, l'Etat fixe le prix au producteur en fonction du prix au consommateur. La fixation des barèmes donne lieu à d'âpres discussions entre les différents organismes de l'Etat : Affaires Economiques (qui s'occupent de l'administration des prix), Opérations de Développement Rural, et entre l'Etat et certaines catégories socioprofessionnelles comme celle des transporteurs. Pour éclairer ces débats, une évaluation des coûts de production est opérée par l'Institut d'Economie Rurale (I.E.R.). Cette évaluation, qui est fortement conditionnée par les considérations politiques sur les prix, souffre sur le plan technique de plusieurs faiblesses : prix identiques sur l'ensemble du territoire, évaluation des postes par le système des coûts moyens, sous - évaluation de certains postes. Mais, ce qui constitue sa "faiblesse" majeure, c'est ce que Y.G. KEBE a appelé son caractère arbitraire, notamment dans l'évaluation de la rémunération quotidienne du travail paysan. L'I.E.R. évaluait en 1978-79 le

[37] Pour une description détaillée de ce phénomène concernant le Mali, se référer à l'étude de KEBE in "*Le Mali : le paysan et l'Etat*", ouvrage déjà cité.

prix de la main-d'œuvre journalière rurale à 500 F.M. pour l'ensemble du pays. Après enquête, KEBE évaluait ce prix, en ce qui concerne le paddy, à 1.196 F.M. à l'Opération Riz Ségou et à 718 F.M. à l'Office du Niger.

Par ce truchement, on arrive à une sous-évaluation des véritables coûts de production. Il s'avère cependant que les prix fixés pour l'achat aux producteurs sont inférieurs même aux coûts de production ainsi calculés, comme en témoignent les résultats obtenus par KEBE pour l'Office du Niger en 1976-77 : la production de paddy blanc revenait au colon à 45,5 FM/kg, alors qu'il était obligé de vendre à l'Etat à 40 FM/kg ; le kilogramme de paddy blanc mélangé lui revenait à 45,5 FM/kg et l'Etat ne le payait que 22,4 FM/kg. Et KEBE conclut : *"Le producteur se retrouve dans tous les cas avec une marge négative"* (KEBE : 1981 : 53). Cette conclusion, KEBE l'étend à l'ensemble du pays et il est vrai qu'on peut la vérifier concernant d'autres productions, particulièrement les cultures vivrières. Pour le mil-sorgho par exemple, le prix au producteur avait été fixé à 32 FM/kg, mais le coût de production variait entre 33 FM/kg (culture attelée, zone Mali Sud) et 52 FM/kg (hors assolement culture manuelle).

Une ponction réelle est donc opérée à travers la politique des prix agricoles. D'une manière générale, on peut dire que le mécanisme fiscalité/prix au producteur, explique bien le processus d'exploitation, mais il ne permet pas de comprendre pourquoi ce processus fonctionne. En effet, plusieurs obstacles peuvent empêcher son fonctionnement : par exemple, les défaillances de l'organisme de commercialisation.

Mais au-delà de ces problèmes d'ordre technique, se pose la question de savoir comment l'acheteur parvient à imposer un prix aussi bas au vendeur. C'est là qu'interviennent les structures d'encadrement militaires et paramilitaires du milieu rural, structures dont le rôle est d'obliger les paysans à livrer leurs produits.

A partir de 1970, on assiste à une tentative d'encadrement total du paysan par une répartition des rôles entre les différents organismes. L'Office du Niger constitue dans ce domaine un exemple presque caricatural d'application des méthodes les plus brutales de *"développement"*.

2. Les structures d'encadrement

A l'O.N., en 1970, il y avait trois niveaux d'encadrement dont un seul (l'encadrement technique) existait depuis l'indépendance.

2.1. L'Encadrement technique

Il s'occupe, comme par le passé, du contrôle du temps de travail du colon et fait un rapport quotidien sur la présence ou l'absence des paysans et de leur famille sur les parcelles de riz. Ce qui est nouveau, c'est le renforcement de cet encadrement : l'IRAM avance pour l'année 1981 les chiffres de 1 encadreur (moniteur et encadreur confondus) pour 24 colons et dans les zones de faible rendement (comme Kokry) 1 encadreur pour 14 colons[38]. Ces agents de l'O.N. doivent assurer la vulgarisation des techniques culturales c'est-à-dire la formation des colons et ils sont, dans la chaîne de la commercialisation officielle, un des maillons essentiels. C'est l'encadrement qui assure le prélèvement des redevances et autres sanctions économiques, qui surveille le battage mécanique et détermine les quantités à commercialiser. Il est présent d'un bout à l'autre, non seulement du processus de production, mais aussi de celui de la circulation des produits dans le cadre de l'Office. C'est véritablement comme le dit MAGASA, un homme doté de pouvoir absolu d'autant plus qu'il n'est l'objet d'aucun contrôle strict.

2.2. La Police économique

C'est un organisme militaire chargé de la répression du commerce clandestin de riz à l'O.N., l'Etat ayant en principe le monopole de ce commerce. Cette police a donc pour rôle le contrôle du marché du produit paysan. Elle est dirigée par des officiers et des sous-officiers. Elle a ses agents dans tous les centres importants et contrôle la sortie de tous les villages de l'Office. La Police Economique ne dépend ni des services administratifs qui siègent dans la zone de l'Office, ni de la Direction de l'Office du Niger. Ceci rend le

[38] Cf. IRAM ; 1981 ; Tome 2.

contrôle de cette police très difficile et des "incidents" arrivent facilement. Elle a, en principe, pour tâche essentielle de contrôler les véhicules afin de confisquer tout sac de riz dont la sortie n'est pas autorisée par le sous-officier qui commande la zone. Cette autorisation n'est donnée qu'avec l'accord du chef de secteur, c'est-à-dire un agent de l'Office. Mais, l'indépendance de la Police Economique fait qu'en réalité c'est elle qui réglemente les sorties. En 1981, une rumeur persistante circulait à l'Office : on pouvait "sortir" autant de sacs qu'on voulait pourvu qu'on versât à certains agents de la Police Economique autant de fois 1.000 FM qu'il y avait de sacs. Il arrivait donc que le contrôle des camions se relâchât mais non le contrôle des calebasses des paysans. Dans le contrôle des paysans, plusieurs agents de la Police Economique outrepassaient de loin leurs prérogatives, allant parfois jusqu'à la fouille corporelle[39]. A ce niveau également les "bavures" n'étaient pas rares.

2.3. Les "Gardes-barrières"

Ils secondent la Police Economique. Ils sont installés entre les champs de riz et les villages. En fait, leur rôle est sensiblement différent de celui de la Police Économique, puisqu'il consiste à contrôler directement la part que consomment les colons sur les récoltes. Les "Gardes-barrière" doivent, en effet, empêcher le colon de moissonner *"frauduleusement"* son riz pour le *"vendre aux commerçants"*. L'existence d'une telle structure révoltait d'autant plus les paysans que les "Gardes-barrière" étaient recrutés sans aucune espèce de formation. Cette révolte des paysans s'expliquait en partie par la relative indépendance dont bénéficient aussi bien les "Gardes-barrière" que les autres agents d'encadrement de l'O.N., indépendance qui leur permettait d'opérer un prélèvement illégal mais toléré sur la production paysanne.

---

[39] Pour plus de détails sur les exactions dont les paysans ont fait l'objet de la part de la Police Economique, consulter le Mémoire de DIABY Cheick Sidiya (1979), Mémoire en vue de l'obtention du diplôme d'ingénieur de l'Institut Polytechnique Rural de Katibougou, au Mali.

Les" *abus"* des différentes structures d'encadrement ne paralysaient pas le fonctionnement même du mécanisme mis en place par l'Etat. Ils assuraient d'ailleurs en partie ce fonctionnement, en accordant aux agents d'exécution une marge leur permettant de tirer profit du système.

C) Les stratégies des différents types de colons face à la riziculture et les tentatives étatiques de contrôle

Le recul de la riziculture ne peut cependant se comprendre que grâce à une analyse fine de la rationalité qui animait les exploitations agricoles, de leur stratégie compte tenu de leurs moyens, des obligations qu'elles avaient vis-à-vis de l'O.N., de leurs objectifs et de leurs conditions internes de fonctionnement. Une telle analyse nécessite des moyens d'enquête importants auxquels nous n'avons pas eu accès.

L'enquête que nous avons néanmoins pu mener en 1980 et qui a touché environ 10% des colons de l'O.N. à cette époque (472 exploitations enquêtées sur 5110) a permis d'un côté de dégager les réactions les plus fréquentes des colons aux mesures d'intensification de la riziculture, de l'autre de disposer de détails importants par type d'exploitation. Au niveau des réactions les plus fréquentes, deux attitudes, qui ne sont pas d'ailleurs nouvelles, sont apparues immédiatement : l'indifférence des colons quant au remboursement des dettes qu'ils ont contractées auprès de l'O.N. et la recrudescence des activités autres que la culture du riz. Les colons les plus endettés choisissaient soit la fuite, soit un abandon plus ou moins déguisé de la culture du riz. Les cas de fuite n'étaient pas nombreux mais ils entraînaient parfois des pertes importantes pour l'Office. Les colons qui ont fui en 1977-78 devaient à l'entreprise plus de 8 millions de FM. Pour limiter davantage ces risques de perte, l'Office a été obligé en 1979-80 d'accepter de « commercialiser » (c'est-à-dire de payer) une partie du riz des paysans, même les plus endettés, et de se contenter du taux d'amortissement de dettes le plus bas des sept dernières campagnes.

Mais une telle mesure ne pouvait pas être prise chaque année et l'Office ne pouvait pas continuer à repousser indéfiniment l'amortissement des dettes des colons aux campagnes prochaines, d'autant que l'expérience a montré que même cette mesure n'était pas suffisante pour intéresser davantage les colons à la riziculture.

La seconde attitude, celle de se tourner vers d'autres activités, a connu un développement important. Parmi les colons qui ont fait l'objet de notre enquête, 106 (soit 22,45 % de notre échantillon) nous ont déclaré faire d'autres cultures et 30 parmi eux ont déclaré avoir d'autres activités en plus de ces différentes autres cultures auxquelles ils s'adonnaient, tandis que 50 autres nous ont déclaré ne pas faire d'autres cultures mais avoir d'autres activités que l'agriculture.

Malheureusement, notre enquête ne nous a pas permis de cerner la gamme de ces *"autres activités"* à cause de la méfiance des paysans, car l'enquête a été menée au moment où l'encadrement du monde paysan était des plus musclés. Ce même problème fait que nous avons dû demeurer prudent concernant le pourcentage des paysans ayant eu d'autres activités ou ayant pratiqué d'autres cultures. Il faut croire, en effet, que les chiffres que nous avons obtenus étaient en dessous de la réalité. Beaucoup de colons pensaient que la déclaration de ces activités pouvait leur attirer des ennuis. Par exemple, les colons de Kossouka pensaient que la culture des autres céréales leur était interdite et affirmaient même que cette mesure datait à l'O. N. de la campagne 1976- 1977.

D'ailleurs, la confrontation de certains chiffres de notre enquête révèlent des contradictions qui peuvent éclairer sur ce point : près de 90% des colons interrogés affirmaient acheter des céréales et seulement 47% déclaraient avoir d'autres sources de revenus, ou bénéficier d'une aide matérielle de parents non colons. Comme la vigilance de la Police Economique et des "Gardes barrières", concernant la commercialisation *"frauduleuse"* du riz par les paysans était réputée, force est d'admettre à l'époque un développement des activités *"annexes"* à la riziculture.

Ces attitudes, bien que fréquentes, ne concernaient pas au même degré tous les colons. Elles variaient suivant les capacités des *"exploitations agricoles"*. La définition retenue pour *"exploitation agricole"* est celle que Gérard ANCEY donne de ce terme pour les pays sahéliens : "*... collectivité humaine réunissant ses efforts sur les "grands champs" du premier grenier ... à la condition que le produit de ces "grands champs" soit affecté à <u>l'alimentation collective</u> des membres participant au travail (et leurs dépendants inactifs)"*. (ANCEY : 1976 : 10). Cette définition, conventionnelle au dire d'ANCEY lui-même, offre l'avantage de faire la distinction entre cette unité et les groupes restreints de production (autour des petits champs dont les champs individuels) ou avec les groupes de consommation (qui puisent dans les greniers secondaires) ou enfin avec la famille (on parle ici de collectivité humaine).

A l'Office, bien que le facteur fondamental de composition des exploitations soit les liens de parenté, on trouvait des exploitations (un peu plus de 6%) où il existait des membres sans liens de parenté avec le chef d'exploitation. La typologie que nous avions adoptée était celle dégagée à partir des résultats de l'étude *"Structures d'exploitation"* menée par l'Institut d'Economie Rurale de Bamako, et à laquelle nous avions participé. Le choix de cette typologie obéissait au souci de faire bénéficier l'étude sociologique des données quantitatives de l'étude *"Structures d'exploitation"*. L'espoir existait également que les conclusions de l'étude sociologique pourraient être vérifiées à la lumière des résultats de l'étude *"Budget Consommation"* qui démarrait à l'I.E.R. sur les bases de la même typologie. Malheureusement l'étude *"Budget Consommation"*, à cause de certaines erreurs de conception et surtout de mauvaises conditions de réalisation des enquêtes, n'a pas permis d'atteindre l'objectif visé.

Cependant, cela ne saurait justifier à lui seul les limites de la typologie utilisée. Cette typologie ne suffit pas, en effet, pour la détermination des catégories sociales, *a fortiori* des classes. Il y manque des critères essentiels comme, par exemple, le mode de faire valoir des terres, la place de la riziculture par rapport aux autres activités. Elle pouvait tout de même aider à la détermination des catégories sociales, notamment si on mettait en rapport les rendements avec les superficies, l'endettement, l'utilisation de la main d'oeuvre extérieure, l'opinion vis-à-vis de l'Office, etc. Et c'est cela qui a été tenté ici.

L'étude *"Structures d'exploitation"* a dégagé quatre types d'exploitation à partir essentiellement des *"rendements collectes"* et du critère association culture/élevage. Le *"rendement collecte"* est un indicateur de rendement car la collecte ne traduit pas la totalité de la production du colon. La collecte correspond à ce qui a fait l'objet du battage mécanique, c'est-à-dire à la production déduction faite du fonds gerbier et de l'autoconsommation autorisée en période de soudure par l'O.N.

Les quatre types de *"rendement collecte"* ainsi déterminés sont :

- **Type I** : exploitations ayant un rendement inférieur à 850 kg/ha (30%) ;
- **Type II** : exploitations ayant entre 850 et 1.350 kg/ha (34 %) ;
- **Type III** : exploitations ayant entre 1.350 et 1.800 kg/ha (22 %) ;
- **Type IV** : 1.800 kg/ha et plus (seulement 14%).

Deux remarques à ce niveau : les rendements à l'Office étaient en général bas (64 % des exploitations avaient moins de 1.350 kg/ha) ; les exploitations à très bas rendement étaient encore nombreuses (près du 1/3 du total), alors que celles à haut rendement représentaient moins du 1/6.

Après ces quelques remarques générales, il est possible d'examiner les caractéristiques des différents types d'exploitation.

1. Exploitations ayant un rendement inférieur à 850 kg/ha (30%)

Type I : Plus de la moitié de ces exploitations pouvaient être considérées comme étant de vieilles exploitations puisqu'elles se sont installées à l'Office avant 1960. Cependant, on pouvait remarquer que les exploitations installées après 1975 étaient aussi en nombre élevé. Il semble donc que la faiblesse des rendements n'ait pas été liée à la date d'installation de l'exploitation. Dans le domaine de la composition démographique, 93% des exploitations ne comprenaient que des gens ayant des liens de parenté avec le C.E.

Ceci était important parce qu'il entrera dans les objectifs de ces chefs d'exploitation de maintenir l'unité de la famille, ce qui déterminera en partie leur attitude face à la riziculture. Sur le plan des charges (bouches à nourrir) et de la force de travail, l'exploitation moyenne de Type 1 ne différait pas beaucoup de l'exploitation moyenne de l'ensemble de l'Office : elle nourrissait 13 personnes, disposait de 8 actifs dont environ 4 *"travailleurs - - hommes"* (hommes de 15 à 55 ans). Pour ce qui concerne le matériel, elle disposait de 1,43 charrue, 0,92 herse et 1,04 paire de bœufs. Elle était la moins équipée de tous les types d'exploitations. Mais cette relative pénurie en équipement ne suffit certainement pas à expliquer à elle seule la faiblesse de la superficie cultivée en riz (6,16 ha, superficie peu importante dans un système de production, somme toute, extensif). En effet, le taux d'utilisation du matériel y était plus faible que dans la moyenne de l'ensemble des exploitations enquêtées. D'autre part, nous notons que 57% des exploitations de ce type déclaraient faire d'autres céréales. Enfin, la situation financière de ces colons vis-à-vis de l'Office n'avait cessé de se détériorer : le nombre des endettés augmentait, ainsi que le nombre de colons ne recevant aucune somme d'argent au titre de la commercialisation (16% en 1977-78, près de 90% en 1978-79). L'Office avait dû, en 1979-80, « donner de l'argent » au titre de la commercialisation à 65% de colons de ce type, alors que seulement 5% n'étaient pas endettés. Mais, cela n'aura pas suffi à changer leur attitude vis-à-vis de la riziculture. La main d'oeuvre de l'exploitation, déjà sous-employée en matière de culture du riz (par la taille relativement petite des parcelles et compte tenu des moyennes de la région), était en réalité beaucoup relayée par la main-d'œuvre extérieure (63% des exploitations déclarant y avoir recours).

Comme cela apparaîtra dans la suite du travail, cette main-d'œuvre consistait surtout en entraide entre voisins et parents. Il s'agissait donc d'une force de travail très souvent à faible productivité. Elle était surtout dirigée sur le riz, comme autrefois sur le coton, afin que la main-d'œuvre de l'exploitation soit utilisée sur d'autres céréales.

En même temps que cette orientation poussée vers la culture d'autres céréales, il faut noter le souci des chefs d'exploitation de diversifier les sources de revenus futures de la famille : 64 % des exploitations avaient en leur sein des élèves et des alphabétisés, pourcentage le plus élevé de la zone. Le raisonnement du C.E. paraissait assez simple : *"Je ne peux pas quitter l'Office bien que je n'y apprécie que le matériel agricole*[40]*, autant faire le strict minimum en matière de riziculture et utiliser la force de travail à assurer "l'autosuffisance alimentaire" de la famille".*

Mais cet objectif de reconstitution de l'économie domestique se heurtait à d'énormes difficultés causées, entre autres, par les obligations envers l'Etat, les exigences monétaires pour résoudre les problèmes sociaux, les difficultés de contrôle de la main-d'œuvre familiale, etc. Or, l'incapacité du C.E. à assurer *"l'autosuffisance alimentaire"* de la famille provoquait inévitablement l'éclatement de cette famille. Et on pouvait remarquer que, dans certains villages de l'Office, le nombre de familles éclatées commençait à s'élever.

---

[40] 67% des colons ont répondu ainsi à la question : « Citez trois choses que vous appréciez à l'O.N. »

2. **Exploitations ayant entre 850 et 1.350 kg/ha (34 %)**

Type II : C'était la catégorie la plus nombreuse et elle comprenait le pourcentage le plus élevé d'exploitations installées avant 1960 (plus de 52%). Dans le domaine de la composition démographique, l'exploitation moyenne ne différait pas encore de celle du Type 1 mais cela pouvait arriver très vite à cause de l'attitude tout à fait différente qu'elle semblait avoir adoptée vis-à-vis de la riziculture. La plupart de ces exploitations fournissaient beaucoup d'efforts en faveur de la riziculture mais n'en tiraient pas le bénéfice escompté : 85% déclaraient un déficit céréalier quasi-permanent, ce qui pouvait rendre l'unité familiale particulièrement précaire. Ces efforts se remarquaient par le fait qu'avec treize personnes, sept actifs dont trois "travailleurs - hommes", l'exploitation moyenne cultivait 8,47 ha. D'autre part, on note que seulement 55% déclaraient faire d'autres céréales. Les résultats étaient décevants également à cause du nombre élevé d'exploitations endettées vis-à-vis de l'Office : 70%. On comprend alors pourquoi, malgré un nombre élevé de vieilles exploitations, seulement 48% des colons de ces exploitations considéraient leur village de colonisation comme chez eux, et jusqu'à 73% ont envisagé de quitter l'Office du Niger.

3. **Exploitations ayant entre 1.350 et 1.800 kg/ha (22 %)**

Type III : Ce type correspondait au stade intermédiaire entre les colons pauvres et les colons riches, en s'en tenant à la seule riziculture. Il avait opté franchement pour la culture du riz : l'exploitation, avec les mêmes caractéristiques démographiques que celle de Type 1, cultivait jusqu'à 8,79 ha. Les autres pôles d'intérêt consistaient dans des activités autres que l'agriculture (plus de 50%) et dans le maraîchage. On essayait de pallier l'important déficit céréalier (94% déclaraient payer des céréales) par la recherche de sources de revenus monétaires. Il faut reconnaître que, dans la riziculture, certains colons obtenaient quelques résultats : le nombre d'endettés avait baissé de 45% en 1977-78 à 21%1 en 1979-80, alors que le nombre de colons ayant perçu de l'argent au titre de la commercialisation, avait augmenté (79% en 1977-78 ; 88% en 1979-80). C'est un type d'exploitation qui semblait intégré à l'économie de marché et qui vivait ballotté entre l'espoir (40% espéraient que "les choses" allaient s'améliorer) et le découragement (85% avaient envisagé à un moment ou à un autre de quitter l'Office).

4. Exploitations ayant 1.800 kg/ha et plus (seulement 14%)

Type IV : Il s'agissait d'exploitations relativement jeunes puisque moins du tiers se sont installées avant 1960. Le nombre d'exploitations ayant des personnes sans liens de parentés avec le C.E. était plus élevé ici que partout ailleurs (16 %) ainsi que le pourcentage d'exploitations qui n'avaient ni élèves, ni alphabétisés. Ceci traduisait peut-être le souci "d'efficacité dans la production" qui animait les C.E. de ce type. En effet, avec une exploitation moyenne de 12 personnes (effectif inférieur à ceux des autres types) on remarque plus d'actifs (au nombre de 8) et de travailleurs - hommes (au nombre de 4). L'utilisation poussée de la main-d'œuvre interne pouvait être déjà un élément pour comprendre la superficie très élevée cultivée en riz (10,56 ha). Un autre facteur pouvait expliquer cette superficie élevée, c'est le nombre important de colons qui utilisaient la main-d'œuvre extérieure, principalement salariée (86%). Enfin, on rencontrait ces exploitations surtout dans les terres relativement neuves de l'Office et là où le système hydraulique était encore en bon état (village de B8 par exemple). Contrairement aux exploitations de Type III, une large proportion de celles de Type IV (57%) produisait d'autres céréales. Cela leur procurait une incontestable supériorité : 15% déclaraient ne pas payer de céréales durant toute l'année. La situation financière de ces exploitations était nettement meilleure à celle des autres types. Depuis 1977-78, l'endettement vis-à-vis de l'Office n'avait jamais concerné plus de 30% d'entre elles et en 1979-80, seulement 8% étaient endettées. Le montant des dettes n'atteignait 500.000 FM chez aucun des colons, au cours de ces campagnes. Par contre, le pourcentage de colons qui n'avaient rien perçu au titre de la commercialisation était passé de 10% en 1977-78 à 1,50% en 1979-80. Au cours de cette dernière campagne, 35% avaient perçu plus d'un million de francs maliens. Notons également que 53 % disposaient d'autres sources de revenus que l'agriculture et que 12% faisaient du maraîchage. Ce type de colons était donc privilégié et il se sentait bien à l'Office que 60% d'entre eux considéraient comme chez eux et que près d'un tiers n'ont jamais envisagé de quitter.

Au point de vue de la stratégie, on peut distinguer trois attitudes principales :

- la recherche avant tout de la satisfaction des besoins vivriers de la famille par la tentative de reconstitution de l'économie domestique, qui était le fait surtout de l'exploitation de Type I ;
- la recherche du maximum de revenus monétaires, donc une intégration de plus en plus forte à l'économie de marché : ceci était surtout l'attitude du Type IV. Mais il faut préciser que la riziculture ne représentait qu'une partie des activités de ce type d'exploitation. On peut noter cependant

que, même si la riziculture pouvait bénéficier de la bonne marche de l'ensemble de leurs "affaires ", il était peu probable que ces exploitations réinvestissent dans la riziculture ;

- une attitude intermédiaire (celle des Types II et III) qui consistait à pencher vers l'une ou l'autre des deux attitudes précédentes, en fonction de la situation économique de l'année et des contraintes ponctuelles. Le fait que cela concernait la grande majorité des exploitations de l'O.N. montre assez bien la situation des colons qui n'étaient plus au stade de chef de la grande exploitation de type précolonial et n'étaient pas encore au stade de l'entrepreneur capitaliste.

Mais peut-on, à partir de telles indications, procéder à une distinction entre paysannerie pauvre, riche et moyenne ? Il est difficile de conclure ainsi, ne serait-ce qu'à cause du fait que le seul critère pris en compte est la riziculture. Or la pression exercée par l'État sur cette culture était trop forte, ce qui *"perturbait le comportement normal"* de chaque catégorie. Il n'est pas exceptionnel, en effet, qu'à certains moments quelques exploitations de Type IV aient pris des comportements en riziculture contraires à ce qu'on a décrit jusqu'ici.

Mais le conflit des intérêts entre l'État et les colons faisait aussi que les prévisions de production rizicole de l'État n'aboutissaient pas. On assistait donc à l'appauvrissement et de l'entreprise et des colons. C'est ce qui apparaît clairement à l'examen des résultats obtenus à l'O.N., durant la décennie 1970-80.

D) Les conséquences de la politique d'intensification de la riziculture à l'O.N.

L'échec des Opérations de Développement Rizicole apparaît clairement dans la production réelle de riz en 1978-79 : 209.000 tonnes alors que le Plan prévoyait de produire 350.000 tonnes au cours de la même campagne.

1. La situation de l'O.N. et celle des colons en 1980

Cet échec apparaît plus clairement en ce qui concerne l'Office du Niger. En 1980-81 le recul de la riziculture a été le plus fort : le rendement a été estimé par l'O.N. à 1,696 T/ha, ce qui est le niveau le plus bas des 10 années écoulées. Pourtant, au début de l'instauration de la monoculture du riz, particulièrement en 1970-71, les résultats de production étaient jugés satisfaisants. Il est vrai que la riziculture bénéficiait de deux facteurs favorables : l'abandon de la culture du coton qui avait fait plaisir à 85% des colons interrogés par Y.

DIALLO (qui notait également que seulement 3% des colons avaient déclaré prudemment attendre le résultat de la campagne agricole 1970-71 pour se prononcer) ; le relèvement du prix du paddy qui serait, d'après les rapports annuels de l'O.N., la raison principale de l'augmentation des rendements entre 1970-71 (rendement estimé à 1,749 T/ha) et 1977-78 (2,6 T/ha). Toujours est-il que la baisse de la production, qui a commencé en 1978-79, inquiète les autorités maliennes et les sources de financement.

Tableau XVIII : Evolution de la riziculture au cours des campagnes de 1970-71 à 1980-81

ENSEMBLE DES SUPERFICIES ET REALISATION EN CASIER				
Caractéristiques Campagne	Superficie (ha)	Production Paddy (t)	Rendement (t/ha)	Commercial paddy (t)
1970 – 71	39 839	69 678	1,749	38 067
1971 – 72	38 533	69 629	1,807	46 320
1972 – 73	37 626	74 364	1,973	46 852
1973 – 74	40 139	83 128	2,071	54 862
1974 – 75	40 774	86 000	2,109	65 000
1975 – 76	39 916	90 000	2,254	63 880
1976 – 77	39 567	94 000	2,385	65 500
1977 – 78	37 946	101 000	2,662	58 044
1978 – 79	36 557	95 000	2,599	52 298
1979 – 80	35 104	62 314	1,775	50 756
1980 - 81	35 619	60 423	1,696	47 316

Source : O.N. Note de présentation et rapports annuels.

Les autorités maliennes et les sources de financement ont décidé alors d'analyser les causes du recul de la riziculture, afin de préciser les conditions d'une nouvelle relance de la production du riz. Une analyse sera faite des hypothèses et des conclusions de ces études, particulièrement au cours de l'examen des caractéristiques de l'agriculture à l'O.N. en 1980.

Pour ce qui est de la situation des colons en 1980, elle a été déterminée à partir de la méthodologie suivante : dans le questionnaire aux colons figurait la question *"Citez trois choses*[41] *que vous n'appréciez pas à ['Office" ;* les réponses

[41] Le mot "*chose*" a été retenu pour son caractère vague, le but étant de ne pas orienter la réponse du paysan.

fournies à cette question (que l'on trouve résumées dans le tableau ci-dessous) ont été confrontées aux données statistiques disponibles sur la composition de la famille, l'équipement, le rendement, etc., et aussi aux textes législatifs qui fixaient les redevances des colons et déterminaient leurs rapports avec l'O.N.

Ces différentes précautions, ainsi que la dimension importante de l'échantillon, ont pour but de diminuer les erreurs pouvant résulter de l'utilisation de l'interview en tant que méthode de recherche, Enfin, pour compléter cette analyse, la question suivante a été posée : *"Citez* trois *choses que vous appréciez à l'O.N."* C'est à la lumière de ces différents éléments qu'a été appréciée la situation des colons de l'O.N, en 1980.

Tableau XIX : Réponse à la question "Citez trois choses que vous n'appréciez pas à l'O.N."[42]

Chose citée	1ère réponse		2ème réponse		3ème réponse	
	Fréquence	%	Fréquence	En %	Fréquence	En %
Manque de vivres	74	51,75	18	14,40	9	9
Rapports ON/colons	38	26,57	49	39,20	40	40
Police Economique	28	19,58	16	12,80	16	16
Chose citée	1ère réponse		2ème réponse		3ème réponse	
	Fréquence	%	Fréquence	En %	Fréquence	En %
Autres	3	2,10	42	33,60	17	17
TOTAL	143	100 %	125	100 %	100	100%

[42] Les pourcentages sont calculés en fonction du nombre de réponses obtenues dans chaque cas. Le faible nombre de réponses tient au fait que plusieurs colons n'étaient pas tout à fait rassurés sur la destination finale des réponses et leur utilisation.

1.1. La pénurie vivrière à l'O.N.

On constate au niveau de l'O.N. un divorce entre l'objectif affirmé par le pouvoir d'atteindre *"l'autosuffisance alimentaire"* et l'affirmation des colons concernant la précarité de plus en plus grande de leur situation alimentaire. A notre question, environ 52% des réponses dénonçaient en premier lieu le *"manque de vivres".* Cette crise alimentaire, aux dires des paysans, s'est aggravée à partir des années 1970, quand l'Office a décidé de transformer les colons en riziculteurs uniquement et que les structures de contrôle de la circulation des produits ont été renforcées.

Ce contrôle draconien exercé sur le produit du travail paysan traduit un véritable bouleversement du rapport surplus / consommation. La ponction effectuée sur la production paysanne par l'Etat (à travers l'impôt et la politique des prix) et par les commerçants (à travers l'usure et la spéculation) se faisait donc au détriment des besoins de l'autoconsommation.

Mais, plus que l'impôt et la politique des prix, les colons dénonçaient les prélèvements en nature opérés sur leur récolte. C'est ainsi qu'à propos de la politique des prix, plus de 20 % des paysans des 9 villages Bambaras enquêtés affirmaient que la solution du problème des colons n'est pas dans la simple augmentation du prix du paddy. Et il faut reconnaître qu'effectivement cette mesure n'allégeait en rien la redevance en nature. Mais, par rapport à la pression exercée sur l'ensemble de la production, cette affirmation doit être nuancée : le relèvement du prix du paddy joue, en effet, sur le coût du matériel et des intrants, en provoquant une diminution de la quantité prélevée au titre de ces moyens de production. En 1981-82, en faisant passer le prix du riz de 75 FM/kg à 100 FM/kg, les autorités ont amélioré la situation des colons.

Mais la situation n'a pas fondamentalement changé car c'est le principe même du prélèvement en nature qui était à la base de la pénurie. L'Office procédait à deux types de prélèvement sur la récolte du paysan. Le premier frappait tous les colons et il était constitué par les redevances, l'amortissement des dettes, les semences et éventuellement les quantités à vendre à l'Etat. Le deuxième type concernait seulement une partie des colons, ceux qui sont frappés de sanctions économiques. Les sanctions étaient prises essentiellement contre ceux qui ne respectaient pas les clauses du contrat. Signalons que dans le contrat, signé en principe par les colons, le montant d'une seule des sanctions économiques était fixé. C'est celle qui frappait les colons n'ayant pas effectué correctement l'entretien des diguettes.

Examinons la première série de prélèvements. Aux dires des agents de l'Office, son mode de récupération devait suivre un certain ordre : d'abord la redevance, ensuite l'amortissement des dettes de l'exercice, puis la part qui revenait au colon (semences, autoconsommation), enfin l'amortissement des dettes antérieures et la *"commercialisation* ".

1.2. La redevance

Elle consistait en redevance-eau et en redevance pour le battage mécanique. La redevance-eau était un prélèvement fixe de 400 kg/ha de paddy. Elle était obligatoire et le colon dont le rendement était faible au point de ne pas permettre le prélèvement de la redevance - eau, se voyait *"évincé"*. Avant 1970, il existait des mesures de *"dégrèvement"*. Ces mesures consistaient à exempter de redevance les superficies à rendement très faible. Le dégrèvement pouvait concerner des superficies importantes. En 1968-69 sur les 332 ha cultivés par le village de Molodo Bamanan 34,25 ha (soit plus de 10%) avaient été exemptés de redevance.

Mais depuis 1970, ces mesures de dégrèvement ont pratiquement disparu. Les registres de "*Bilan Collecte*" des services de l'Office du Niger en 1980 montrent que, pour certains villages à rendements faibles, il n'y avait eu aucun cas de dégrèvement sur une période de plus de dix ans. La situation des colons s'était donc aggravée, surtout celle des colons dont les rendements étaient les plus bas. Beaucoup d'entre eux ne tiraient presque rien de leurs parcelles. Pour échapper à cette situation, les colons avaient commencé la culture des champs de riz hors-casier qui ne faisaient pas l'objet de prélèvement de redevance-eau. Mais, très vite, l'Office a étendu la redevance-eau à ces champs : 240 kg/ha de paddy pour les parcelles qui ne sont pas directement desservies par les drains, 400 kg/ha pour les autres. La raison invoquée est que ce riz bénéficiait des effets de l'irrigation.

La redevance pour le battage mécanique, comme le dit le contrat général, s'élevait à *"120 kg de paddy loyal et marchand par tonne de paddy battue"*. Cette quantité revenait à l'Office du Niger qui était seul chargé, par le contrat, du battage mécanique de la récolte de tous les colons. Une telle mesure permettait à l'entreprise de mieux contrôler la production des paysans et d'essayer de freiner les *"sorties frauduleuses"* de riz.

Le battage manuel était pratiqué cependant, mais dans des conditions bien spécifiques. Au moment des travaux de moisson (avant donc la période de battage mécanique), le colon était autorisé, par l'Office, à battre une certaine quantité de paddy pour subvenir aux besoins vivriers de sa famille. Une autorisation écrite du chef de secteur était remise au colon, ce qui lui donnait le droit, une fois par semaine (chaque vendredi), de prélever une certaine quantité de sa récolte. L'autorisation écrite permettait au colon de passer sans difficultés aux barrières installées par les contrôleurs (Gardes barrières) entre les champs et les villages afin de prévenir les "vols de riz". La quantité à battre était fixée par l'encadrement, en fonction de la dimension de la famille : 1 sac de 80 kg de paddy pour les petites familles, 2 sacs pour les grandes. Pour pouvoir bénéficier de 2 sacs, certains colons faisaient venir des parents non colons installés dans les zones limitrophes de l'Office. Les agents de l'entreprise combattaient ce phénomène en ne tenant compte que du nombre de personnes recensées dans les registres de l'Office du Niger.

Il faut reconnaître cependant que, vu les conditions du peu de précision dans les normes et la liberté d'appréciation laissée à l'encadrement, les colons n'étaient pas à l'abri de l'arbitraire. C'est ainsi qu'au cas où, pour une raison ou une autre, l'encadrement estimait qu'il y a *"surplus de paddy"* chez un colon, ce dernier pouvait voir son autorisation suspendue, pendant un certain temps.

1.3. Les dettes de l'exercice

Il s'agissait essentiellement des dettes contractées par le paysan pour se procurer les intrants agricoles autres que les semences. Ces dettes correspondaient plus précisément au coût total des engrais que le colon était tenu de mettre sur ses parcelles, dont les quantités étaient fixées par le Service agricole de l'Office, et que l'entreprise fournissait aux paysans. A la fin des années 1970, les quantités d'engrais étaient fixées comme suit :

- 50 kg/ha d'urée (en 2 épandages : le premier 30 à 45 jours après le semis et le second au moment de l'épiaison) ;
- 50 kg/ha de phosphate d'ammoniaque (en 1979-80 la quantité de phosphate exigée a été exceptionnellement de 75 kg/ha).

Malgré les subventions de l'Etat, les engrais revenaient encore chers : en 1980-81, l'urée coûtait 169,27 FM/kg et le phosphate 178 FM/kg. Cela veut dire que chaque colon devait dépenser 8.463,50 FM/ha pour l'urée et 8.900 FM/ha pour le phosphate. Et, puisque le paiement se faisait en nature, l'Office devait prélever chez chaque colon et par hectare la quantité de paddy équivalent à 17.363,50 FM. En 1980-81 où le prix officiel du paddy était de 75 FM/kg, cette quantité s'élevait à 231,50 kg/ha.

1.4. Les semences

L'Office fixait la quantité de semences que chaque colon devait utiliser : 120 kg/ha. Il prélevait donc chez le colon cette quantité pour la campagne. C'est lui qui se chargeait de l'emmagasinage pour éviter que les semences ne soient abîmées ou ... consommées par les colons. Les paysans, quant à eux, estimaient que cette mesure était maintenue parce qu'elle permettait à l'Office de procéder à un nouveau prélèvement : la quantité prise au titre des semences était supérieure à 120 kg/ha car elle équivalait à "deux sacs" soit 160 kg/ha. Les colons disaient : *"L'Office ne pèse pas quand il prend chez le colon, mais il pèse quand il s'agit de lui retourner les semences".* Interrogés sur cette différence de poids, certains agents admettaient qu'il y avait un prélèvement mais que celui-ci permettait de couvrir les frais de conservation des semences.

Après examen des trois prélèvements qui, en principe, précédaient la détermination de la part d'autoconsommation du colon, il faut étudier le problème du taux officiel d'autoconsommation réservé aux paysans, et son rapport au taux réel. L'Office du Niger avait fixé le taux annuel d'autoconsommation à 300 kg par personne. Mais, depuis fin 1981, les calculs officiels se faisaient avec le taux de 250 kg/personne.

En réalité, ce taux de 300 kg/personne était atteint seulement par un petit nombre d'exploitations et cela même à un stade où tous les prélèvements n'étaient pas encore opérés. Un examen de la situation des exploitations montre que plus de 60% d'entre elles n'atteignaient pas la norme d'autoconsommation de 300 kg/personne.

Parmi les quatre types d'exploitation que nous avons étudiés, seuls les Types III (22% des exploitations enquêtées) et IV (14%) pouvaient atteindre et dépasser cette norme. Le fait d'avoir baissé le taux officiel est la preuve manifeste que le "surplus" grignotait de plus en plus la part réservée à l'autoconsommation. Mais il faut aller plus loin et étudier la situation de l'exploitation moyenne de Type I (30% des exploitations enquêtées). Elle cultivait 6,16 ha de riz, nourrissait 13 personnes et avait un rendement inférieur à 850 Kg/ha (prenons 845 kg/ha). Sa collecte serait 845 X 6,16 = 5 205 kg.

Elle devra à l'Office :

- pour la redevance eau : 400 X 6,16 = 2.464 kg
- pour la redevance battage mécanique : (120 X 5 205) : 100 = 624,6 = 624 kg
- pour les intrants : 231,5 kg X 6,16 = 1.426 kg
- pour les semences (en supposant que la superficie cultivée ne variera pas) : 120 kg X 6,16 = 739kg.

L'Office devra prélever chez ce colon 5.253 kg au minimum, ce qui est supérieur à sa collecte. La part de l'autoconsommation a disparu en ce qui concerne la riziculture.

Pour l'exploitation de Type Il (34% des exploitations) qui cultivait 8,47 ha en moyenne, nourrissait 13 personnes et avait un rendement inférieur à 1.350 kg/ha (nous prenons 1345 kg/ha), la situation serait la suivante : collecte = 11.392 kg/ha ;

- redevance (eau et battage mécanique) : 4.755 kg
- intrants : 1.960 kg
- semences : 1.016 kg.

Soit pour l'ensemble des prélèvements 7.731 kg ; la part de l'autoconsommation est alors de 3.661 : 13 = 281,61 kg/personne/an ; ce qui est inférieur à la norme de 300 kg/personne/an, mais supérieur à 250 kg/personne/an.

Jusqu'ici l'Office était obligé, pour que ces exploitations continuent à cultiver du riz, de rejeter l'amortissement de leurs dettes de l'exercice en cours à la campagne suivante. Les dettes s'accumulaient et cette mesure qui, en apparence, favorisait les colons, accentuait au contraire leur dépendance vis-à-vis de l'Office. Il faut dire qu'elle aggravait également la situation financière de l'entreprise.

Après cet examen du problème de l'autoconsommation, revenons aux autres types de prélèvement. Nous avions calculé la part de l'autoconsommation dans l'hypothèse optimiste où les prélèvements se feraient dans l'ordre indiqué par les agents de l'Office et même dans l'hypothèse où il n'y aurait pas d'autres prélèvements. En réalité, il existait un autre type de prélèvement. Ainsi, l'O.N. prenait à chaque colon 100 kg/ha de paddy pour l'entretien des réseaux (arroseur, drain, diguettes du champ) dont le paysan avait la charge. Normalement, ce prélèvement ne devait concerner que les colons qui n'auraient pas assuré un bon entretien des réseaux.

Il s'agissait donc d'une forme de sanction économique. Mais nous l'avons assimilée aux formes de prélèvement systématique, parce que l'Office procédait ainsi dans un premier temps. Après contrôle, il rendait aux *"bons colons"* non pas les 100 kg mais l'équivalent en espèce (évalué au prix officiel). Nous pensons qu'il y a prélèvement parce que la somme d'argent remise au colon ne lui permettait pas d'obtenir, sur le marché, la quantité de riz qui lui avait été prise.

1.5. Les sanctions économiques

Elles constituaient la deuxième grande série des prélèvements. Ces sanctions frappaient les colons qui ne s'acquittaient pas des 100 kg/ha pour l'entretien des réseaux, ceux qui pratiquaient les brûlis (on disait qu'ils *"allumaient des incendies dans les champs"*), ceux qui *"pratiquaient"* des brèches sur les digues afin d'arroser leurs parcelles hors-casiers, enfin ceux qui ne respectaient pas les thèmes techniques.

Dans les cas *"d'incendies"* et de brèches, le montant de la sanction était fixé, selon les agents de l'Office, par une Commission composée du chef de secteur, de la gendarmerie (pour les *"incendies"* uniquement), du responsable local du service des travaux et du moniteur du village concerné. Nous remarquons qu'aucun délégué de colons ne participait à l'évaluation des *"dégâts"*. La sanction consistait toujours en prélèvement en nature, exception faite des cas *"d'incendies"* dans lesquels la gendarmerie a eu à intervenir : la sanction consistait alors en paiement par le colon de 18.000 FM. Il n'a pas été possible d'avoir de précisions sur les quantités prélevées, mais les colons affirmaient qu'elles étaient importantes. Ce qui est certain, c'est que toute possibilité d'abus n'était pas écartée puisque le contrat ne précisait pas le montant de ces sanctions.

1.6. L'endettement des colons

Le processus d'endettement des colons prenait naissance dans leur dépendance technique totale vis-à-vis du capital, par l'entremise de l'Office du Niger. Transplanté dans une zone de culture intensive, le colon était tenu, pour les besoins de ce type de culture et par le contrat de l'Office, de s'équiper et d'utiliser les intrants agricoles. L'équipement de base se composait de : une charrue, une herse et une paire de boeufs de labour. Ce qui frappe le plus concernant ce matériel, c'était son prix très élevé. En 1980-81, la charrue TM coûtait 52.900 FM, la herse 40.000 FM et la paire de boeufs 150.000 FM. Le colon qui s'installait devait à l'Office du Niger la somme de 242.900 FM. Il devait s'acquitter de cette somme en trois annuités. Le paiement se faisait en nature, ce qui augmentait ses charges compte tenu de la faiblesse du prix au producteur.

Il faut également signaler le fossé énorme existant entre le coût du matériel et le revenu de la majorité des riziculteurs. Nous rappelons que le prix au producteur du paddy était de 75 FM/kg en 1980-81. A cette faiblesse du prix, s'ajoutait la faiblesse des rendements.

On comprend alors, non seulement l'obligation pour l'Office d'accorder ce matériel à crédit, mais aussi le mécanisme infernal d'endettement dans lequel le colon se trouvait pris. On trouvait à l'Office des paysans qui n'avaient jamais pu venir à bout de leurs dettes, depuis leur entrée en colonisation. Il faut d'ailleurs s'interroger sur le véritable statut de ce matériel. Le colon pauvre était-il propriétaire réel du matériel ? Ne retrouvons-nous pas, là, la situation dont parle P. P. REY *: "Tout se passe comme si ces machines étaient louées"* ? (REY P. P : 1976 : 57). Des éléments de réponse à ce problème peuvent être trouvés dans une comparaison de la durée de vie du matériel et de la durée du crédit. Concernant l'Office du Niger, nous ne possédons pas de chiffres précis. Cependant, Youssouf G. KEBE a calculé que, pour pouvoir se payer une charrette, un semoir et un multiculteur, il fallait 9 ans au riziculteur moyen et 26 ans au cultivateur de mil-sorgho. Or, il est généralement admis que ces matériels atteignaient difficilement 7 ans de fonctionnement.

Le déséquilibre du prix du matériel/revenus des paysans était tel qu'à l'Office du Niger la proportion de petits colons endettés vis-à-vis de l'entreprise augmentait sans cesse. Sur les 139 exploitations de Type I, plus de 50%

étaient endettés en 1977-78, près de 85% en 1978-79 et jusqu'à 95 % en 1979-80. Et il faut remarquer que seulement 24% sont relativement récentes (installées après 1975) et que plus de 50% ont été recensées à l'Office avant 1960. Pour les exploitations de Type II, la progression du nombre de paysans endettés avait été moins forte mais leur proportion était élevée (près de 70% en 1979-80).

Il existe un autre aspect important à propos de l'équipement des colons. C'est la non-prise en charge par l'Office du Niger du renouvellement du matériel. Certains colons possédaient, en effet, plusieurs attelages, alors que l'Office ne fournissait que l'équipement de base. Il faut noter cependant que les conditions d'acquisition du matériel sur le marché libre étaient beaucoup plus dures pour le paysan que les conditions de l'Office. A la question : *"Citez trois choses que vous appréciez à l'Office du Niger"*, les colons ont cité en premier lieu, la fourniture du matériel. Il s'est créé une situation dans laquelle les paysans les plus pauvres ne pouvaient pas s'équiper auprès des commerçants alors qu'ils n'espéraient pas de renouvellement de l'équipement auprès de l'Office. Ces paysans étaient donc contraints à la prise en location de matériel et justement auprès des colons mieux équipés : les inégalités entre colons s'accentuaient.

La seconde source d'endettement des colons se trouvait dans l'obligation pour eux de payer les intrants agricoles. S'il n'est pas nécessaire d'insister ici sur cette question qui a déjà été assez largement abordée, il faut rappeler simplement qu'il s'agissait d'une source importante d'endettement puisqu'elle coûtait à chaque colon enquêté plus d'une tonne par an.

Avec une idée plus précise du montant des dettes, il est maintenant possible d'examiner comment le paysan réagissait face à l'endettement. Certains exploitants soutenaient que ce sont les dettes qui les retenaient à l'Office du Niger. C'est que les dettes étaient lourdes et que leur éventail ne cessait de s'élargir vers le haut. Par exemple dans le village de Massadougou, le colon le plus endetté devait en 1977-78 près de 750.000 FM à l'Office et en 1979-80 plus de 1 million de FM. La plupart des colons ignoraient le montant exact de leurs dettes même si l'Office prenait soin, dans la majorité des cas, de leur signifier par écrit leur situation financière. Mais ces textes, tout comme le contrat, étaient rédigés en Français alors que l'immense majorité des colons était analphabète.

Il faut signaler par ailleurs que si l'Office prenait soin de préciser par rubrique (redevance, matériels, intrants) ce que le colon lui devait, ce dernier ne savait jamais exactement au titre de quelle rubrique telle ou telle quantité de paddy lui avait été prélevée. Il avait donc le sentiment très net d'être *"volé"* et devant l'importance des sommes qu'il devait à l'Office du Niger, il renonçait à comprendre mais aussi à envisager de payer toutes les sommes qui étaient inscrites au titre de ses dettes.

Comme il apparaît clairement à la lumière des enquêtes, on peut dire que la politique de monoculture du riz de 1970-80 a abouti à une détérioration importante de la situation des colons. II est évident que si les colons n'avaient pas recours à d'autres activités agricoles, ils mourraient de faim à l'Office du Niger. L'entreprise elle-même a souffert de cette politique et la baisse de la production a fini par provoquer des inquiétudes sérieuses auprès des autorités maliennes et des sources de financement. Quelle a été l'analyse officielle de l'échec de cette politique de riziculture à l'O.N. et quelles réflexions cette analyse a-t-elle inspirées ?

2. Les caractéristiques de l'exploitation paysanne à l'O.N. en 1980 : rapport entre *unité économique de base* et *unité sociale de base.*

Les hypothèses formulées à l'époque par les sources de financement pour déterminer les obstacles à l'intensification de la riziculture à l'O.N. étaient les suivantes :

- des problèmes liés à l'infrastructure et qui se résumaient en une insuffisance d'entretien de l'infrastructure, un planage insuffisant des rizières et des problèmes de drainage ;
- des problèmes liés à la structure des exploitations. A ce niveau les sources de financement constataient ;
- la taille excessive des exploitations qui était, selon leurs constatations, de 8,50 ha en moyenne soit environ 0,8 ha/actif. Ces sources ajoutaient qu'il fallait retenir le chiffre de 3,50 ha par travailleur-homme car, disaient-elles, les 2/3 au moins des travaux des champs sont réalisés par des hommes. Le rapport superficie/main-d'oeuvre serait déterminant, surtout à certaines phases des opérations culturales (labour - ensemencement - récolte et battage) qui influent directement sur le rendement. La mission de la Banque Mondiale (mission BIRD de la fin des années 1970) avait ainsi suggéré de réduire la taille des exploitations de moitié en commençant par les plus grandes (environ 5% de l'ensemble des exploitations et couvrant 17% de la surface cultivée) ;
- l'insuffisance du matériel dont disposaient les colons. Le rapport publié indique que les colons possédaient en moyenne : une paire de boeufs pour 5,50 ha ; une charrue pour 6 ha ; une herse pour 10 ha. Vingt pour cent (20%) des colons manqueraient d'une partie ou de la totalité du

matériel le plus élémentaire et feraient appel à des exploitations mieux équipées. Ceci posait le problème de l'aggravation des inégalités et du retard dans les travaux, puisque les démunis devaient attendre que les propriétaires de matériel aient fini leurs propres travaux ;
- une participation insuffisante des colons aux affaires de l'O.N. Les colons demeuraient des "partenaires silencieux". La solution résiderait dans une alphabétisation poussée, l'encouragement d'activités de développement communautaire et le développement du sens de l'engagement chez le colon.

Des études ont été entreprises pour vérifier ces hypothèses. A partir des résultats d'enquêtes qui lui ont été fournies, la Banque Mondiale et d'autres sources de financement ont entrepris des travaux de *"réhabilitation"* de l'O.N. Concernant la réorganisation de la production, la Banque Mondiale propose :

- la décentralisation pour une délégation effective de l'autorité à l'O.N. garantie d'une meilleure gestion ;
- la redéfinition des missions et des méthodes d'encadrement et d'intervention ;
- l'amélioration des relations entre l'O.N. et les exploitants ;
- la nécessité d'une réforme du système actuel de commercialisation du paddy.

Certains responsables de la Banque Mondiale au Mali pensaient même qu'il devenait indispensable de créer un nouveau type de contrat. Mais, à ce niveau, la première préoccupation de la Banque Mondiale a été la réforme du système de commercialisation dans le sens d'une augmentation du prix au producteur et d'une diminution du contrôle de l'Etat sur les circuits de commercialisation. En fait, la Banque Mondiale demandait la fin du monopole de l'Etat sur la commercialisation du riz de l'O.N.

Face aux hypothèses avancées par la Banque Mondiale, voici les résultats que nous avons obtenus au cours de notre enquête. L'exploitation moyenne composée de treize personnes cultivait 8,07 ha (contre 8,50 ha comme annoncé par la mission BIRD) et disposait de 1,67 charrues, une herse et 1,81 paire de bœufs ; 84% des exploitations disposaient de l'équipement de base et parmi elles 47% avaient un équipement avec plusieurs attelages. Sur le plan de la main-d'œuvre, l'exploitation moyenne disposait de près de 8 actifs dont environ la moitié était composée de *"travailleurs-hommes"*. Bien que la norme d'attribution des terres par l'Office (deux ha/travailleur-homme) ne soit pas dépassée de beaucoup, plus de 70% des chefs d'exploitation déclaraient utiliser la main-d'œuvre extérieure. Nous reviendrons sur l'origine et les conditions de travail de cette main-d'œuvre extérieure d'autant plus que près de 60% des colons étaient endettés vis-à-vis de l'Office en fin de campagne 1979-80.

Quel est le taux d'utilisation du matériel sur le champ de riz ? Il aurait été intéressant d'apprécier ce taux à partir de données sur les temps de travaux et/ou sur la superficie/équipement complet. Ne disposant pas de ces données, nous avons dû utiliser la méthode suivante : procéder par une *"règle de* 3" pour obtenir la superficie cultivée par unité de matériel. Prenons l'exemple de la charrue : 8,07 ha x 1 sur 1,67 (charrue) soit 4,86 ha/charrue. Les résultats ainsi obtenus sont les suivants : une charrue pour 4,86 ha (contre 6 ha d'après le document BIRD), une herse pour 8,07 ha (contre 10 ha) et une paire de bœufs pour 4,40 ha (contre 5,50 ha)[43].

On ne peut, avec ces éléments, remettre en cause l'hypothèse expliquant le recul de la riziculture par le sous-équipement. On peut tout au moins soutenir qu'elle n'est pas généralisable. Il faudrait peut-être formuler une autre hypothèse : si l'insuffisance de l'utilisation du matériel en riziculture est constatée, elle serait plus une conséquence du manque d'intérêt des paysans pour la culture du riz, qu'une cause du recul de cette activité. Puisque, comme déjà souligné, il n'a pas été possible d'étudier plus à fond la gamme des autres activités des colons, il serait intéressant de savoir quelles sont les réponses que les colons apportaient aux contraintes qu'ils rencontraient, notamment en ce qui concerne la main-d'œuvre. Ce qui nous intéresse au fond, c'est de savoir quelle était l'organisation socio-économique des colons, organisation qui leur permettait de résoudre les problèmes de main-d'œuvre sans avoir recours au salariat. D'une façon générale, deux niveaux d'organisation se présentaient concernant ce problème : l'unité familiale et les organisations endogènes villageoises. Quels étaient les rapports qui géraient l'utilisation de la main-d'œuvre familiale (interne ou externe à l'exploitation) et villageoise ?

Il faut rappeler qu'à l'Office du Niger, le recrutement se faisait à partir de la cellule familiale. Plus exactement, ne devenait colon que quelqu'un qui était au moins chef de ménage. Ce fait a servi à soutenir deux thèses : certains

---

[43] Les différences sont en partie dues au fait que le document BIRD s'appuie sur les statistiques de l'O.N. qui n'ont pris en compte que le matériel livré par l'entreprise.

trouvent une identité entre l'unité de production de base (qui correspond à l'exploitation) et l'unité sociale de base (la famille) ; d'autres pensent que l'exploitation à l'Office du Niger n'était très souvent qu'une partie de la grande famille étendue avec laquelle elle entretenait des rapports économiques étroits. Ces rapports seraient même des rapports d'exploitation : soit c'est le colon qui exploitait, sous forme de main-d'œuvre, les parents non colons, soit ce sont ces derniers qui s'appropriaient une partie des produits du colon.

Chacune des thèses avancées peut trouver, dans le passé de l'O.N., des arguments qui semblent la conforter. Il faut, en effet, ajouter à la méthode de recrutement à l'Office, le nombre relativement important d'exploitations comprenant, outre le ménage du chef d'exploitation, ceux de ses enfants et parfois ceux de ses frères, ce qui donne l'impression que la *"Grande Famille Etendue"* continuait à exister, à se reproduire. D'autre part, il faut remarquer le type de rapports particuliers qui s'établit entre le chef d'exploitation et ceux qui, dans son unité de production, n'avaient aucun lien de parenté avec lui. La plupart du temps, ces producteurs apparaissaient comme des *"protégés"*, des *"enfants"* du C.E. Enfin, le dernier argument en faveur de ces thèses semble être l'existence de rapports souvent étroits entre les colons et les parents restés dans les villages d'origine.

Mais, ce qui nous semble fondamental dans l'étude des rapports entre unité de production de base et unité sociale de base, c'est, d'une part, l'analyse de la composition de l'exploitation, des relations entre ses membres et des facteurs qui contribuent au maintien de sa cohésion et, d'autre part, l'analyse du type de relations qui existaient entre les colons et leurs parents non colons.

Avant de passer à cette étude, il est utile d'examiner rapidement le cas des exploitations qui comportaient des membres non parents du C.E. Même s'ils étaient souvent appelés *"frères"* ou *"fils"* du C.E., ces membres de l'exploitation avaient un statut bien à part et régi par des rapports économiques. Ils travaillaient en effet pour le C.E. et leur maintien dans l'exploitation était très souvent fonction de leur rentabilité. En retour, ils ne recevaient pas de salaire mais étaient *"payés"* en nature : nourriture, logement, habits et services sociaux au niveau du village (ainsi par exemple le CE pouvait leur servir de tuteur dans les relations avec d'autres exploitations). Très souvent, si le CE s'avérait incapable d'assurer ces services et ces biens, le travailleur le quittait. Il s'agit donc de rapports de clientélisme assimilables à des rapports d'exploitation. Et seuls des C.E. ayant atteint un certain niveau économique pouvaient accepter dans leur exploitation des membres non parents.

2.1. La composition de l'exploitation et le maintien de sa cohésion

A ce niveau, nous avons obtenu des résultats différents concernant les deux grandes ethnies de la région : les Mossis (à qui nous assimilons les Samoghos à cause des similitudes qui existent entre l'organisation socio-économique de ces deux ethnies) et les Bambaras (à qui nous assimilons les Miniankas pour les mêmes raisons).

Sur les 66 exploitations Mossis enquêtées, seulement trois comportaient des personnes sans lien de parenté avec le C.E. Plus de 70% d'entre elles n'avaient pas connu de scission. Mais, on remarque que le nombre de *"Zaka"* (famille restreinte composée du C.E. de ses épouses et de ses enfants) était élevé : près de 50%. L'éloignement des villages d'origine Mossi peut être un élément d'explication de ce phénomène. Une enquête approfondie auprès de 25 exploitations montre que le maintien de la cohésion dans les grandes exploitations résultait de l'association des jeunes à la prise de décisions concernant aussi bien l'organisation de la production que la gestion des revenus (80% des cas) et la résolution des problèmes sociaux (mariages, baptêmes, etc., dans près de 65% des cas).

Parmi les exploitations Bambara et Minianka (plus de 300 enquêtées)[44], il y a un pourcentage élevé d'exploitations comportant les ménages des frères du C.E. : c'est le cas de toutes les exploitations de Molodo II. Une des raisons est que l'ethnie Bambara habitait traditionnellement une partie de l'actuel Office du Niger, ainsi que ses zones limitrophes. Une autre raison est la façon spécifique dont la famille étendue bambara éclate : en cas de scission, les enfants issus du même père se regroupent sous l'autorité de leur aîné, alors que nous avons remarqué que, dans les zones Malinké de la Haute

---

[44] Sur les 472 enquêtés, cette partie de notre analyse ne touche que 366. Les 106 restants se repartissent entre une dizaine d'ethnies. Les résultats ne nous ont pas semblé avoir une grande signification pour l'analyse par ethnie.

Vallée (COULIBALY C. : 1977), ce sont les enfants issus de la même mère qui se regroupent.

On note cependant que le phénomène d'éclatement des grandes exploitations était en train de prendre des proportions importantes dans certains villages comme Nemabougou (50 % des exploitations) et Molodo I (30% dans ce très vieux village). Pour maintenir l'unité de l'exploitation, de nombreux C.E. n'hésitaient plus à associer les jeunes à la gestion des revenus (près de 65% des C.E. de Molodo I). L'autorité des aînés s'effritait sous le coup des nécessités économiques qui imposaient de prendre en compte les désirs des jeunes, si on ne voulait pas perdre l'essentiel de la force de travail de l'exploitation. Il arrivait par exemple que, pour satisfaire les désirs matrimoniaux d'un jeune de l'exploitation, le C.E. procédât à une certaine répartition des revenus ou à une nouvelle répartition des tâches à l'intérieur de l'exploitation, de façon que cet objectif soit atteint dans les délais voulus par le jeune.

Mais, il est vrai que ce *"pouvoir"* des jeunes était fonction aussi de la capacité du C.E. à satisfaire les besoins de tout le monde. Ainsi, on remarque que si dans tous les villages Bambaras on associait les jeunes à la prise des décisions concernant la production, dans les exploitations à bas rendement en riz ils étaient associés aux prises de décision concernant les cérémonies sociales et la gestion des revenus ; dans les exploitations à rendements moyens ils étaient associés seulement aux décisions de cérémonies sociales et, dans les exploitations à hauts rendements, à rien d'autre.

Bien qu'une enquête approfondie doive être menée pour préciser ces conclusions, on peut dire que les coutumes de l'ethnie d'origine et l'éloignement du village d'origine avaient un impact sur la composition de l'exploitation et le maintien de sa cohésion. Mais, ce sont les facteurs économiques qui étaient déterminants à ce niveau : "*La misère disperse la famille*" disaient les paysans. Ce sont ces mêmes facteurs qui étaient déterminants pour la compréhension des types de relation qui liaient le colon à ses parents non colons.

2.2. Les relations colons / parents non colons

Dans beaucoup d'études sur l'Office du Niger, on note une tentative très forte d'exagérer l'impact des relations entre les colons et leur village d'origine.

C'est qu'il était, en effet, très commode d'expliquer les difficultés des colons par les obligations sociales qu'ils avaient vis-à-vis de leurs parents non colons ou, inversement, d'expliquer l'enrichissement des colons par l'obligation des parents non colons de leur venir en aide, notamment dans les travaux agricoles.

L'existence de relations entre colons et parents non colons était indéniable, surtout dans le domaine des travaux agricoles. Cela s'expliquait par trois phénomènes essentiellement : l'insuffisance de la main-d'œuvre interne à l'exploitation, insuffisance aggravée par le fait que chez les Bambaras, par exemple, les femmes ne participaient pas à tous les travaux agricoles ; la cherté de la main-d'œuvre constituée par les salariés agricoles[45] ; le fait que parfois l'entraide villageoise revienne, en fin de compte, plus cher que le travail des salariés agricoles. Jacques Charmes note que : "... en *réalité le coût* du *travailleur de l'entraide doit... comprendre, outre le prix de* sa *nourriture, son coût d'opportunité dont le niveau se situe entre le prix de* sa *nourriture (soit la rémunération d'une journée de travail d'entraide), et tout ou partie (selon l'intensité de la captation par l'ancien) du salaire agricole journalier et même parfois une rémunération supérieure"* (CHARMES J. : 1974 : 40).

Le colon faisait ainsi appel à la main-d'œuvre issue de la grande famille ou, plus exactement, il faisait appel à des parents non colons. La différence est très importante dans la mesure où la *"Grande Famille Etendue"* avec un centre essentiel de décision était déjà, dans le contexte de l'époque à l'Office du Niger, une vue de l'esprit. Il apparaît donc que les échanges de travaux n'étaient plus régis par des relations de type précolonial et que trois faits essentiels sont à retenir :

- les familles regroupant des exploitations de l'Office et d'autres unités vivant hors de l'Office n'existaient pratiquement plus, en dépit de la persistance d'une idéologie basée sur le "fétichisme de la parenté". Il arrivait, par contre, qu'une unité de production ait une partie de ses

---

[45] On notait en 1980-81 les tarifs suivants par type d'activité :
- labour et semis..............................7.500 à 10.000 FM/ha
- désherbage...................................2.500 à 5.000 FM/ha
- moisson ....5.000 FM/ha
- mise en moyette et gerbier......1.500 à 2.000 FM/ha

membres hors de l'Office. Dans ce cas, bien qu'il y ait existence de résidences différentes, il s'agit de la même unité de production et le mouvement de main-d'œuvre, de produits ou de revenus entre ces deux groupes s'expliquait parfaitement ;

- le phénomène d'éclatement au niveau des exploitations n'apparaissait clairement que concernant l'unité de production originelle, celle dont le chef s'est installé à l'Office. A la mort de ce chef d'exploitation, on assistait généralement à un démembrement de la cellule mère qui donnait naissance à plusieurs unités de production ;
- les "obligations sociales" étaient très strictement réglementées et obéissaient de plus en plus à des règles différentes de celles de la tradition. Ainsi, la participation ou non des gendres aux travaux du C.E. était fonction du montant numéraire de la dot.

E) Conclusion du chapitre

En conclusion à cette partie qui retrace l'évolution des rapports O.N./colons entre 1932 et 1980, il faut retenir trois idées essentielles.

La première est que la préoccupation de la plupart des colons était basée sur la préservation de leur autonomie par rapport non seulement à l'Etat mais aussi à d'autres agents socio-économiques, étrangers à leur milieu. Cette stratégie d'autonomisation, qui s'exprimait le plus souvent, au niveau économique, par la tentative de reconstituer l'économie d'autosubsistance, ne procédait pas vraiment d'un choix délibéré de société mais était imposé par les conditions de vie des paysans et par leur rapport à l'Etat et au marché. Un tel phénomène apparaissait, notamment, dans la tendance des paysans d'investir dans d'autres secteurs dès qu'ils parvenaient à *"gagner quelque chose"* dans l'agriculture. D'ailleurs, on trouve déjà à cette époque un certain nombre de paysans qui tentaient l'intégration.

La seconde idée à retenir est que la stratégie du paysan était déterminée aussi bien par des raisons internes à l'exploitation que par des raisons liées à l'entourage villageois ou supra villageois. Ainsi, des modifications importantes s'étaient opérées dans les rapports de force internes à l'exploitation : de plus en plus non seulement le point de vue des jeunes et des femmes était pris en compte, mais également leurs objectifs spécifiques.

Le changement lent mais profond, qui touche de plus en plus le statut des femmes, était d'abord lié à la part prépondérante de ces femmes dans la solution des problèmes alimentaires de la famille. Autrefois, en milieu Bambara par exemple, il revenait à l'homme de fournir les céréales et dans certaines régions la culture des céréales était même interdite aux femmes. De même, il était exceptionnel de voir des femmes mariées servir comme main--d'œuvre salariée en dehors de l'exploitation. Les difficultés des colons ont contribué à lever tous ces tabous : les femmes ont des champs de mil en dehors de l'O.N. et ce sont elles qui assurent la bonne marche de cette partie de l'exploitation. De même, elles n'hésitent pas à travailler comme ouvrières agricoles sur le champ semencier de l'Office du Niger. La réponse qu'elles avaient contribuée à trouver aux problèmes de l'exploitation leur donnait un certain pouvoir, que le chef d'exploitation se gardait bien d'ignorer.

Ce rapport de force au sein de l'exploitation trouvait son équilibre dans le souci de chacun de ses membres de préserver l'unité familiale. La famille apparaissait comme la meilleure forme de *"sécurité sociale"* dans le contexte du Mali d'alors où on assistait à une crise des petits métiers dans les villes, à une crise du système scolaire et donc à une aggravation du chômage. Or, c'étaient ces petits métiers (le petit commerce entre autres) qui représentaient les débouchés pour les jeunes qui partaient en exode. Aussi, les paysans pauvres avaient beaucoup misé sur l'école pour trouver à certains de leurs enfants de nouveaux emplois. La crise de ces deux sources potentielles de revenus poussait les paysans à conserver leur statut, le nouvel enjeu étant de préserver leur autonomie.

Le troisième point important est que les stratégies paysannes ne se limitaient pas au seul domaine économique. Nous avons vu, avec le Syndicat des Colons et Agriculteurs de l'Office du Niger, que les paysans ont bien essayé d'autres formes de lutte. Après la *"mise au pas"* des colons, d'autres mouvements paysans ont vu le jour. Certains, comme la *"révolte de Ouélessébougou"* (près de Bamako) en 1968, ont revêtu une certaine importance. Bien que cette révolte n'ait pas eu lieu à l'O.N., elle nous intéresse par le fait qu'elle résultait d'une alliance entre paysans et commerçants contre le pouvoir politique. Les commerçants installés dans la région de Ouélessébougou avaient vu leurs activités entravées par la loi de 1965 sur le commerce. Quant aux paysans, ils se révoltaient contre la culture forcée des champs collectifs, les investissements humains, les *"contributions volontaires"*, l'obligation de livrer des céréales à l'OPAM et les pratiques frauduleuses des dirigeants locaux de l'US-RDA. Le leader du mouvement était un commerçant, ancien militant du parti.

L'étude de ce mouvement montre que si l'initiative est venue des paysans, la structuration a été l'œuvre essentiellement de certains commerçants instruits. Les expériences du Syndicat des Colons et de la *"révolte de Ouélessébougou"* montrent la nécessité pour les paysans d'avoir des alliés pour mettre sur pied des types d'organisations modernes de lutte. Au début des années 1980, les paysans ne disposaient de l'alliance ni de la petite bourgeoisie intellectuelle (comme en 1960) ni des commerçants (comme en 1968).

Quant à l'alliance ouvriers/paysans, elle n'a jamais donné lieu au Mali à une manifestation importante. Une des raisons est sans doute qu'au Mali il n'y a pas encore de classe ouvrière structurée, le prolétariat étant très jeune et trop peu nombreux. Mais au-delà de ces raisons évidentes, il semble que les paysans ne voient pas dans les ouvriers des alliés car ils les assimilent le plus souvent aux couches citadines, mettant ainsi en avant l'opposition ville/campagne et non l'antagonisme des *"intérêts de classe".* Même à l'O.N. où on notait l'existence de villages d'ouvriers travaillant dans les sucreries de l'Office, ce qui frappe c'était l'indépendance totale entre les mouvements paysans et les grèves ouvrières de Dougabougou et Seribala.

Il n'est cependant pas exclu que ces deux mouvements se rejoignent un jour (même si les deux unités de production vont être dissociées sur le plan de la gestion) car, d'un côté, il y a proximité des villages de colons et des villages d'ouvriers et de l'autre, les ouvriers agricoles travaillant dans les champs de canne et ceux travaillant dans les usines sont, pour la plupart, des parents de colons de l'O.N.

En attendant, la résistance paysanne demeurait isolée et elle se manifestait dans trois domaines :

- sur le plan économique, le paysan visait avant tout à assurer la sécurité alimentaire. Ceci se manifestait à l'Office du Niger par l'accent mis sur la culture d'autres céréales et par la multiplication d'activités agricoles ;
- au niveau social, par la persistance des "structures traditionnelles" sous des structures en apparence contrôlées par l'Etat. Il n'est pas rare qu'à côté du chef de village et d'autres responsables officiels, aient existé les véritables centres de décision non connus des "étrangers". On notait également, à côté d'organisations officielles (coopératives par exemple), le maintien et le développement de structures parallèles (notamment des formes d'entraide) ;
- politiquement, par le gel des activités du parti et de l'Etat. Le paysan ne s'opposait pas formellement à l'organisation de ces activités mais il n'y prenait jamais une part active.

Ce qui caractérisait, de façon générale, les formes de résistance paysanne, c'était l'importance des formes individuelles/familiales. Cela tenait manifestement aux conditions dans lesquelles se déroulait cette résistance. Mais il est erroné de penser que les formes collectives de lutte ont été organisées sur la base de structures traditionnelles et sous la responsabilité de chefferies traditionnelles. Jean Loup AMSELLE notait à propos de la révolte paysanne de Ouélessébougou : "*... l'un des lignages dominants et conquérants, celui où furent recrutés le plus grand nombre de chefs pendant la période précoloniale et même coloniale, ne participa pas à la révolte. Jamais au cours de cet événement il ne s'est agi de remettre sur pied le Kafo*[46] *précolonial, de redonner aux chefs le pouvoir dont ils jouissaient auparavant. Tout au contraire, c'est un étranger à la région, un homme de caste de surcroît, qui se substitue aux chefs "traditionnels" et qui dirige la révolte"* (J.-L. AMSELLE : 1978 : 350).

Toujours est-il que l'efficacité des formes de résistance paysanne fut telle que l'Etat malien, sous la pression également des sources de financement extérieures, fut obligé de mettre au point une nouvelle politique agricole à partir de 1980. En 1982, une loi sur la libre commercialisation des céréales fut mise en pratique, levant un monopole de l'Etat qui datait des années 1960. Il est vrai qu'il a fallu attendre 1984 pour que le riz soit totalement concerné par cette loi, mais il était déjà clair qu'un changement radical venait d'être opéré.

Et cela, c'est déjà une autre histoire.....

---

[46] Entité géopolitique de la période précoloniale regroupant plusieurs villages.

CHAPITRE V

AGRICULTURE PAYSANNE ET FINANCEMENTS ÉTRANGERS

Dans ce chapitre, deux périodes vont être étudiées parce qu'elles constituent des moments privilégiés où triomphe ce qu'on peut appeler le « libéralisme économique », même si le terme n'a été cultivé, concernant nos pays, que durant la deuxième période.

La première période va desannées1910 (qui ont vu l'élaboration du premier programme de développement agricole de ce qui était le « Soudan français ») à 1960 (date de l'indépendance du Mali). La deuxième va du début des années 1980 (fin du monopole de l'Etat en matière de commercialisation des céréales et début des Programmes d'Ajustement Structurel Agricole) et continue encore aujourd'hui. Les vingt années qui séparent ces deux périodes et qui correspondent aux vingt premières années de notre indépendance ont en effet été dominées parfois l'intervention parfois musclée de l'Etat sur l'ensemble de la chaîne agricole : de l'approvisionnement des paysans à la commercialisation de leurs produits.

A) Les années 1910 -1960

"L'introduction du capital" dans les campagnes maliennes (alias soudanaises) se fit, comme déjà décrit, à travers le *"capital commercial"*. Mais dès la fin de la première guerre mondiale, des tentatives d'investir dans la production agricole se firent jour.

La première est celle du groupe Hirsch qui prévoyait qu'en 1939, la moitié des 100.000 ha qui lui ont été octroyés en 1919 serait aménagée et que les 4/5 de cette superficie seraient cultivés en coton. En 1935, seulement 1.500 ha étaient cultivés dont 600 en coton. Ces résultats médiocres n'avaient pu être atteints, selon Jean Suret-Canale (1971 : 281) que grâce à un système de métayage permettant simplement à la société de prélever une dîme sur les paysans. Bien qu'il ait fallu attendre 1935 pour mesurer tout le désastre de l'expérience Hirsch, dès 1925 on savait que c'était un échec. Les sociétés ont très vite renoncé à l'exploitation au Soudan de grandes concessions par l'utilisation de petits paysans prolétarisés.

Concernant l'Office du Niger, on a d'abord pensé à l'installation de fermiers capitalistes européens disposant de moyens de production perfectionnés, pouvant s'habituer rapidement aux exigences de la production intensive sur les terres irriguées et utilisant les paysans de la région comme main-d'œuvre salariée. Une expérience a été entreprise dans ce sens sur la station de Niénébalé (appelé à l'époque Diarabougou par les autochtones). Cette station appartenait au Service de l'Agriculture du Soudan et avait pour tâche initiale d'étudier les conditions d'amélioration des méthodes de culture, en zone tropicale africaine.

En 1924, le Gouverneur Général Carde avança l'idée de l'installation d'un village dont les habitants seraient utilisés comme salariés sur les parcelles de la station. Le principe consistait à les affecter sur des lots qu'ils devaient travailler sous la direction des Européens et en appliquant les méthodes culturales définies par les responsables Français de la station. Ils étaient rétribués à la journée, comme des ouvriers agricoles. Leur rétribution comportait, outre un salaire, une ration alimentaire pour leur entretien et celui de leurs familles. Celles-ci avaient été regroupées pour former le nouveau village de Diarabougou.

L'expérience débuta en 1925 sur 200 ha à cultiver par une quinzaine de familles. Ce fut un échec et les autorités coloniales pensèrent un moment que la cause était le peu d'homogénéité des familles et le caractère artificiel de l'implantation du village. Les familles furent remplacées par d'autres, jugées plus homogènes, mais les résultats ne s'améliorèrent pas et finalement, cette expérience d'utilisation d'une main-d'œuvre salariée fut arrêtée en 1927. Du reste, les fermiers français ne semblaient pas attirés par l'agriculture en zone tropicale africaine. L'appel des promoteurs de l'O.N. ne trouva aucun écho à leur niveau.

Pourquoi n'avoir pas alors envisagé une agriculture mécanisée que l'O.N. entreprendrait lui-même ? Samir Amin semble regretter que pour le Soudan on n'ait pas pensé à cette solution lorsqu'il écrit : *"...au lieu d'envisager l'agriculture mécanisée moderne qu'appelait la faible densité rurale, elle* (l'administration coloniale) *a donné la préférence au rêve des militaires paysans de l'armée coloniale : la création d'une petite paysannerie à l'européenne absolument inadaptée au cadre existant".* (S. Amin : 1974 : 322). La question mérite qu'on s'y arrête d'autant plus qu'à première vue les conditions géographiques semblaient favorables à la mécanisation : relief négligeable, végétation mineure.

Toutes ces solutions ont dû être écartées à cause du refus du capital privé de prendre les risques d'investir dans la production agricole au Soudan. Pour comprendre ce refus, il faut définir le caractère de la production entreprise, ses contraintes et surtout évaluer les profits qu'un entrepreneur capitaliste pourrait espérer en tirer. Or, sur le plan strict de la *"rentabilité économique",* l'agriculture soudanaise, d'une façon générale, ne présentait pas des avantages certains. D'abord les conditions de production de cultures commerciales sont très contraignantes : la maîtrise de l'eau ne peut se faire sans des investissements importants ; on ne peut pratiquer que des cultures annuelles ; enfin les rendements sont faibles à cause du peu de fertilité des terres. Dans une atmosphère de concurrence (Bélime faisait des efforts pour convaincre les courtiers et filateurs de la qualité du *"coton indigène* ") ces trois facteurs vont jouer contre le projet Office du Niger.

Il faut dire que le fleuve Niger n'est pas le Nil et qu'il ne dépose pas de limons capables de fertiliser les terres. Pour y atteindre des rendements élevés, il faudrait y investir beaucoup, ce qui augmenterait d'autant les coûts de production et rendrait quasiment impossible la pratique de prix concurrentiels. Ceci permet de comprendre pourquoi la solution de mécanisation n'a pratiquement pas été envisagée à une époque où la main-d'œuvre était presque gratuite. La réflexion de S. AMIN s'explique par le fait qu'à l'époque où il écrivait ces lignes il pensait permettre à l'O.N. d'être rapidement rentable. Mais comme nous l'avons vu, ces conditions étaient trop nombreuses et trop difficiles à réunir pour espérer un changement rapide à l'Office du Niger.

Du reste, l'O.N. continuera d'essayer de mettre en place une agriculture de type capitaliste même après l'adoption de la solution de colonisation africaine. Il s'agira surtout d'expériences de mécanisation en régie qui seront envisagées après la Seconde Guerre Mondiale. Avant ces expériences, une dernière tentative avait été faite pour permettre la participation d'agriculteurs français à l'entreprise de l'Office du Niger. Des propositions ont été formulées en 1936, c'est-à-dire quatre ans après l'installation des premiers colons africains. Elles résultaient des inquiétudes que le projet O.N. soulevait auprès de nombreuses personnalités, à cause du coût élevé des aménagements et de la médiocrité des résultats de production.

Pour diminuer les coûts de production, Baillaud proposait que des sociétés privées soient chargées de certaines opérations d'aménagement, de défrichement et de transports pour lesquelles ces sociétés auraient des solutions moins coûteuses que celles mises en pratique par l'Etat. Pour augmenter la production, il proposait :

- que les sociétés privées soient chargées de la pratique de certaines cultures (comme le tabac) qui nécessitaient des "soins dépassant la capacité actuelle de l'indigène" ;
- que de grands agriculteurs, qui ont fait leur preuve en Afrique du Nord et qui disposent d'une grande expérience, s'installent à l'O.N. à côté des petits exploitants issus de la région. Ces grands agriculteurs utiliseraient comme main-d'œuvre des "indigènes non en état de devenir des propriétaires exploitants". L'ensemble des exploitants bénéficierait de certains avantages matériels, c'est-à-dire qu'ils n'auraient pas à supporter les frais de transformation des produits, ni les frais de transaction et de transport intérieur.

On conçut d'abord une mécanisation intégrale en régie, en vue d'une augmentation importante et rapide de la production. Les essais concernaient aussi bien la culture du coton que celle du riz. La mécanisation de la culture cotonnière eut lieu notamment à Baguineda. Elle se heurta très vite à des problèmes techniques résultant de l'utilisation d'un matériel énorme pour le labour de très petites parcelles, ce qui créait de fortes dénivellations dont le ré-nivellement allait s'avérer, lui aussi, coûteux.

Pendant qu'on entreprenait de nouvelles études pour pouvoir réaliser la mécanisation de la culture du coton, des mesures avaient été prises pour mécaniser la riziculture. Les promoteurs de ce programme fondaient de gros espoirs sur cette solution, pour remonter les finances de l'O.N. Dans ses critiques sur les expériences de mécanisation à l'Office, René Dumont dit que rien ne justifiait la prise de telles décisions concernant la riziculture, ni la qualité du riz ni, plus tard, les rendements obtenus (25 quintaux/ha en 1951 et seulement 8 quintaux/ha en 1959).

En plus des problèmes techniques que la mécanisation rencontrait à l'ON, elle se heurtait à d'autres obstacles d'ordre économique (coûts de production et concurrence sur le marché international) et d'ordre social (la grève des cheminots du Dakar-Niger en 1949 fit craindre une rupture du ravitaillement en carburant des machines utilisées, carburant acheminé du port de Dakar jusqu'à Bamako par le chemin de fer).

La mécanisation se révéla donc assez rapidement comme une solution qu'on ne peut envisager isolément. Tout au plus fallait-il l'envisager pour les périodes de crise, comme devant pallier les chutes de production dues à un départ exceptionnellement massif de colons. C'est ainsi que fut envisagée la mécanisation partielle dont nous avons déjà vu les effets.

L'O.N. a toujours été une entreprise avec des difficultés financières importantes. Pourquoi alors, le capital étranger finance encore cette entreprise ? Il faut admettre que ses intérêts sont sauvegardés à l'O.N. D'abord et, aussi paradoxal que cela puisse paraître, ses intérêts sur le plan économique sont assurés parce qu'ils ne sont pas forcément liés aux performances productives de l'O.N. lui-même. Un projet agricole de cette envergure intéresse beaucoup de secteurs du capital qui ne sont pas directement concernés par la production agricole. C'est l'hypothèse avancée par P. Herbart qui éclaire mieux sur cette question à propos de l'O.N. Il est curieux que cette hypothèse n'ait pas retenu l'attention de la plupart des chercheurs qui ont travaillé sur l'O.N. L'Office du Niger n'aurait-il intéressé beaucoup d'industriels, d'hommes d'affaires que parce qu'il permettait d'apporter un argument supplémentaire à l'entreprise du projet de chemin de fer transsaharien qui mobilisait tant d'intérêts à l'époque ?

Herbart n'est pas loin de le penser quand il écrit : *"Je me suis souvent demandé, en étudiant pièce par pièce l'énorme documentation que j'ai réunie sur les aménagements de la vallée nigérienne, je me suis souvent demandé, lorsque mon regard s'achoppait à certains noms de membres des conseils d'administration de cette entreprise ou d'entreprises annexes, si toute l'affaire n'était pas destinée à permettre à M. DE WENDEL de vendre* 3.270 *km de rails".* (Herbart : 1939 : 57-58).

Il est vrai que le projet du Transsaharien et celui de l'O.N. ont été intimement mêlés, l'un servant à l'autre d'appui et réciproquement pour que ses travaux puissent commencer. Ainsi le Sénateur Jourdain, Président du Conseil d'Administration de l'O.N. exposait en 1932 parmi les objectifs visés, l'entreprise des travaux du Transsaharien pour lever l'obstacle du Sahara. Bélime lui-même rattachait, en 1933, l'O.N. au chemin de fer transsaharien et le faisait dans un écrit dont le style n'a rien à envier à celui qui lui a permis de *"convaincre"* de la nécessité des travaux de l'O.N. : *"L'aménagement du Niger moyen se poursuit activement.* A *son achèvement, un territoire grand comme le delta égyptien sera mis en culture. On espère* y *produire une centaine de milliers de tonnes de textiles laine et coton, représentant le cinquième de nos achats ; du bétail évacué par la voie saharienne en quantités suffisantes pour remplacer nos importations d'Amérique ; des grains destinés au ravitaillement des autres colonies fédérées ou consommables sur place* ".

Enfin, c'est le Comité des Forges présidé par A. De Wendel et qui veut le marché du Transsaharien, qui dirige en réalité le Conseil d'Administration de l'O.N. (cf. A.O.F. Magazine : 1938). On retrouve le même Comité des Forges au niveau du Comité du Niger. En fait, s'il ne fait aucun doute que le Comité des Forges est principalement intéressé à l'affaire O.N. d'autres intérêts aussi y sont liés, intérêts représentés par des banquiers, des entrepreneurs de travaux publics, des parlementaires, etc. Ainsi la Compagnie Générale des Colonies qui regroupait plusieurs sociétés financières, commerciales et industrielles, se voyait confier par une convention signée en 1922 avec le Gouverneur Général de l'A.O.F. la promotion de l'O.N.

La Compagnie Générale des Colonies a été fondée en 1920 dans le but de favoriser et de développer les entreprises coloniales. Ainsi elle donnera 25.000 francs Métro, à titre de subvention au Comité du Niger. Dans ce groupe on retrouve toutes les grandes sociétés et maisons coloniales : banques (Crédit Lyonnais, Banque de Paris et des Pays-Bas), maisons de commerce (CFAO, SCOA, Peyrissac, Devès et Chaumet etc.), industries (Grands Travaux de Marseille, Syndicat Général de l'Industrie Cotonnière, Société des Constructions Electriques de France etc.). La Compagnie Générale des Colonies a naturellement un représentant dans le Comité du Niger. On voit donc que les maisons de commerce elles-mêmes sont très intéressées à l'affaire.

Ces maisons avaient été appâtées par les intérêts colossaux que les objectifs de production de l'O.N. faisaient miroiter. Ainsi la Chambre de Commerce de Lyon n'avait pas hésité, en 1921, à accorder son appui au Gouverneur du Soudan et à E. Bélime pour que le projet O.N. obtienne un vote favorable à la Chambre des Députés et au Sénat. Ainsi, la même année, la Chambre de Commerce de Bamako suppliait le Gouverneur Général de l'A.O.F. d'accepter le projet soumis par la Société Générale des Colonies concernant l'O.N. Quelques années plus tard ces chambres de commerce vont changer d'opinion, effrayées par le pourcentage de plus en plus élevé que l'O.N. prenait dans les investissements de l'État.

D'autres intérêts viennent se greffer sur ceux déjà énoncés. Parmi eux, des intérêts politiques, certains parlementaires espérant avoir des marchés pour les industries de leur département. Ainsi, le Ministre des Colonies de l'époque, Louis Rollin, a pu mettre dans le Consortium chargé des travaux à l'O.N. (le STIN) les Etablissements Menuier-Gogez situés dans son fief électoral. Des Gouverneurs généraux à la retraite trouveront une "planque" dans le Conseil d'administration de l'O.N. : ainsi, Angoulvant en fera partie, au titre de représentant de la Compagnie Générale des Colonies. Bélime lui-même n'est pas de reste : nommé directeur général de l'O.N. il a des appointements s'élevant à 321.000 francs par an (l'impôt annuel de plus de *« 20.000 Noirs du Soudan »*).

Le Comité du Niger, qui regroupe tout ce petit monde se donne pour objectif *"d'informer le grand public des profits que la réalisation des travaux de l'O.N. offrirait à la France, d'intéresser le Parlement, l'industrie et le commerce français aux études faites concernant l'O.N. et surtout d'assurer par tous les moyens (conférences, projections, articles de presse etc.) la propagande dudit projet"*. La presse est donc saisie, surtout les journaux à grand tirage (Le Temps, Le Figaro, Le Matin, etc.) qui ne font parfois qu'une transcription pure et simple des communiqués de Dakar faisant l'apologie de l'O.N. La raison en est toute simple : ils sont payés pour cela. Herbart signale en effet qu'en 1931, l'équivalent de l'impôt annuel de "8.692 *Noirs du Soudan"* soit 113.000 francs est versé aux nombreux journaux qui entretiennent autour des irrigations du Niger une atmosphère d'enthousiasme (Herbart : 1939 : 69). Le Comité des Forges met lui aussi sa presse ("Le Transsaharien") au service du projet.

B) Les enjeux d'après 1980 : la mise en route du PASA et le Plan de redressement de l'O.N. de 1984

A l'autre bout de la période sur laquelle cette partie de notre travail porte, dans le Plan de redressement de la production rizicole à l'ON publié par les services de l'Office en avril 1984, ce qui est frappant ce sont : d'un côté, la profusion des chiffres concernant la réhabilitation du réseau hydraulique, les besoins en équipement et les prévisions de production ; de l'autre, le manque de précision sur le sort réservé aux colons qui, au terme de la campagne 1984-85, n'auront pas atteint le rendement de 1,5 T/ha fixé comme exigence par l'entreprise. Tout ce qui apparaît dans le Plan de redressement à propos de ces colons, c'est qu'ils n'auront pas accès à la dose d'engrais jugée nécessaire pour la culture irriguée du riz à l'O.N. (50 kg/ha pour l'urée, 75 kg/ha pour le phosphate d'ammoniaque et 200 kg/ha pour le phosphate de Tilemsi). Tous les colons bénéficieront de cette dose en première année, la sélection intervenant en fin de campagne.

L'imprécision, quant au sort des *"mauvais colons"*, est d'autant plus à relever que l'O.N. espère accueillir de nouvelles familles. Il faut insister sur cet *"oubli"* de l'O.N., car la présentation qui est faite du plan de redressement laisse supposer que tous les colons démarrent, à partir de ce moment, dans les mêmes conditions de production.

L'effondrement de la production rizicole et le déclin d'environ 10 à 20% accusé par la production des mil, sorgho, maïs, par habitant depuis 20 ans, imposent à la fin du plan 1974-78 de réviser les axes fondamentaux de développement de l'économie. De plus, la pression des bailleurs de fonds devenait intolérable. A côté d'axes déjà connus (comme le redressement de la situation économique et financière), une nouvelle philosophie du développement rural est prônée : c'est le *"développement intégré à la base"*.

Il s'agit d'un changement important car, jusqu'ici, on insistait sur la promotion des coopératives.

Dans le nouveau plan quinquennal (1981-85), la priorité est accordée à la création de "*Tons Villageois*". Le "*Ton Villageois*" est défini comme une *"association villageoise de développement économique, social et culturel fondée sur la solidarité et le volontariat. Il se caractérise nécessairement par une personnalité juridique et une autonomie financière".*

C'est à partir de 1982 que commencent véritablement les mesures du Programme d'Ajustement Structurel Agricole (PASA), dont l'une des plus spectaculaires est la libéralisation de la commercialisation des céréales. Mais le PASA veut aussi influencer les systèmes de production et les systèmes de consommation.

1. Les axes essentiels du Programme de Restructuration de l'économie

Le programme de restructuration de l'économie (PRE), élaboré dans l'esprit du PASA, adopte comme orientations fondamentales :

- le désengagement de l'Etat, au profit du secteur privé mais aussi du secteur associatif ;
- la décentralisation visant à responsabiliser les organisations villageoises, en s'appuyant sur les comités de développement ;
- la poursuite de la restructuration, déjà entreprise pour plusieurs organismes publics intervenant dans le secteur agricole : Office du Niger, OP AM, CMDT, etc.

Mais, comme c'est presque toujours le cas, le discours, notamment sur la décentralisation, est loin des conceptions réelles de l'Etat à travers les pratiques de ses différents agents. Le Comité Local de Développement (CLD) qui est censé piloter les actions de développement local regroupe non seulement les agents de tous les services techniques représentés localement, mais est dirigé par le commandant de cercle ou le chef d'arrondissement, c'est-à-dire le représentant local de l'administration centrale.

Dans la compréhension de nombreux agents de l'État, le *"transfert de responsabilités"* aux organisations paysannes consiste à transférer à ces organisations les risques que comportent la production et la commercialisation. Il s'agit pour eux de faire prendre en charge par les organisations paysannes les opérations qui coûtent le plus à l'Etat et qui, bien qu'indispensables, ne rapportent pas d'argent : par exemple la collecte des produits agricoles auprès des exploitants individuels, à travers des champs dispersés et quasiment inaccessibles en camions.

La gestion des CLD fut une catastrophe : les textes prévoyaient que 70% des taxes locales de développement (regroupant les différents impôts et taxes) soient gérés par le CLD et que 30% soient affectés aux échelons supérieurs de l'administration. Parce que c'est l'administrateur lui-même qui devait procéder à ces différentes affectations, les textes n'ont jamais été respectés.

Pour ce qui est des Associations villageoises (AV) et des "*Ton Villageois*" (TV), en fait, l'espoir nourri par le pouvoir, c'était de créer une forme d'organisation qui centralise toutes les activités économiques et sociales et qui définisse les axes d'évolution du village.

L'Association villageoise devrait travailler étroitement avec les cellules du parti unique au pouvoir, ce qui permettrait un contrôle (que les autorités espéraient plus efficace) sur le milieu rural. Il s'agissait de remplacer le contrôle des paysans par les agents (c'est-à-dire l'administration), par le contrôle des paysans à travers les structures du parti. Il n'est donc pas étonnant qu'à l'époque, la situation des AV ait été caractérisée par le manque de statut juridique. Les AV ne reposaient pas, en effet, sur un texte juridique spécifique : pas de procès verbal de constitution, pas de statut et pas de règlement intérieur.

Les critères d'adhésion sont restés non volontaires, et la liste des membres n'avait été établie dans aucun village. Les seules exceptions au niveau des organisations paysannes étaient les coopératives et les *Tons*. Les AV, par contre, n'étaient régies par aucun texte officiel. Et cette situation ne va pas varier au cours de la décennie.

Le manque de statut juridique a eu deux conséquences majeures :

- une contradiction entre l'esprit de l'AV et le caractère individuel des obligations contractuelles des colons ;
- une confusion dans les rapports structures traditionnelles de pouvoir/structures politico-administratives "modernes"/Associations villageoises.

A ces difficultés s'ajoutaient des questions à la fois importantes et nouvelles (pour la plupart) en ce qui concerne les paysans :

- la première de ces questions concernait la vocation de l'AV. Cette organisation devrait-elle être un simple moyen (à l'instar de plusieurs petites associations à l'intérieur du village) pour lever des contraintes spécifiques ? Ou bien fallait-il en faire une véritable force de négociation chargée de gérer les relations entre les colons et les autres acteurs (à commencer par l'O.N. lui-même) ?
- la deuxième de ces questions : quelles devraient être les relations entre l'A V et le secteur privé ?
- la troisième, pas si nouvelle que cela, concernait la question de la gestion. En fait, un aspect nouveau apparaissait même si ce n'était pas encore de façon claire à tous : c'est la question de l'exercice du contrôle de la base sur les dirigeants.

Ce qui apparaissait le plus clairement à tous, c'étaient les problèmes de maîtrise technique. Concernant les ressources agricoles proprement dites, le Plan 1981-85 retenait, parmi les nouvelles mesures, de *"rentabiliser le travail du producteur par une diminution de ses coûts, et une amélioration de ses prix (sécurisation des revenus)"*[47]. L'autre mesure préconisée par les organismes de financement consistait à renforcer les investissements et à les étendre aux autres céréales (mil - sorgho - maïs). L'objectif visé consistait en une augmentation de la production alimentaire : on espérait en 1985 avoir augmenté la production de mil/sorgho de 17% par rapport à 1978, la production de riz de 53% et celle de maïs de 82%.

La riziculture continuait à occuper une place importante dans les préoccupations de l'Etat. Il était prévu qu'en l'an 2000 le riz occupera 40% de la consommation annuelle du Malien (soit 80 kg) et le financement acquis dès janvier 1981, en faveur de la riziculture, s'élevait à près de 5 milliards de Fcfa, dont 80% provenaient du F.E.D. Mais ce qu'il y avait de profondément nouveau dans le plan 1981-85, c'était l'importance que les organismes de financement et le pouvoir d'Etat attachaient aux céréales dites traditionnelles.

L'accord semblait donc total entre l'Etat malien (à travers ses techniciens et ses politiques) et les bailleurs de fonds. Cet accord semblait d'autant plus net que l'objectif final visé par l'un et l'autre était une pénétration plus forte du paysan sur le marché monétaire. Pour le Ministère français de la Coopération, ceci permettait d'atteindre les grands équilibres alimentaires en

---

[47] "*Élaboration de la stratégie alimentaire - Résumé*" : 1982 (CILSS-OCDE).

maîtrisant les approvisionnements et stockages interannuels (ce qui impliquerait que les céréales deviennent des cultures de rente)[48]. Pour l'Etat malien, ceci permettrait de grossir les moyens disponibles pour le développement et d'intégrer plus solidement les paysans aux efforts de progression de la communauté malienne[49].

Au niveau des objectifs donc il ne semblait pas y avoir de désaccord, bien au contraire. C'est au niveau des moyens à mettre en œuvre que les problèmes allaient se poser. Dans le domaine spécifique des céréales, depuis 1980-81, le Gouvernement malien a mis en place le "Programme de Restructuration du Marché Céréalier" (PRMC) dont l'objectif essentiel était de réduire le déficit céréalier du pays, par deux mesures principales : l'augmentation du prix minimum garanti au producteur, et la libéralisation du commerce des céréales.

A ces mesures, il faut ajouter la restructuration de l'OPAM dont le rôle sera, non plus d'avoir le monopole du commerce des céréales, mais de servir d'instrument de régulation des prix. Le financement des différentes mesures devrait être assuré par les fonds de contrepartie (ventes par l'OPAM des dons alimentaires venus de l'extérieur).

Le dispositif visait finalement une augmentation de la production et du taux des produits vivriers commercialisés. Le PRMC collait au plan quinquennal 1981-85 par le fait qu'il misait sur la durée, les mesures étant prises de façon progressive, afin que les structures villageoises puissent être mises en place et que, surtout, elles se chargent au fur et à mesure des tâches des Opérations de Développement Rural.

Les difficultés qu'a connues le PRMC étaient dues à des facteurs aussi bien internes au programme (hypothèses erronées qui sous-tendaient ses actions), qu'externes. Les contraintes externes étaient :

---

[48] "*La commercialisation des céréales dans trois pays du Sahel : Haute Volta - Mali - Niger*" (Etudes et documents N° 41 Ministère de la Coopération Paris ; Septembre 1980).
[49] "*Plan Quinquennal de développement économique et social 1981-85*" (Ministère du Plan - Bamako 1981).

- la concomitance de la réforme céréalière et des programmes du Fonds Monétaire International (F.M.I.) imposant des contraintes budgétaires au Mali ;
- les effets de la sécheresse en 1983-84 et 1984-85.

Les contraintes internes concernaient les hypothèses erronées formulées à l'époque par le PRMC, hypothèses dont la critique a été bien menée par P. THENEVIN[50]. Les remarques de THENEVIN étaient faites à propos de 4 hypothèses :

- "Le Mali est en situation de déficit structurel". Ceci s'est avéré inexact comme on a pu le constater en 1985-86, et surtout en 1986-87, qui a consacré l'échec du PRMC tel que conçu à l'époque et dont on peut dire finalement qu'il n'était opérationnel qu'en année dite normale. Une trop forte sécheresse en 1982-83 et 1983-84 lui avait porté des coups importants, se traduisant par une forte baisse des revenus. En 1986-87, c'est le phénomène contraire qui se présentait : deux saisons de pluies favorables ont fait effondrer les prix au producteur et ont laissé invendu sur les bras de l'OPAM un stock (de sécurité) important, estimé à quelque 52.000 T et dont le coût de revient ne cessait d'augmenter à cause des frais de stockage.

Il apparaît finalement que le PRMC a été établi, au départ, sur une stratégie de longue durée, durée de la crise alimentaire qu'un essor de production devait permettre à terme de résoudre, en partie tout au moins ; durée pour permettre aux instances politiques de réaménager les autres secteurs de l'économie afin de régler, entre autres, le problème du prix au consommateur qui devrait être relevé, pour pouvoir soutenir un relèvement du prix au producteur. On a beau soutenir que les contraintes budgétaires imposées par le F.M.I. étaient trop fortes et appliquées avec trop de rigueur dans le temps, il n'empêche que le PRMC lui-même mettait l'accent essentiel sur une augmentation de la production, alors qu'il ne proposait rien pour une diminution des coûts de production et pas grand-chose pour une protection nécessaire du marché.

- "L'accroissement du prix officiel à la production favorise l'augmentation de la production de céréales ..." (op. cité, p. 8). THENEVIN trouve que ceci n'est vrai qu'aux conditions suivantes :
- si on achète réellement à ce prix les quantités offertes par les paysans,
- si ce prix officiel est effectivement payé au paysan,

---

[50] Voir « *Politiques céréalières et informations statistiques* » ; Mai 1987 ; 8.

- si diverses contraintes du système de production sont réduites (aléas climatiques, force de travail, foncier, intrants, etc.)
- "La libéralisation permet une régulation efficace du marché" (p. 8). Ceci n'est vrai que si les quelques gros importateurs de riz ne manipulent pas le marché, si le marché céréalier est organisé de façon à permettre une production et une commercialisation optimales, en période d'abondance et en période de sécheresse, des céréales produites dans le pays. Il faudrait pour cela une politique efficace de crédit, de stockage dans les groupements de producteurs, etc.

"Les groupes sociaux acceptent passivement les décisions officielles" (p. 8). Ceci est inexact pour trois raisons :

- concernant les consommateurs, les producteurs et les intermédiaires, les prix expriment aussi des rapports de force et l'Etat malien était particulièrement attentif aux conséquences des revendications des travailleurs, pour la défense de leur pouvoir d'achat ;
- la deuxième raison est que le PRMC se caractérisait par une ignorance quasi totale des stratégies des agents économiques impliqués dans la question céréalière, particulièrement les paysans et les commerçants. Ceci a constitué une des plus grosses lacunes du PRMC et permet d'affirmer que, même si les pressions budgétaires du F.M.I. n'avaient pas été aussi fortes et que les années "normales" s'étaient succédées, les problèmes seraient certainement moindres, mais la vision du PRMC était trop parcellaire pour pouvoir régler la question céréalière au Mali51 ;
- la troisième raison, sur laquelle nous allons insister ici, est moins souvent étudiée : c'est la résistance des agents des Opérations de Développement Rural au transfert des responsabilités des ODR aux structures villageoises. La bataille eut lieu d'abord au niveau des discours quand il s'est agi de définir les axes de la nouvelle politique agricole. En effet, cette résistance se manifesta de façon claire dans les documents publiés par la Commission d'Elaboration de la Stratégie Alimentaire (CESA), commission mise sur pied en 1982. Bien qu'on affirme dans ces documents que le PRMC est le premier palier de la stratégie alimentaire (S.A.) du Mali, il est apparu des divergences importantes entre PRMC et S.A. quant à la restructuration d'ensemble de l'agriculture, notamment sur le rôle des structures de l'Etat au niveau de l'encadrement. La S.A. pensait que l'Etat devait s'occuper de la prévision et de la planification, de la réglementation de l'information, de la formation, du financement et de la surveillance de la production (op.

---

[51] Il faut dire que, depuis, le PRMC a révisé ses hypothèses et a gagné en efficacité au point qu'on peut affirmer sans risque, qu'il a largement facilité la création au Mali d'un système de sécurité alimentaire dont les mécanismes sont : le Système d'Alerte Précoce (SAP), le Système d'Information sur les Marchés (SIM), la restructuration de l'Office des Produits Agricoles du Mali (OPAM) et le Stock National de Sécurité (SNS), géré par l'OPAM.

cité, p. 22). Bref, elle insistait sur la nécessité des Opérations de Développement Rural, même si elle admettait qu'il fallait introduire des modifications sensibles dans leur fonctionnement. Elle allait jusqu'à prévoir de nouvelles missions pour les ODR : "le développement intégré des exploitations considérées dans ... 3 dimensions : cellule de production, cellule de consommation, cellule familiale" (Elaboration de la Stratégie Alimentaire - Résumé", CILSS-OCDE : 1982 : 22).

D'autre part, au niveau de la libéralisation du commerce des céréales, non seulement la S.A. excluait à cette époque le riz et le paddy des zones encadrées, du champ de la commercialisation libre, mais elle maintenait le monopole de l'OPAM sur les exportations et exigeait que toute personne, qui voulait s'occuper d'acheter et de revendre des céréales, devait avoir l'agrément de l'Etat (cf. même document, p. 24).

D'une façon générale, le souci exprimé par la S.A. était double :

- réduire l'ampleur du choc social qui pouvait résulter de la mise en place des différentes mesures, en insistant sur l'organisation de campagnes d'information et de formation sur le respect du prix-plafond au consommateur et en recommandant de ne pas précipiter la mise en application des mesures préconisées par les bailleurs de fonds ;
- assurer le contrôle de l'Etat, particulièrement de l'administration, sur l'ensemble du processus, au détriment des associations villageoises dont elle ne remettait pas en cause le principe mais sur lesquelles elle posait beaucoup de questions : "Dans quelles zones faut-il les créer ? Quelles activités faut-il privilégier... ? Où trouver l'aide indispensable pour la formation des responsables paysans (président, trésorier, etc. ...) (idem, p. 22). Ces structures " ne disposent pas de véritables représentants susceptibles de discuter avec les fonctionnaires pour l'élaboration des politiques agricoles" (Se référer notamment aux interviews de ces responsables dans "Stratégie Alimentaire" Note n° 3 de Juin 1984).

Compte tenu de ces points de vue, on peut affirmer que la S.A. entrait en contradiction avec le plan 1981-85 basé sur le développement intégré de base grâce aux "Tons". D'ailleurs, la S.A. ne s'en cachait pas qui invitait les planificateurs à réexaminer les projets, pour voir dans quelle mesure certains allaient dans le sens de la S.A. et d'autres non.

Ainsi conçue, la S.A. allait se heurter à un double obstacle :

- les bailleurs de fonds qui, à travers des pressions financières (gel notamment des subventions promises par le F.E.D. pour le fonctionnement du Secrétariat Technique de la S.A.), finissaient par infléchir la politique alimentaire du Mali dans le sens souhaité par les sources de financement ;

- les cadres du parti qui, à travers le Ministre d'Etat chargé du Développement Rural, mettaient l'accent sur l'échec des ODR, échec dû au "caractère trop centralisé et peu démocratique" de la politique des ODR. Ils préconisaient la prise en charge totale du développement du monde rural par les Tons qui "se substitueront progressivement aux ODR et autres structures d'Etat". Ces structures "... dans la forme nécessairement allégée qui demeurera, auront pour rôle : l'assistance technique et financière aux Tons villageois ; le cas échéant, la coordination des activités des différents Tons dans le sens de l'intérêt national. "

Ce qui supposait une forte réduction du personnel des ODR. Le Ministre, qui ne s'y trompait pas, précisait que la réussite de la nouvelle stratégie exigeait des agents du développement rural *"l'acceptation du transfert de la prise de décision aux paysans et la formation technique du monde paysan à l'identification, la conception, l'exécution et l'évaluation d'actions de développement"* (L'Essor hebdomadaire des 17 et 18 Sept. 1983).

On était loin des premières idées de la stratégie alimentaire : l'administration, les structures techniques de l'Etat voyaient leur rôle, non pas simplement modifié, mais profondément diminué et donc leurs privilèges compromis. La défaite politique de cette tendance était consommée dans le remaniement ministériel qui a affecté le département de l'Agriculture, remaniement qui voyait le départ d'un *"technocrate"*, au profit d'un *"politique"*.

Mais, la bataille sur le terrain était loin d'être terminée et les transferts de responsabilités aux paysans n'allaient pas tarder à se heurter à la *"mauvaise volonté"* des cadres de terrain.

2. Les axes fondamentaux du plan de redressement de l'O.N.

Pour permettre à l'O.N. d'atteindre son objectif d'augmentation de la production rizicole, plusieurs mesures ont été envisagées :

- au niveau de la taille des exploitations, il a été décidé de procéder à un remembrement des parcelles et à un réajustement de leur taille. Ainsi, on groupera l'ensemble des lots appartenant au même exploitant en une seule parcelle, sur un seul arroseur ou sur des arroseurs voisins. Il s'agit donc d'un changement fondamental car c'étaient les parcelles portant la même culture qui étaient réunies en un seul bloc, ce qui faisait que le même colon pouvait avoir des lots dispersés (ce qui ne facilitait pas le contrôle du temps de travail du colon). Il est vrai que c'était à l'époque où on pratiquait à l'O.N. la culture du coton et du riz. L'objectif officiellement visé par ce nouveau remembrement était de permettre de dresser un plan des parcelles pour l'octroi de permis d'occuper aux exploitants pouvant justifier dix ans au moins de présence, de faciliter le suivi des opérations culturales.

Quant au réajustement de la taille des exploitations, il obéissait à l'une des préoccupations des sources de financement qui, comme nous l'avons vu, s'inquiétaient de la "*taille excessive*" des exploitations. En fait, se posait ici le problème du développement des méthodes de culture intensive sur celles de la culture extensive, que les colons continuaient à employer à l'O.N. Le réajustement visait *"à équilibrer la taille des exploitations avec la force de travail disponible"*. Il sera basé sur l'analyse de la situation de chaque exploitation, compte tenu des données des trois dernières années : les superficies exploitées, la force de travail, l'équipement disponible, les rendements obtenus, etc. L'O.N. se proposait de faire la correction du déséquilibre superficies/force de travail sur la base de l, 50 à 3 ha par travailleur-homme ;

- au niveau de l'équipement, l'O.N. se proposait d'augmenter son taux d'utilisation sur le riz en fournissant suffisamment d'attelage complet (une paire de boeufs, une charrue et une herse) par superficie cultivée : un attelage complet pour 3 ha ;
- au niveau des semences, leur production sera l'affaire de colons spécialisés appelés paysans semenciers qui devront respecter scrupuleusement les techniques agricoles (calendrier, dose d'engrais, semis en ligne, épuration, désherbage, technique de récolte) et dont la production sera soumise à une vérification importante de la qualité. Quant à la gestion des semences, elle sera prise en charge par les Associations Villageoises, qui devront d'abord s'occuper de la mise en place d'une infrastructure villageoise de nettoyage, de traitement (fongicides) et de stockage. Rappelons que jusqu'ici c'était l'O.N. qui exploitait en régie un champ semencier à Dogofry avec l'utilisation de main-d'œuvre salariée composée essentiellement de femmes de colons. C'était aussi l'O.N. qui assurait la gestion des semences du colon (ce qui lui rapportait 40 kg/ha comme frais de stockage).
- au niveau des engrais minéraux, nous avons vu que leur emploi faisait l'objet d'une certaine sélection : la raison officiellement avancée était de ne pas aggraver l'endettement des colons ;
- au niveau du crédit aux exploitants, l'O.N. pensait trouver, entre les colons et lui, un intermédiaire dans les Associations Villageoises qui sont chargées elles-mêmes d'attribuer le crédit à titre individuel, et sont rendues responsables de la récupération aussi bien des prêts de campagne (à court terme, sans intérêt et qui concernent les semences, les engrais et la nourriture pour les nouvelles familles) que des prêts à moyen terme (avec un intérêt de 12% portant sur cinq ans au lieu de trois et qui concernent surtout les équipements). Les Associations Villageoises devaient verser sur un compte les remboursements ayant trait aux équipements ;
- au niveau de la commercialisation, ce sont là aussi les Associations Villageoises qui devaient se charger de la récupération du paddy à l'O.N. au titre des différents prestations et services rendus (redevance eau, frais

de battage, dettes à court et moyen termes, prêts de campagne, etc..) et de la commercialisation du paddy restant, après déduction de l'autoconsommation (nourriture : 250 kg/ha par bouche à nourrir et par an ; semences : 120 kg/ha).

Plusieurs points demeuraient obscurs dans le Plan d'avril 1984. Parmi ces points, il faut citer outre le sort réservé aux *"mauvais colons"*, la question des dettes antérieures des exploitations vis-à-vis de l'O.N., les moyens dont devront disposer les Associations Villageoises, pour faire face aux multiples tâches qui leur ont été imparties.

3. Le retour du mythe du petit fermier aisé

A y regarder de près, le plan de redressement de l'O.N. n'était qu'une tentative d'application à l'Office du Niger du plan de restructuration de l'agriculture, dans le cadre de l'ensemble des mesures préconisées par les sources extérieures de financement, pour *"assainir"* l'économie malienne.

En mai 1982, un accord était signé entre le Mali et le Fonds Monétaire International (F.M.I.) qui versa au Mali 19,9 milliards de Francs Maliens. De son côté, le Mali s'engageait à appliquer le programme économique et financier très contraignant que le F.M.I. avait élaboré pour *"rétablir les principaux équilibres économiques et financiers du pays"*.

Ce programme comportait cinq points essentiels :

- la rétrocession au secteur privé d'un certain nombre d'entreprises "non stratégiques" ;
- la restructuration des circuits de commercialisation des céréales par leur ouverture aux négociants, par la suppression du monopole de droit de l'Office des Produits Agricoles du Mali (OP AM) ;
- la réduction des arriérés de paiement extérieurs et intérieurs ;
- les restrictions budgétaires par une limitation des dépenses de personnel et l'augmentation des recettes fiscales ;
- le resserrement de l'encadrement du crédit et l'augmentation des taux d'intérêts bancaires.

Ces mesures étaient considérées par les sources extérieures de financement comme le préalable nécessaire à la mise en place d'un programme de *"développement accéléré"*, parce qu'elles devraient permettre une amélioration fondamentale de la politique du commerce et des changes, de l'utilisation des ressources dans le secteur public.

Quant à l'action visant à l'amélioration de la politique agricole, elle devait reposer aux yeux des sources de financement sur quatre grands points : la primauté des petits exploitants, la réforme de la structure des incitations (relèvement des prix au producteur, mise en place de dispositifs de commercialisation plus ouverts et compétitifs et participation des exploitants aux décisions qui les touchent), l'intensification de la recherche agricole et le lancement d'activités à rendement rapide dans l'agriculture irriguée.

Au Mali, c'est l'Office du Niger qui était le premier concerné par ce point et on y observait un début d'application des mesures visant à *"l'amélioration de l'exploitation",* notamment en ce qui concernait l'utilisation de l'eau, le relèvement du prix au producteur de paddy *("amélioration des incitations économiques"),* la participation renforcée des colons à l'entretien des réseaux d'irrigation, la remise en état de l'infrastructure, la réduction de la taille des parcelles par exploitation, l'accroissement du taux de recouvrement des coûts, l'introduction si possible d'une deuxième récolte annuelle. Toutes ces mesures n'étaient pas encore appliquées mais elles étaient prévues dans le nouveau plan de redressement.

De même, les autres mesures préconisées avaient commencé à trouver un début d'application dans les tentatives de mise en place des *"Tons"* qui permettront d'associer plus étroitement les paysans aux différentes phases *"d'identification, de conception et d'évaluation des actions de développement".*

Mais, que penser de la primauté accordée par les sources de financement extérieures aux petits exploitants ?

La thèse qui nous semble le mieux expliquer cette philosophie de développement est celle qui la lie à l'analyse, faite par les milieux financiers occidentaux, de la crise économique et politique qui a secoué le Tiers Monde à la suite de l'effondrement des paysanneries, à la fin des années 1960. Cette analyse avançait l'idée que la crise agricole n'est pas limitée aux campagnes, mais provoque une crise économique et politique générale, et que pour combattre celle-ci, il faut résoudre les problèmes de la campagne, relever la production et le revenu des petits exploitants[52].

L'accent était désormais mis sur la constitution d'une classe, non pas de grands fermiers riches mais de petits fermiers aisés. Des arguments techniques venaient conforter cette analyse : la petite exploitation est considérée comme fournissant la majeure partie de la production agricole en Afrique, alors que son immense potentiel est loin d'être épuisé. Aussi, sur le plan de l'investissement, il est plus rentable souvent (compte tenu du coût des investissements et des rendements obtenus) de promouvoir la petite exploitation, parce qu'elle utilise proportionnellement plus de travail et moins de capital.

On admettait donc que, concernant la plupart des spéculations et dans la plupart des régions, la petite exploitation est supérieure à la grande, sur le plan de l'efficacité en matière de production. Ainsi formulée, cette assertion apparaît de l'ordre de l'évidence. Mais il faut admettre qu'il n'était pas inutile de la répéter parce que, pendant longtemps, la supériorité de la grande exploitation, qu'elle soit privée ou d'Etat, apparaissait comme une vérité première.

Mais, dans quelles conditions (techniques dé production, types de spéculations, marchés à fournir) *"le capital"* voit l'essor de la petite exploitation ? Le principe de base est l'obtention d'un rendement rapide à l'investissement additionnel qu'exige une telle politique. Il faut donc, dès le départ, procéder à une certaine sélection. L'effort des investissements doit s'orienter vers les régions où on dispose déjà d'une infrastructure humaine et matérielle et de ressources matérielles suffisantes. C'est là un premier niveau de sélection qui marginalise les autres régions du pays.

Une fois que les régions où on doit promouvoir la petite exploitation ont été déterminées, l'effort doit porter sur deux points essentiels : l'équipement de ces exploitations en facteurs de production apportés du dehors ; leur

---

[52] Cette thèse est notamment développée dans (HAUBERT et divers auteurs - 1984). Du reste, toute l'analyse dans cette partie de notre travail a été largement inspirée par la lecture de cet ouvrage, dont nous sommes coauteur.

orientation vers la spécialisation dans certains types de production. Ces deux éléments sont d'ailleurs liés puisque l'acquisition des équipements nécessaires pour la pratique de la polyculture devient impossible pour le petit exploitant, qui devra nécessairement se spécialiser.

Cette évolution devra se faire non seulement en articulation avec la grande exploitation privée ou mixte mais aussi en rapport avec les importations de biens alimentaires notamment. C'est dans cette optique d'ailleurs que la Banque Mondiale (B.M. : 1981) insistait sur la nécessité de conserver à l'agriculture africaine son caractère de *"forte dualité",* les grandes exploitations (privées ou mixtes) fournissant la majeure partie de la production commercialisée. Ainsi, il y aurait une certaine répartition de rôles : le ravitaillement des villes serait assuré par les grandes exploitations et les importations ; les cultures commercialisées pour l'exportation seront entreprises par les grandes exploitations (mixtes notamment) et par la partie la plus performante des petites exploitations, celle qui aura pu s'adapter à la nouvelle structuration[53] ; quant aux petits exploitants, ceux qui n'auront pas pu suivre le rythme de *"modernisation",* ils devront assurer leur propre subsistance[54].

On peut se demander si ce n'est pas ce scénario qui tentait de se mettre en place à l'Office du Niger à cette époque.

La sélection se ferait, en effet, au rythme de la réhabilitation du réseau hydraulique. Ce programme de réhabilitation consistait en la remise à l'état neuf des réseaux d'irrigation et de drainage, avec comme objectif un meilleur contrôle des conditions d'alimentation et de drainage des parcelles. Comme la dégradation du réseau était générale à l'O.N., toutes les zones seraient donc touchées par ces mesures, au rythme de 3.000 ha environ par an. L'O.N. espérait atteindre, au bout de quatre ans, plus de 4 T/ha de rendement, avec la mise au point et la vulgarisation progressive d'un nouveau système de production.

---

[53] L'autosuffisance alimentaire des villes serait assurée, non pas par rapport à l'extérieur mais par rapport aux paysans, dépossédés de leur rôle traditionnel dans le ravitaillement des centres urbains.

[54] Les zones marginalisées seront d'ailleurs consacrées essentiellement aux cultures vivrières et l'aide alimentaire venue de l'extérieur servira à combler les déficits alimentaires éventuels.

Cette sélection, qui impliquait l'éviction de *"mauvais colons"* de l'O.N., était légalement rendue possible par le maintien du contrat né en 1954 et qui liait le colon à l'O.N. Rappelons que, dans ce contrat, les mesures d'éviction pouvaient frapper tout colon qui n'aurait pas respecté le calendrier agricole ou tout simplement atteint un niveau de rendement fixé par l'Office.

Depuis 1980, il était question de mettre sur pied un nouveau type de contrat mais ce projet n'avait pas abouti. La politique de l'O.N., dans ce domaine, avait toujours consisté, dans le passé, à adoucir certaines de ses pratiques dans les moments où la pression (des paysans ou des bailleurs de fond) devenait trop forte, sans changer les clauses du contrat.

Les colons évincés seraient remplacés par de nouvelles familles dont les critères d'admission à l'O.N. seront déterminés par les nouveaux objectifs de production de l'entreprise. Pendant longtemps, l'O.N. avait justifié leur accueil sur les zones réhabilitées par le fait que les terres, libérées à la suite de la réduction de la taille des exploitations, devaient être occupées.

En fait, l'Office du Niger traverse, au début des années 80, une période de transition, de réajustement très difficile à mettre au point et qui comporte pour l'entreprise beaucoup de risques sur le plan financier. C'est pour diminuer ces risques que l'O.N. avait finalement accepté le projet de mise sur pied des Associations Villageoises. Mais il tient à contrôler ces associations dont le rôle, à y regarder de près, consistait à assumer à la place de l'Office du Niger certains coûts de production, les risques du crédit équipement, etc. Par contre, on voit que l'O.N. n'acceptait pas au départ la prise en charge, par les Associations, des opérations de commercialisation du riz. Bien que le Mali ait fini par accepter la commercialisation libre du riz, cette mesure ne concernera l'Office du Niger qu'à partir de 1984. Même les essais d'organisation de la commercialisation par les Associations villageoises ont mis du temps à être acceptés. Ces essais ont commencé, en effet, dans une zone où les enjeux économiques concernant le riz sont moins grands : l'Opération Riz Mopti.

Il est possible de conclure que le Plan de redressement de la production rizicole à l'O.N. entrait dans le schéma de restructuration de l'agriculture irriguée au Mali, dans le sens d'un recul du *"capitalisme d'Etat"*. Les efforts déployés par l'O.N. (et donc par l'Etat) pour contrôler l'ensemble du procès de production ont été notables. Jusqu'en 1980 on peut affirmer que l'ON. a essayé de jouer le rôle du véritable entrepreneur concernant les différentes cultures faites à l'Office. C'était l'O.N. qui déterminait les techniques culturales, fixait le calendrier des travaux, approvisionnait en intrants et matériel agricole, avait le monopole de la commercialisation. A tous les échelons donc on avait des agents de l'Etat. La nouvelle stratégie consistait dans la poursuite du développement capitaliste de l'agriculture mais, cette fois-ci, sans l'omniprésence de l'Etat.

Pouvait-on parler d'un retour aux méthodes utilisées dans l'agriculture sèche, méthodes de développement rural axé sur le recours à la petite paysannerie encadrée dans des organisations de type associatif ou coopératif ? Il ne s'agissait certainement pas d'un simple retour ne serait ce que pour les trois raisons suivantes :

- les enjeux économiques étaient beaucoup plus importants en zones de cultures irriguées qu'en zones de cultures sèches non seulement à cause de l'importance des investissements mais aussi des produits cultivés (le riz notamment) et de leur impact sur la stabilité politique des villes ;
- l'intervention beaucoup plus importante du "capital extérieur" dans les terres irriguées : l'Office du Niger, par exemple, a bénéficié d'importants investissements de sources extérieures. La réhabilitation envisagée par la Caisse Centrale de Coopération française (actuelle Agence Française de Développement après avoir été longtemps appelée Caisse Française de Développement) reviendrait à quatre millions de Francs CFA par hectare réaménagé ;
- les intérêts de la "nouvelle bourgeoisie" malienne : les planificateurs, notamment ceux travaillant au compte d'organismes internationaux, espéraient qu'une partie de cette bourgeoisie allait créer des entreprises agricoles.

La nouvelle politique agricole dans les terres irriguées essayait de tenir compte de ces différents facteurs. C'est ce qui explique les hésitations, les réticences de l'Etat qui subissait des pressions de la part de différentes catégories sociales.

A y regarder de près, on se rend compte qu'il s'agissait moins d'une réorientation totale de la politique agricole que de l'instauration d'un nouvel équilibre, jugé plus performant, entre la production capitaliste et la production paysanne, par la diminution du rôle de l'Etat.

En fait, il s'agissait de faire assumer tous les risques de la production par les paysans eux-mêmes et faire l'économie des tensions O.N./colons (Etat/paysans) dont les conséquences ont été désastreuses du point de vue économique et social.

C) Les obstacles à la restructuration : les catégories sociales citadines et l'agriculture

L'analyse des obstacles à la restructuration de l'agriculture irriguée d'une façon générale et de l'Office du Niger en particulier oblige à étudier les bases sociales de cette restructuration. Outre la question de savoir quelles allaient être les catégories sociales au sein desquelles devrait s'effectuer le recrutement des petits fermiers aisés, il importe de savoir que représentaient les structures (en l'occurrence ici les Associations Villageoises) devant assurer la transition et quelles contradictions le plan soulevait entre les fractions qui détenaient l'appareil d'Etat.

Ainsi, pour le premier point, il va falloir étudier les trois catégories sociales qui apparaissaient tout de suite lorsqu'on se penchait sur la société malienne : la *"petite bourgeoisie"* intellectuelle, les commerçants et les paysans. Il s'agit de voir quelle est l'attitude que les catégories sociales autres que les paysans adoptaient vis-à-vis de l'agriculture, quelle image elles avaient du travail agricole et du monde rural pour savoir si elles étaient prêtes à devenir des petits fermiers et dans quelles conditions elles étaient prêtes à réinvestir de façon durable dans l'agriculture.

Pour le second point, il faudra voir à quel stade de décomposition se trouvaient les villages ou jusqu'où leur cohésion pouvait résister face aux nouveaux enjeux que connaissait la société. La mise en place des Associations Villageoises dépendait fondamentalement de ce critère.

Enfin pour le troisième point, il faudra analyser quelles pouvaient être les réactions des cadres de l'Etat en général et de l'O.N. en particulier, face aux modifications proposées, qui touchent de près certains de leurs privilèges. Dans le cadre des enquêtes menées, il a été noté entre autres que l'encadrement de l'O.N. n'était pas prêt à transférer les opérations de commercialisation aux colons. Ceci ne constituait qu'une des contradictions les plus simples parmi celles rencontrées. Il est évident que les problèmes à ce niveau dépassaient de loin le seul encadrement de l'O.N.

L'incursion des catégories sociales autres que les paysans (fonctionnaires et commerçants) dans l'agriculture est un phénomène qui a commencé en 1962 avec les programmes de *"retour à la terre"* qu'a lancés le régime *"socialiste"*. Ce phénomène, qui était marginal, s'est rapidement développé au fur et à mesure que la crise alimentaire, due aussi bien à une crise de production qu'à une défaillance des circuits officiels de commercialisation, s'installait durablement dans le pays.

C'est ainsi que le *"retour à la terre"* a donné naissance à une agriculture *"citadine"* qui se développe et provoque une intensification de la spéculation foncière autour des villes. Le point de départ de ce phénomène est à chercher dans les facilités accordées aux citadins par l'Etat en ce qui concerne l'acquisition de terrain de culture : membres du Gouvernement, fonctionnaires retraités, commerçants, ouvriers, artisans, etc. Au début, toutes les couches citadines ont bénéficié de ces facilités. Des lotissements furent entrepris par l'Etat et l'accès aux lots était géré par l'administration des cercles. Très vite, le mouvement prit une certaine ampleur, des citadins acquérant des terres dans les zones non loties avec le simple accord des villageois. Le phénomène ne ralentit qu'en 1967 avec la *"Radicalisation de la Révolution"* qui vit les jeunes du parti (l'US-RDA) et les syndicats dénoncer les *"nouveaux koulaks"* c'est-à-dire les fonctionnaires possesseurs d'exploitations importantes.

Les jeunes soulignaient l'incompatibilité *"d'être à la fois responsable de l'US-RDA, de l'Etat malien édifiant le socialisme... et un exploiteur, un propriétaire privé"*. Devant les critiques, le Chef de l'Etat lui-même fit de sa ferme de Moribabougou une *"unité socialiste de production"*, les manœuvres devenant ses associés au sein de la coopérative.

Le mouvement reprit cependant peu après le coup d'Etat qui, en mettant fin à la *"Radicalisation de la Révolution"*, permit au processus de s'amplifier. De 1968 à 1972, il y a eu lotissement de trois nouvelles zones aux environs de Bamako, au profit des citadins. Avec la suppression des champs collectifs, certains membres des groupements auxquels ces champs appartenaient vont s'approprier les terres.

On était loin de l'objectif initial qui était d'occuper les chômeurs des villes et d'encourager les jeunes paysans à la culture de la terre. Déjà avant 1968, il existait 4.000 à 5.000 exploitants citadins disposant autour de Bamako, d'une superficie cultivable d'environ 20.000 ha. Seuls quelques retraités et artisans se sont effectivement installés dans les villages de colonisation, les autres citadins (grands fonctionnaires, commerçants) n'y venant que de temps en temps pour voir le travail fourni par leurs ouvriers. En fait les seuls villages de colonisation qui ont vu s'installer quelques commerçants sont les quatre villages aux alentours immédiats de la capitale. Ces villages ont été créés en 1959-60 et trois d'entre eux reçurent le nom d'un personnage important : Ouezzindougou (du nom du leader voltaïque Ouezzin COULIBALY), Konatela (du nom du leader de l'US-RDA, Mamadou KONATE), Kassedougou (de Kassé KÉITA, frère défunt du Président Modibo KÉITA) et enfin le Groupement de Fia. Signalons que, déjà entre février et juillet 1961, les membres du Groupement Rural de Kassedougou (à 40 km environ de Bamako) comptant une majorité de commerçants, se partagèrent les lots du groupement.

La première conséquence du phénomène d'appropriation des terres autour des villes par les citadins est l'apparition d'un marché foncier basé sur la spéculation et la tentative de constitution d'une *"bourgeoisie agraire d'origine citadine"*[55]. La constitution d'un marché foncier entraîna l'exclusion d'une partie de plus en plus importante des couches citadines elles-mêmes : petits salariés, tous les chômeurs "déguisés", dont certains avaient eu accès aux lots lors du *"retour à la terre"* sous le régime précédent.

Pourquoi cette ruée des citadins vers les terres cultivables ? Cette question se pose d'autant plus qu'il faut distinguer l'acquisition de terrains pour la construction de maisons d'habitation de celle de terres pour l'agriculture. De même, il faut distinguer l'acquisition de terres en vue de cultures d'arbres fruitiers ou de maraîchage, c'est-à-dire de cultures destinées au marché, de l'acquisition de terres pour les cultures vivrières. Ceci revient à s'intéresser à l'attitude des citadins vis-à-vis de l'agriculture et surtout aux objectifs qu'ils visent.

En s'en tenant aux seules terres consacrées à l'agriculture, il était possible de constater un mouvement de plus en plus important des citadins vers les terres de cultures vivrières. Ainsi, on pouvait voir de plus en plus de hauts fonctionnaires et de commerçants faisant l'acquisition de parcelles sur les terres mises en valeur par l'Etat. La prédilection pour les terres irriguées devenait forte. A l'Office du Niger, le nombre des *"divers"* (personnes

---

[55] Cf. La thèse de Issiaka BAGAYOKO : "*Emergence au Mali d'une bourgeoisie agraire d'origine citadine*".

disposant de parcelles alors qu'elles ne sont pas soumises au contrat de l'O.N et qu'elles n'ont donc pas le statut de colons) s'était accru au point que les colons faisaient figurer maintenant parmi leurs sujets de mécontentement l'occupation des meilleures terres par des non colons[56].

Le même phénomène avait cours à l'Opération Riz Ségou qui s'occupe de production en submersion contrôlée. De même, à Selingué, on note que les populations paysannes déplacées pour la construction du barrage n'avaient pas pu avoir accès aux parcelles de Selingué, alors que leurs terres cultivables avaient été inondées. Elles avaient dû se résoudre à servir de main-d'œuvre salariée pour les travaux d'irrigation et la culture des parcelles des citadins.

L'intérêt des citadins pour les cultures vivrières, au détriment des cultures d'exportation (qui ne sont plus l'activité que d'un petit groupe de hauts fonctionnaires), provenait de la conjonction de plusieurs facteurs, dont deux essentiels :

- la crise alimentaire qui frappait le pays, due aussi bien à une faible productivité qu'à la défaillance des circuits de commercialisation ;
- les salaires faibles (parmi les plus faibles d'Afrique)57 et irréguliers (depuis plusieurs années les fonctionnaires faisaient 2 à 3 mois sans recevoir de salaires) qui obligeaient les fonctionnaires à chercher d'autres sources de revenu.

Ces remarques concernent surtout les fonctionnaires. Mais, d'une façon générale, dans les périodes de pénurie vivrière ou de difficultés de ravitaillement par le truchement du marché, on remarque un développement des relations entre les citadins et leurs parents restés dans le village.

Toujours est-il que même le salaire avait changé de fonction : son caractère faible et irrégulier faisait qu'il ne pouvait subvenir aux besoins quotidiens de la famille du salarié (à la reproduction de la force de travail comme le dirait MARX) mais son caractère sécurisant (on espérait toujours qu'il allait être

---

[56] Cf. L'Essor du 08 Avril 1984 qui fait état des doléances présentées par les délégués des colons au Chef de l'Etat lors d'une visite officielle dans la zone O.N.

[57] Le SMIC au Mali était de 17.000 francs CFA alors qu'il était de 46.000 Fcfa au Sénégal et de 66.000 Fcfa en Côte d'Ivoire.

payé) faisait que le salaire pouvait donner accès au crédit, ce qui avait pour conséquence qu'on ne se décidait pas à abandonner la fonction publique. Ceci aussi avait pour conséquence que les fonctionnaires, qui avaient des parcelles de culture, ne pouvaient être que des *"paysans absentéistes"*, ce qui est un euphémisme dans la mesure où ils n'avaient de paysan que l'objectif d'autosuffisance de leur famille sur le plan vivrier. On ne pouvait donc espérer que ces fonctionnaires allaient se transformer en fermiers capitalistes.

Quant aux commerçants, l'intérêt qu'ils portaient à l'agriculture était du même ordre que celui des fonctionnaires. Seulement, par rapport à ces derniers, les commerçants étaient beaucoup plus présents à la campagne, non point tant pour les travaux agricoles que pour servir d'intermédiaires entre les paysans et le marché. Les commerçants dominaient l'ensemble de l'économie villageoise et pour jouer ce rôle ils étaient obligés, du moins les moyens et petits commerçants, de s'installer dans les villages. C'est ainsi qu'à l'ON si les commerçants étaient peu nombreux parmi les *"divers"*, beaucoup d'entre eux étaient recensés comme colons. Mais la riziculture ne constituait pas leur source essentielle de revenu. L'O.N. les intéressait à cause de sa situation géographique qui en faisait une zone de passage pour les régions déshéritées du Nord du pays. De même, l'O.N. n'est pas trop éloigné de la frontière Burkinabé, principalement de la ville de Bobo-Dioulasso, plaque tournante traditionnelle du commerce entre le Mali, la Côte d'Ivoire et le reste du Burkina Faso.

Les commerçants de l'O.N. animaient un trafic important de produits agricoles et de bétail entre les zones d'élevage du Nord du pays et la Côte d'Ivoire, en utilisant comme relais les colons qui vendaient ou achetaient des bœufs de labour. Ce sont eux qui détenaient, avec la complicité de la Police Economique et d'une partie de l'encadrement O.N., les rênes du *"marché parallèle"* de paddy qui touchait également une partie des saisies effectuées au détriment des paysans. Pouvait-on attendre dans ces conditions, que ces colons participent activement à une intensification importante de la riziculture ? Ceci était peu probable surtout quand cette riziculture, qui comptait intégrer le repiquage comme technique essentielle d'augmentation des rendements, exigeait une main-d'œuvre importante qui travaille intensément.

Les autres catégories sociales avaient conscience que le revenu du paysan n'était pas à la mesure du travail qu'il fournissait. A ce sujet, Karl MARX écrit : *"Pour que le paysan parcellaire puisse cultiver sa terre ou en acheter, il n'est pas nécessaire, comme c'est le cas dans des conditions normales de la production capitaliste, que le prix de marché monte suffisamment pour lui rapporter le profit moyen ni, a fortiori, un excédent, fixé sous forme de rente, sur ce profit moyen".* ("*Le Capital*", livre III tome 3 : 185). Le "*paysan parcellaire*" ne réussit cette performance qu'en faisant travailler même ceux qui, d'habitude, ne sont pas recensés comme actifs agricoles, c'est-à-dire les enfants et les vieux. Le petit paysan n'accepte cette condition que parce que c'est le seul moyen pour lui d'assurer la reproduction de sa famille dans un cadre social qui lui convienne.

Les fonctionnaires et les commerçants, qui ont d'autres sources de revenu, n'accepteront pas de se plier à ces conditions. De plus, les rigueurs de la vie en campagne (manque d'infrastructures de base nécessaires dans le domaine de la santé et de l'éducation par exemple ; manque de loisirs) constituaient en elles-mêmes des éléments dissuasifs pour des personnes habituées à vivre en ville. Il faut aussi ajouter aux difficultés habituelles de la vie dans les campagnes maliennes les contraintes liées à la riziculture ainsi que celles qui étaient spécifiques au statut des colons à l'O N.

C'est sur ces aspects que les paysans de la zone périphérique de l'Office ont insisté, lorsqu'il leur a été demandé pourquoi ils n'étaient pas devenus des colons. Notre enquête à ce niveau n'a pas touché un échantillon représentatif mais les quelques paysans qui ont répondu à notre questionnaire parlaient des colons comme des *"esclaves"* de l'Office du Niger : Ce sont, du reste, la dureté des travaux à l'O.N. et le peu de profit qu'on en tirait qui expliquent que même la main-d'œuvre salariée venue d'ailleurs y était rare. L'O.N. lui-même, bien qu'il n'admette dans ses critères d'attribution des terres que le critère *« travailleur-homme »*, était contraint, pour les champs semenciers qu'il entretenait en régie à Dogofry, d'utiliser les femmes de colons comme ouvrières agricoles.

Ce sont là autant de raisons qui font qu'il est difficile de compter sur des citadins (chômeurs ou pas) pour peupler les campagnes. Les appels incessants aux citadins pour le *"retour à la terre"* relèvent à notre avis de deux préjugés contradictoires sur le monde rural, préjugés développés par l'Etat et que l'on trouve dans les textes essentiels qu'il a consacrés aux paysans[58] : le milieu rural apparaît comme un réservoir de main-d'œuvre gratuite dans lequel on peut puiser à satiété, d'où la création de champs collectifs et autres travaux dits d'intérêt public et donc non rémunérés (entretien des routes, construction d'écoles, etc.) ; en même temps le monde rural apparaît comme pouvant résorber le sous-emploi et le chômage des villes. Cette dernière idée repose elle-même sur la conviction que le travail de la terre est un travail simple qui ne nécessite pas un apprentissage spécial ou, tout au moins, qui fait appel à des connaissances à la portée de tout un chacun. Or, les contraintes de la production, même (et surtout) sur les terres irriguées sont telles que tout le monde ne peut pas prétendre être exploitant agricole dans ces zones.

Qu'est-ce qui provoquait alors l'optimisme des cadres de l'O.N. et des experts des sources de financement quant à la possibilité de créer à l'Office des petits fermiers capitalistes ? L'élément essentiel de cet optimisme était constitué par la liste des chefs de famille chassés à nouveau par la sécheresse et qui aspiraient à s'installer à l'O.N. L'Office espérait qu'il serait plus facile d'imposer l'intensification de la riziculture aux nouvelles familles qu'aux anciennes. La raison est que les anciennes familles disposaient de tout un réseau de relations qui leur permettait de s'adonner à une agriculture extensive qui est un moyen pour elles d'échapper au contrôle que l'Etat essayait d'exercer sur l'ensemble des conditions de production et sur la production elle-même.

L'intensification prévue à l'O.N. exclurait en effet, pour les paysans, l'accès aux terres de cultures sèches qui étaient en dehors des périmètres de l'Office. Elle exigerait une concentration maximale de la force de travail des colons et de leur famille sur la riziculture. L'Office comptait parvenir à atteindre ses objectifs en raison également du nombre élevé des demandes d'admission à l 'O.N., nombre qui facilitait la sélection. Les demandes d'entrée en colonisation, après avoir connu une chute brutale entre 1977-78 et 1980-81 (cf. tableau), avaient, semblait-il, repris.

---

[58] Cf. pour l'US-RDA "*Propositions pour le paysannat*" et pour l'UDPM "*Réflexions autour d'un programme du parti*".

Tableau XX : Demandes d'entrée en colonisation entre 1975-76 et 1980-81.

ANNÉES	TOTAL	ACCEPTÉES	REPORTÉES	REFUSÉES
1975 - 76	1519	117	541	861
1976 - 77	2023	481	817	933
1977 - 78	3011	315	1298	1595
1978 - 79	677	315	210	252
1979 - 80	550	360	92	98
1980 - 81	425	231	104	90

Source : IRAM : 1981 : Tome 1 : 16.

L'IRAM avance deux hypothèses pour expliquer la chute des demandes à partir de 1978-79 :

- la première a trait aux mouvements des populations chassées de certaines zones par la grande période de sécheresse, mouvements qui se sont atténués après 1978 ;
- la deuxième concerne l'information circulant en milieu rural sur la dégradation de la situation générale de l'ON.

La première hypothèse nous semble particulièrement intéressante parce qu'elle est comme confirmée par la hausse du nombre des demandes d'entrée à l'O.N., liée à une sécheresse jugée par certains plus grave que celle des années 1972-74. Cette hypothèse est d'autant plus intéressante que parmi les choses les plus appréciées par les colons à l'O.N., il y a la maîtrise de l'eau, même si cette maîtrise a été loin d'être totale pendant plusieurs années.

Pourra-t-on avec des paysans pur plupart chassés de leurs terres par la sécheresse, qui n'ont dans la majorité des cas aucune expérience de riziculture, procéder à une quelconque intensification de cette riziculture ? S'il est clair que ces paysans accepteront toute sorte de clauses dans le contrat pour entrer à l'O.N., il est peu probable qu'ils se conforment au contrat qui leur aura été ainsi imposé par les circonstances.

L'Office se trouvera bientôt confronté à une nouvelle contradiction. L'intensification de la riziculture exige que le colon procède à une préparation soignée de la terre. Pour que le paysan accepte d'investir autant, il faut qu'il ait des assurances certaines quant au statut de la terre ou plus exactement des assurances sur le contrôle qu'il a de sa propre production. Or l'O.N., qui n'était pas dans les dispositions d'un partage des revenus agricoles plus favorable aux colons, sera certainement obligé de brandir l'éviction et même de l'utiliser pour que les paysans appliquent les thèmes techniques et respectent le calendrier agricole.

En un mot, ou bien on retombe dans la situation qui a conduit à l'élaboration d'un plan de redressement ou bien on assistera à un renouvellement accéléré des colons à l'O.N. Sans que les résultats de production y trouvent un changement qualitatif quelconque.

D) Structures étatiques et structures endogènes ou villageoises

Le second obstacle au plan de restructuration de l'agriculture malienne d'une façon générale et de l'O.N. en particulier se situait au niveau de la capacité de contrôle de l'Etat sur les structures villageoises.
Nous avons vu le rôle que le Plan de redressement à l'O.N. accordait aux Associations Villageoises pour assurer la période de transition entre la période d'alors et celle de l'intensification. L'importance accordée aux Associations Villageoises est née de l'effondrement de la production rizicole et du déclin accusé par la production des mil, sorgho, maïs par habitant.

L'adhésion du « capital étranger » à cette politique s'explique par le fait qu'il espérait lever ainsi l'obstacle que constituaient à ses yeux les circuits étatiques de commercialisation (donc une partie de l'administration). Ce qui lui importait c'était de mettre le paysan en contact direct avec le marché, les Associations Villageoises se chargeant désormais de l'organisation de la commercialisation.

Mais la création de ces associations pouvait se heurter à un certain nombre d'obstacles. Et la contradiction fondamentale résidait en ceci que :

- d'un côté, l'Etat affirmait que des structures traditionnelles se sont maintenues, ce qui suppose que normalement ce sont les paysans qui les contrôle (comme par le passé) ;
- de l'autre, l'Etat pensait pouvoir faire jouer à ces structures le rôle qu'il leur avait assigné dans sa stratégie, ce qui suppose que le milieu rural a été suffisamment déstructuré pour que l'Etat (c'est-à-dire un élément extérieur au milieu) puisse le restructurer en fonction, principalement, de ses intérêts à lui.

Il s'agit là du même type de contradiction relevé concernant les justifications officielles de la politique de collectivisation à l'O.N. Et il s'agit d'une contradiction réelle puisqu'il faut un minimum de cohésion dans le village pour y créer des Associations et aussi qu'il soit suffisamment déstructuré pour que l'Etat exerce son contrôle sans trop de problèmes.

Cet optimisme entêté et peu objectif de l'Etat pour le contrôle des structures du milieu rural s'explique par le fait que les tentatives de déstructure des campagnes maliennes ont commencé dès la période coloniale et n'ont pas cessé depuis. L'Etat a, en effet, mis en place toute une infrastructure permettant de briser la résistance paysanne. Sa stratégie a consisté essentiellement à tenter de déstructurer le milieu paysan et à « encadrer » les paysans dans des organisations qu'il contrôle complètement.

1. Le processus de déstructuration du milieu rural

Ce phénomène passe par les tentatives de déstructuration de l'économie paysanne et par l'affaiblissement du pouvoir local paysan. Il n'est pas nécessaire ici d'insister sur le premier point qui a fait l'objet de multiples études. Il faut rappeler simplement que les tentatives de destruction de l'économie paysanne ont eu pour conséquences, entre autres : l'éclatement des grandes familles, le développement des inégalités sociales et le relâchement de certains liens de solidarité, liens qui unissaient plusieurs villages et qui expliquent l'ampleur de certaines révoltes paysannes de la période coloniale et précoloniale.

Par contre, l'affaiblissement du pouvoir local paysan est un phénomène moins bien connu, bien qu'il ait débuté immédiatement après les conquêtes coloniales.

La France coloniale a essayé de détruire systématiquement toutes les structures qui pouvaient assurer aux populations colonisées une parcelle d'indépendance. C'est ainsi que les structures de pouvoir unissant deux ou plusieurs villages ont été détruites ou vidées de tout contenu réel. La chefferie a été réorganisée. En réalité toutes les instances sont réorganisées pour en faire des relais pour l'administration coloniale et elles tirent une partie de leur légitimité du pouvoir colonial. Leur affaiblissement vient justement de là, puisqu'aux yeux des populations, elles sont devenues les alliés des étrangers. Plus le système colonial s'installe et se fortifie, plus le chef traditionnel, devenu auxiliaire du pouvoir colonial, a de difficultés pour défendre les intérêts de ses compatriotes.

L'État postcolonial va profiter de cet affaiblissement du pouvoir local et il ne va pas s'embarrasser de subtilités. Il partira de l'idée très simple que la constitution d'un pouvoir central fort, d'une *"entité nationale"* exige la disparition des structures *"archaïques"*. Dès 1958, la chefferie de canton est supprimée. Cela était relativement facile et, en partie, justifié par le fait que de nombreux chefs de canton ont été dans ce pays les auxiliaires les plus fidèles de l'administration coloniale. En 1968, quelques mois avant le coup d'Etat, il est question de supprimer la chefferie de village pour la remplacer par un *"Comité Révolutionnaire de base"*. Des *"Mali tons"* tentent de prendre la place des organisations traditionnelles.

La suppression ou l'infiltration des organisations paysannes autonomes est suivie par l'obligation pour les paysans d'adhérer aux organisations contrôlées par l'Etat. Il faut citer parmi les mesures qui contribuaient à ce phénomène l'existence, à l'Office du Niger, d'un contrat qui obligeait le colon à être membre de la coopérative. Le paysan est aussi tenu d'avoir une carte du parti pour disposer facilement de crédits agricoles ou tout simplement pour *"pouvoir vivre en paix"*. L'Etat essaie, par ailleurs, de substituer aux organisations traditionnelles de jeunes, les sections de l'Union Nationale des Jeunes du Mali (U.N.J.M.) et aux organisations de femmes, les sections de l'Union Nationale des Femmes du Mali (U.N.F.M.). Ces *"Organisations démocratiques"* sont toutes affiliées au parti.

Devant l'ampleur de l'offensive politique menée par l'Etat, les paysans ont cédé. Il était devenu une tradition, dans de nombreuses zones du pays, que l'administration désigne pratiquement le chef du village, que les cotisations du parti et de ses organisations affiliées soient payées, que nominalement tout le monde soit membre du parti et des différentes organisations qui y étaient affiliées.

En réalité, beaucoup de villages ont créé des structures parallèles comme nous le verrons plus tard. Mais il n'empêche que cet assaut répété contre les organisations endogènes paysannes les a considérablement affaiblies et que les conditions de résistance collective ont été, pendant longtemps, difficiles à réaliser.

La situation à l'Office du Niger se compliquait par le fait que les paysans sont d'origines souvent très diverses et que, par conséquent, les villages étaient loin de constituer des entités homogènes. Certains villages regroupent des colons de sept ethnies différentes avec des traditions différentes, des formes de lutte différentes. Plus que partout ailleurs, l'administration était *"habilitée"* à intervenir dans le choix des responsables administratifs du village et l'entreprise dans celui des représentants des paysans dans les structures officielles.

Il existait, en effet, des structures prévues pour la *"participation des colons à la gestion de l'entreprise" :* le délégué général des colons devait, en principe, siéger dans l'organisme suprême de l'Office, celui qui définit les grandes orientations de chaque campagne agricole. Ce délégué général était élu par des délégués de secteur qui étaient élus par les villageois. Ces différents délégués avaient pour rôle affirmé de défendre les intérêts des colons en conflit avec l'Office du Niger, de présenter à l'entreprise les doléances de l'ensemble des colons. En réalité, cette structure était plus faite pour prévenir certaines revendications que pour les satisfaire. D'ailleurs, l'O.N. ne tenait que très peu compte de ces délégués : il faut rappeler comme illustration de ce phénomène que, dans le domaine des sanctions économiques, la commission constituée pour l'évaluation des dégâts ne comprenait aucun représentant paysan. C'est que les délégués ne représentaient pas de véritable force de lutte pour l'amélioration des conditions de vie des colons. D'abord par leur origine : il s'agissait la plupart du temps de paysans aisés (anciens fonctionnaires et/ou anciens combattants). Ensuite, par l'inexistence de structure de contrôle de leurs activités : les délégués ne rendaient que rarement compte à la base de leurs entretiens avec les autorités de l'Office.

A côté de cette structure, existait la coopérative dont le rôle est essentiellement économique. Ce rôle concernait en principe la consommation (fourniture aux colons des produits de première nécessité) et la commercialisation des céréales.

Mais quel a été l'impact réel de toutes ces mesures ?

Il apparaît que les organisations endogènes paysannes ont dû céder du terrain, se replier sur des zones qui n'intéressaient pas directement l'Etat ou épouser des formes clandestines. Il est vrai que certaines organisations endogènes de type nouveau se sont créées pour assurer aux paysans une certaine autonomie. Mais, d'une façon générale, la stratégie utilisée par les paysans a surtout consisté à paralyser les organisations étatiques, c'est-à-dire non pas à s'opposer à leur création (ce dont ils n'avaient pas les moyens) mais à rendre ces organisations inefficaces, incapables d'atteindre un seul de leurs objectifs essentiels.

L'efficacité de la réplique paysanne se voit dans la multiplication des expériences de l'Etat concernant les organisations qu'il voulait créer en milieu rural car aucune formule ne s'est encore avérée totalement efficace. Ces formules utilisées jusqu'ici sont :

- de 1932 à 1957 : création à l'O.N. des Association Agricoles Indigènes (A.A.I.) organisées sur le type des Sociétés Indigènes de Prévoyance (S.I.P.) ;
- de 1957 à 1960 : effort de démocratisation avec l'apparition des Associations Coopératives Agricoles, répliques au niveau de l'O.N. des Sociétés Mutuelles de Développement Rural (SMDR) que toute l'Afrique Occidentale Française a connues ;
- de 1960 à 1968 : intensification de la collectivisation à l'O.N. C'est, au niveau de l'ensemble du pays, la période des Groupements Ruraux de Production et de Secours Mutuel (GRPSM) ;
- de 1968 à 1985 (et même au-delà) : on a pensé, jusqu'en 1972, supprimer les coopératives mais à partir de 1975 il y a eu relance de la coopérative dont l'aboutissement est la création de "Tons villageois".

En fait, la stratégie utilisée par les paysans varie beaucoup d'un village à l'autre. L'optimisme de l'Etat concernant l'O.N. provenait du fait que, d'une façon générale, on affirmait que les villages de cette zone souffraient d'une réelle pauvreté dans leurs principes d'organisation et dans les relations entre leurs habitants Ceci s'expliquerait par la diversité des horizons d'où proviennent les colons, phénomène qui ne facilite pas la formation de relations personnelles dynamiques. Mais il faut dire que l'Office du Niger a 50 ans au début des années 80 et les *"villages sans âme"* qui y ont été créés ont eu le temps d'en avoir une et de s'animer.

La question est de savoir comment s'est effectuée cette animation. Les villages où il y avait entente entre les habitants acceptaient-ils l'installation d'organisations étatiques ? Les villages où l'Etat exerçait un contrôle important sur les organisations, sont-ils des villages où les habitants se reconnaissent en majorité dans ces organisations ?

Pour répondre à ces différentes questions, il a été mené l'analyse de la situation dans les quatorze villages où se sont déroulées nos enquêtes. Ces villages représentaient le dixième de l'ensemble des villages existant à l'époque à l'O.N. (139 villages en 1981).

2. Les limites de la déstructuration : les villages de l'O.N. en 1981

Notre hypothèse de départ était que le comportement des villages face aux organisations étatiques était fonction des coutumes de l'ethnie dominante (sur le plan numérique) dans le village. L'autre critère qui nous paraissait important était la richesse ou la pauvreté du village (mesurée malheureusement en fonction uniquement de la production de riz, seule donnée fiable disponible à l'époque pour les chercheurs).

C'est la combinaison de ces deux critères qui a servi de base à la typologie des villages, au cours de notre enquête. Trois ethnies ont été retenues : Bambara, Minianka et Mossi qui sont les ethnies dominantes aussi bien dans l'échantillon d'exploitations enquêtées que dans les statistiques de l'Office du Niger, concernant l'ensemble de la zone.

Ainsi, un village où l'ethnie Bambara est numériquement dominante, même si elle ne représente pas 50 % des habitants, est considéré comme un village Bambara. Nous sommes partis de l'idée qu'en terres colonisées l'ethnie numériquement dominante impose très souvent ses habitudes surtout en matière d'entraide sur le plan du travail agricole. Du reste, les colons ont confirmé, au cours des enquêtes, ce fait qui s'expliquait en partie par la tendance des paysans à chercher à constituer le plus rapidement possible un bloc face à l'entreprise qui les a installés sur ses terres.

Les villages ont été ensuite répartis en villages à bas rendements (compte tenu du pourcentage élevé d'exploitants obtenant de faibles rendements en riz), à rendements moyens et à hauts rendements. En fait, cette typologie ne s'est pas avérée très pertinente.

Ce sont, en effet, d'autres critères qui se sont avérés comme les plus importants pour la détermination de la cohésion des villages et des formes de répliques aux organisations étatiques.

Trois facteurs ont paru déterminants et l'étude portera sur un cas correspondant à chacun de ces facteurs :

2.1. L'ancienneté du village

Il y a à l'O.N. des villages qui existaient dans cette zone avant l'installation de l'entreprise en 1932. L'exemple le plus important est celui du village

Bambara de Molodo Bamanan (appelé par l'O.N. Molodo I) où malgré la durée de l'expérience de l'O.N., les structures traditionnelles demeurent très fortes. Ainsi, bien que les inégalités entre les habitants du village se soient accentuées, très peu de gens pensaient qu'il y avait domination des riches (moins de 2%). Le mode d'élection des responsables du village obéit encore au critère traditionnel de *"l'ancienneté et la sagesse"* du chef d'exploitation. Quant à la chefferie de village, elle demeure héréditaire : le chef provient toujours de la branche aînée de la famille Bouaré, fondatrice du village.

Au point de vue des organisations villageoises existantes, elles demeurent très fortement traditionnelles dans leurs structures. Ainsi, on trouve de façon bien distincte, les associations de groupe d'âge (association de jeunes par exemple), les organisations para professionnelles (comme celle des chasseurs), des associations de femmes (dont le jugement concernant certains conflits graves demeure sans appel), des institutions obligeant moralement les chefs de famille à s'entraider, etc.

Créer une Association Villageoise qui pourrait se substituer à toutes ces institutions était inacceptable pour les paysans, d'autant plus que chacune d'elles avait une fonction et que surtout ces institutions contribuaient à fonder l'autonomie paysanne. L'organisation des jeunes, par exemple, joue un rôle fondamental dans le contrôle du village sur la force de travail. Cette organisation intervient aussi bien dans la culture du riz (au niveau de la moisson surtout) que dans la culture des autres céréales (tous les travaux). Son rôle demeure cependant confiné dans les tâches qui lui sont habituellement dévolues et ne touche absolument pas à la fourniture de fonds aux familles qui ne parviennent pas à payer l'impôt. De même, au niveau de l'entraide entre chefs de famille en ce qui concerne les travaux agricoles, il a été noté le maintien de l'organisation traditionnelle du *"dama"* qui consiste en aide en main-d'oeuvre au moment des travaux intensifs (moisson par exemple). Le caractère traditionnel de cette association apparaît très nettement dans le fait que cette aide ne concerne pas l'utilisation du matériel agricole.

En cela on trouvait une distinction entre les vieux villages Bambara et les vieux villages Mossi comme celui de Oula (créé en 1933) où le *"sosoagha"*, aide traditionnelle entre chefs de famille, incluait quant à lui, l'assistance en matériel agricole. Faut-il expliquer cette plus grande solidarité entre Mossis par le fait de l'éloignement de leurs villages d'origine qui donne une allure de véritable catastrophe à l'éviction de tout colon Mossi ? C'est une hypothèse à étudier.

Les organisations villageoises endogènes étaient régies par des règles bien strictes qui n'apparaissaient que rarement à l'élément étranger au village. Ainsi, bien que les relations amicales et/ou familiales aient été déterminantes dans l'efficacité de l'aide déployée avec le *"dama"* ou le *"sosoagha",* ces institutions étaient basées sur le principe de l'aide compensatoire évaluée selon les critères bien connus des paysans. De même, le chef de village et son conseil, bien qu'ils jouissent d'un profond respect et que les critiques éventuelles à leur sujet ne franchissent jamais le cadre d'un cercle restreint, sont soumis eux-mêmes à des règles qui définissent de façon stricte leurs prérogatives et leurs devoirs.

Les organisations étatiques n'ont jamais pu s'implanter dans ces villages. Leur mise en place s'est toujours heurtée à une résistance passive qui s'est exprimée le plus souvent dans l'extrême lenteur apportée à l'exécution des consignes du Parti. Ainsi, le représentant du parti ou de l'Etat était renvoyé d'une instance à l'autre ne serait-ce que pour se faire entendre. Cette tactique était utilisée aussi avec le chercheur qui apparaissait aux paysans comme un autre envoyé du pouvoir.

La stratégie d'ensemble consistait à ne pas heurter de front l'Etat ou le parti, mais à occuper le terrain de telle sorte que les structures de l'Etat ne puissent jamais s'implanter ou ne restent l'affaire que d'un tout petit nombre de gens.

2.2. L'homogénéité du groupe de colons dans le même village

Ce qui importait à ce niveau, ce n'était pas tellement que ces colons appartiennent à la même ethnie, mais surtout qu'ils appartiennent au même terroir et, plus exactement, au même lignage. Ce cas était rare à l'O.N. mais quelques villages présentaient cette caractéristique que tous leurs habitants provenaient du même village. C'était le cas notamment du village Minianka de Massadougou dont les familles venaient, toutes, du village de M'Peso, dans le cercle de Koutiala.

Situé en plein centre de l'O.N., ce village n'en avait pas moins reconstitué ses organisations traditionnelles du même type que celles de Molodo Bamanan. Il faut dire qu'entre les Bambara et les Minianka, il y a une forte similitude dans l'organisation sociale, particulièrement en ce qui concerne les structures familiales. Massadougou avait ceci de particulier que, bien que le village ait été créé récemment (et peut-être à cause de cela), il y avait une forte cohésion. Les colons avaient tout transplanté du village d'origine, même les pratiques religieuses fétichistes liées à l'existence de sociétés chargées de la préservation des coutumes (le *"Nya"* par exemple).

L'Office était obligé d'assouplir la surveillance qu'il exerçait sur le déroulement des travaux agricoles : il respectait les jours consacrés à ces pratiques religieuses en plus des jours traditionnels de repos c'est-à-dire le jour de la foire du village et le Vendredi, jour de repos des Musulmans qui sont les plus nombreux à l'O.N. La participation des colons de Massadougou aux activités des organisations étatiques ne dépassait pas le cadre du paiement des cotisations considérées ici comme une espèce d'impôt, dont il fallait s'acquitter pour *"vivre en paix"*.

2.3. L'âge et la personnalité du Chef de village

Ces deux paramètres influent beaucoup sur son appréhension des problèmes de son village et des solutions qu'il convient de leur apporter. Le chef de village, quand il est accepté et respecté par tous les chefs d'exploitation, a un poids important sur les décisions prises quant à l'organisation du village. Ainsi, lorsqu'il est relativement jeune et sait convaincre, il peut amener une évolution notable des structures traditionnelles soit en incluant de nouvelles tâches aux activités habituelles de ces organisations, soit en favorisant la création d'associations de type nouveau, même si elles épousent des formes anciennes.

Le même phénomène a été observé dans le village Mossi de Kossouka. Dans ce village, en effet, existait une organisation de jeunes qui avait les mêmes traits que la structure traditionnelle : elle avait pour membres tous les habitants âgés de 7 à 30 ans ; elle était très liée au Conseil du village, donc aux anciens, dont un membre représentait ses intérêts auprès du Conseil. Mais, cette organisation, qui avait l'appui du chef de village, avait été créée à l'initiative des jeunes eux-mêmes et pour résoudre d'abord leurs propres problèmes. Au départ, elle avait pour but de mener des activités lucratives afin de payer les cotisations de l'Union Nationale des Jeunes du Mali (U.N.J.M.), cotisations considérées comme une forme d'impôt.

Ce but initial atteint, l'organisation s'était assigné d'autres fonctions. Elle constituait une source de main-d'œuvre bon marché pour les C.E. : elle faisait la moisson à 3.500 FM au lieu de 5.000 FM et avait organisé un système de roulement afin que chaque C.E. puisse l'utiliser au moins une fois par an. D'autre part, elle apportait un appui financier aux chefs de famille qui avaient des difficultés à s'acquitter de l'impôt. L'association était devenue ainsi un moyen pour les paysans de faire face aux exigences financières de l'Etat et de ses appareils.

Elle avait d'autant plus conscience de ce rôle qu'elle refusait d'être affiliée à une organisation étatique quelconque (U.N.J.M., Ton villageois du parti) ou d'être utilisée gratuitement par l'Office du Niger pour des travaux d'entretien des canaux. Ceci provoquait, bien sûr, des affrontements avec le pouvoir : tracasseries administratives et menaces à l'endroit du Président de l'Association en 1979. L'optimisme affiché par GOSSELIN concernant l'utilisation que l'Office pouvait faire des jeunes Mossis pour atteindre ses objectifs, paraissait ici tout à fait illusoire (cf. GOSSELIN : 1978 : 262).

La stratégie dans ce village consistait en ceci que chaque responsable d'organisation se posait en interlocuteur du pouvoir central pour tout ce qui touchait les domaines d'intervention de son organisation. Ainsi, le Président de l'Association des jeunes discutait bien volontiers avec les envoyés de l'Etat et si des réponses non satisfaisantes pour le pouvoir devaient être données, c'est lui qui les formulait. C'était ainsi qu'opérait le chef de village lui-même qui n'hésitait pas à discuter avec les *"représentants du pouvoir"* c'est-à-dire finalement tout citadin.

Il ne faut pas en conclure que les responsables d'organisations endogènes villageoises étaient omnipotents. Ils n'étaient, en réalité, que des porte-parole qui avaient reçu des consignes très strictes. Un tel *"scénario"* était possible simplement à cause de la personnalité de ces responsables qui étaient en général des hommes ayant l'expérience de la ville, des jeunes qui avaient fait l'école souvent jusqu'au niveau du lycée. Un accord tacite faisait que chacun d'eux, bien qu'il ait un pouvoir effectif très limité, acceptait de prendre des risques face au pouvoir central pour garantir l'autonomie de la communauté villageoise.

Il faut dire que les trois cas étudiés n'étaient pas isolés. Mais il convient d'ajouter que la situation n'était pas la même dans tous les villages de l'O.N. Au contraire, il y avait des villages comme Nemabougou où des conflits existaient depuis 1936 (conflits qui s'étaient aggravés à partir de 1975) parce que le chef de village avait été installé par les autorités administratives coloniales et que, depuis, la chefferie demeure héréditaire. Justement, dans ce type de village, si les organisations étatiques pouvaient s'implanter avec l'appui de certains *"clans"* (il y en a quatre à Nemabougou), elles ne pouvaient pas se développer et demeuraient donc en fin de compte assez marginales.

Les tentatives de l'État pour créer des Associations Villageoises se heurtaient donc à des obstacles d'autant plus insurmontables que ces organisations se voyaient assigner des objectifs démesurés. Mais l'obstacle essentiel était constitué par l'attitude de scepticisme et d'indifférence sinon d'hostilité des paysans vis-à-vis des structures étatiques. Les paysans ont, en effet, accordé plus de crédit aux structures endogènes qu'ils avaient créées même si, par ailleurs, ils reconnaissaient les faiblesses d'alors de ces structures. C'est que celles-ci échappaient encore à la domination sans partage des riches et au parrainage du parti. Les organisations étatiques, qui portaient aux yeux des paysans ces deux tares, ne pouvaient donc être bien accueillies dans les villages.

E) L'État malien face au projet de restructuration « proposé » par les bailleurs de fonds étrangers

Le troisième obstacle au programme de restructuration de l'agriculture proposé à l'époque était constitué non seulement par les contradictions entre l'Etat et le Capital étranger mais aussi par les contradictions entre différentes fractions au pouvoir.

On présente généralement les États africains comme de simples exécutants des consignes fixées par le *"capital international"*. Cette présentation ne fait pas cas des contradictions qui peuvent exister entre les fractions au pouvoir, les autres catégories de la *"bourgeoisie locale"* et le *"capital international"*.

Il est vrai que l'Etat s'est presque toujours chargé de développer la production de marchandises, en intervenant dans les programmes de développement là où le capital privé n'était pas prêt à investir. Ce rôle a commencé à partir de la deuxième guerre mondiale où l'Etat colonial a abandonné son rôle de pourvoyeur de main-d'œuvre gratuite (ou à bon marché) aux sociétés privées, pour jouer celui d'investisseur quand le capital privé s'est refusé à prendre des risques dans la production agricole.

Il est vrai également que l'État malien, compte tenu de ses moyens limités, est fortement tributaire des sources de financement extérieures.

Il est vrai enfin que l'État ne peut pas imposer, à ces sources, le financement de projets auxquels il tient spécialement. Mais on ne peut nier l'existence pour l'Etat d'une marge de manœuvre qui lui permet de sauvegarder les intérêts spécifiques des factions au pouvoir. Des contradictions naissent donc et la politique des prix agricoles était l'un des champs où se situaient ces contradictions.

Depuis plusieurs années en effet, la Banque Mondiale et le Fonds Monétaire International demandaient à l'État Malien d'aligner ses prix aux producteurs sur ceux des pays limitrophes, comme le Sénégal et le Burkina Faso (à l'époque Haute-Volta). Ceci reviendrait pour le Mali à, pratiquement, doubler les prix aux producteurs et donc à augmenter les prix aux consommateurs. Pour des raisons aussi bien financières que politiques, l'Etat Malien ne voulait pas se résoudre à cette solution. Et cela, malgré l'insistance des sources de financement extérieures dont certains experts résumaient par exemple les problèmes des colons à la seule faiblesse des prix aux producteurs. En fait, la proposition de la Banque Mondiale rejoignait les objectifs du PRMC imposé au Mali par les bailleurs de fonds.

L'objectif officiellement visé est que la *"vérité des prix"* permettra non seulement permettra la disparition du marché parallèle mais aussi entraînera une augmentation de la production et du taux des produits vivriers commercialisés, puisque le prix au producteur va augmenter.

Les autorités maliennes n'acceptèrent ces propositions qu'à moitié, refusant que la libéralisation du marché touche le commerce du riz. De 1981 à 1984, elles refusèrent de céder sur la question du prix du riz et de sa commercialisation, particulièrement en ce qui concerne l'O.N. Il faut dire que l'enjeu était très important pour le Mali, l'O.N. fournissant 70 % du riz commercialisé dans le pays et servant au ravitaillement des couches citadines, parfois très importantes, pour la stabilité politique des villes (armée, établissements scolaires).

Les autres points des propositions de la Banque Mondiale furent acceptés sans grande difficulté à savoir la restructuration de l'O.N. dans le sens d'une décentralisation, la réorganisation du système d'encadrement et l'éternelle question d'un plan d'assainissement financier de l'entreprise. Mais à propos de la *"vérité des prix"*, les autorités maliennes engagèrent avec les bâilleurs de fond une véritable épreuve de force.

En 1982, l'Etat Malien mettait en place une Commission d'Elaboration de la Stratégie Alimentaire (C.E.S.A.) dont les propositions apparaissent comme une tentative de l'Etat d'assurer son contrôle sur la mise en place et le déroulement du processus de restructuration. Le premier Secrétaire Général de la C.E.S.A. fait ainsi la distinction entre Stratégie Alimentaire (S.A.) et Projet de Restructuration du Marché Céréalier (P.R.M.C.) : *"...il ne faut pas le* (le P.R.M.C.) *confondre avec la S.A. Or trop de monde résume la S.A. au P.R.M.* C. *C'est là une grave erreur. L'approche du P.R.M.*C. *est totalement différente de l'approche stratégique. Le P.R.M.C. vise simplement à résoudre un problème d'approvisionnement des populations urbaines. La stratégie englobe ce problème parmi bien d'autres".* (Réseau Stratégies Alimentaires : 1984 : 2).

Comme on le voit, le projet de restructuration de l'agriculture s'est heurté à beaucoup d'obstacles. Le choix a été fait de ne pas parler, ici, des réactions possibles au niveau des villes où l'application notamment des nouveaux barèmes céréaliers risque de provoquer un mécontentement croissant des couches défavorisées.

Mais si ces obstacles sont relativement faciles à cerner, pourquoi le *"capital étranger"* accepte-t-il de financer des projets de ce type ? Pourquoi ne prend-il pas en charge directement l'exploitation des terres, en demandant à l'Office de pratiquer la culture en régie par l'utilisation d'ouvriers agricoles, comme c'est le cas pour la culture de la canne à sucre à l'O.N. ? Se ferait-il des illusions sur la possibilité de créer une agriculture capitaliste avec de petits fermiers à l'Office du Niger ou bien les objectifs qu'il vise dépassent-ils le seul cadre de l'O.N. et même de l'agriculture ?

Ces questions renvoient à nouveau au comportement du *"capital étranger"* à propos de l'O.N. et donc à l'hypothèse avancée par Pierre HERBART sur les raisons réelles du projet de l'Office du Niger. Pour HERBART, en effet, l'opinion publique est flouée parce que les intérêts les plus puissants représentés dans cette affaire ne sont pas ceux directement liés à la viabilité de l'entreprise. Avec l'Office du Niger, s'ouvre au Mali l'ère des projets qui ont permis à des intérêts privés de fructifier sur le dos de l'État, c'est-à-dire des contribuables. En fait, l'O.N. et les projets agricoles d'une façon générale n'intéressent certaines sources de financement que parce qu'ils sont un des lieux privilégiés de l'endettement de l'État Malien.

On ne peut expliquer autrement l'entêtement de certains bailleurs de fonds à soutenir des systèmes inefficaces ou des *"éléphants blancs",* par ailleurs véritables gouffres financiers pour des pays si pauvres.

CHAPITRE VI

LA PÉRIODE DU « MARCHÉ LIBRE »[59]

A) Un marché libre mais règlementé : 1982 – 1991

Nous avons vu que ce sont l'effondrement de la production rizicole et le déclin d'environ 10% à 20% accusé par la production des mil, sorgho et maïs, par habitant depuis 20 ans, qui ont imposé à la fin du plan 1974-78 la révision des axes fondamentaux de développement de l'économie malienne. Dans le Plan quinquennal 1981-85, une nouvelle philosophie de développement rural est définie, qui accorde la priorité à la création de "*Tons Villageois*"[60] et concernant l'Office du Niger impose un nouveau programme de restructuration.

C'est à partir de 1982 que commencent véritablement les mesures du Programme d'Ajustement Structurel Agricole (PASA), dont l'une des plus spectaculaires est la libéralisation de la commercialisation des céréales. Mais on sait, par ailleurs, que le PASA veut aussi influencer les systèmes de production et de consommation et il n'atteindra une partie substantielle de ses objectifs qu'en 1985.

Le développement est loin d'être linéaire et si la logique qui a prévalu à l'O.N pendant toutes ces décennies allait connaître son effondrement en 1985, des éléments décisifs du changement étaient en œuvre déjà à la fin des années 1970. Indépendamment de la résistance paysanne en effet, nous avons vu que les bailleurs de fonds reposaient de façon assez pressante la question de la restructuration de l'Office du Niger, une entreprise qui ressemblait de plus en plus non pas seulement à un « *éléphant blanc* » mais à une sorte de monstruosité inefficace et dont le caractère de bagne était un défi aux règles de base du développement et aux droits élémentaires de l'homme.

---

[59] Ce chapitre vient en complément à la première édition.

[60] Le *Ton Villageois* est défini par le pouvoir comme une *"association villageoise de développement économique social et culturel fondée sur la solidarité et le volontariat. Il se caractérise nécessairement par une personnalité juridique et une autonomie financière"*.

L'un des premiers bailleurs de fonds à s'intéresser à une restructuration de l'Office du Niger a été donc la Banque Mondiale (B.M) qui était déjà à la fin des années 1970 dans une logique de programme d'ajustement structurel agricole. C'est en 1977 que la Banque Mondiale a commencé, en effet, des tests de réaménagement sur 1700 ha (tests qui vont d'ailleurs échouer, poussant la banque dix ans plus tard à promouvoir l'idée de contrat plan, idée plus globale). En fait la restructuration pensée par la Banque Mondiale comprenait, comme nous l'avons montré dans les chapitres précédents, plusieurs volets dont la recherche de solutions aux contraintes socio-économiques que vivaient les colons. Ce dernier volet a commencé à émerger véritablement après l'échec des tests de réaménagement et donc l'échec d'une conception trop technocratique des problèmes de l'Office du Niger. Durant la décennie 1980-90, la BM va courir en vain derrière un leadership des bailleurs de fonds pour la restructuration de l'O.N d'autant plus qu'elle n'était pas elle-même directement sur le terrain. A la fin de la décennie, elle aura investi plus de 5 milliards de Fcfa dont une partie aura servi à entreprendre à l'Office du Niger une compression drastique et finalement brutale du personnel.

Un autre bailleur de fonds important (en termes de date d'intervention et d'importance des investissements, exception faite de la Coopération Néerlandaise sur laquelle nous reviendrons) est la coopération française à travers le Fonds d'Aide et de Coopération (FAC), et la Caisse Centrale pour la Coopération Economique (actuelle Agence Française de Développement). De 1979 à 1991, ces deux organismes ont investi plus de 15 milliards de Fcfa à l'O.N dont la part la plus importante vient de la Caisse.

Mais c'est surtout à partir de 1986 que cette dernière a investi dans la riziculture. Auparavant elle a surtout apporté un appui au secteur sucrier de l'Office du Niger, laissant le FAC intervenir un peu plus sur le plan de la riziculture à travers un programme d'assistance technique.

Les autres bailleurs de fonds (l'assistance allemande KFW, le Fonds Européen pour le Développement et l'appui saoudien) interviendront après 1985.

L'appui des Pays-Bas concernant la zone Office du Niger se distingue d'abord par l'importance des investissements : plus de 20 milliards de Fcfa entre la fin des années 1970 et 1991. Cet appui se distingue également par le fait que la Coopération Néerlandaise a été pendant six ans la seule présente sur le terrain à l'O.N. RETAIL I, le projet financé par la Coopération Française pour travailler directement avec les paysans, ne démarre en effet qu'en 1986. Avec ce dernier projet commence aussi la compétition entre les

Coopérations Néerlandaise et Française. « *La bataille entre les Bataves et les Gaulois* », comme disaient certains, inévitable également par le fait que les deux projets avaient leur siège à Niono (« *la Capitale* » de l'O.N).

Il faut dire qu'à l'appel lancé par le Gouvernement du Mali pour la réhabilitation de l'O.N et la relance de la riziculture au Mali (suite à la réunion des bailleurs de fonds en 1978), les Pays-Bas se sont engagés tout de suite « *à financer des interventions directes au profit des paysans...* ». Ce programme qui prendra plus tard (en 1984) le nom d'ARPON (*Amélioration de la riziculture paysanne à l'Office du Niger*) commencera par des études sur les besoins en eau (BEAU) et sur la gestion de l'eau (GEAU) ainsi que par le financement d'un Centre de Formation Agricole à l'O.N (CFA).

C'est dans ce choix clair et rapide en faveur d'une agriculture paysanne que réside finalement l'originalité de l'approche de la coopération néerlandaise. Et c'est en cela également que s'explique notre grand intérêt pour cette approche, car c'était bien la première fois qu'un bailleur de fonds faisait un tel choix, tout en accordant l'importance nécessaire aux contraintes techniques d'aménagement.

Dans le diagnostic posé vers la fin des années 1970 sur la situation de l'Office du Niger, l'accent était mis sur trois éléments : la dégradation prononcée du système d'irrigation avec comme conséquence une baisse de la production et de la productivité et 30% des superficies initialement aménagées ; le caractère inique des règles de fixation des prix du riz ainsi que de l'ensemble de la politique de commercialisation du riz (le monopole de l'Etat et les pratiques qui y sont liées) ; l'important déficit financier de l'entreprise Office du Niger.

La confiance ne régnait plus entre les colons appauvris et peu productifs et une entreprise inefficace et qui s'acharnait dans une logique quasi suicidaire « *d'encadrement musclé* » des paysans.

Le choix en faveur d'une agriculture paysanne, où c'est l'homme qui est au cœur des préoccupations et où cet homme n'est plus considéré comme « *un simple facteur de production parmi d'autres facteurs de production* », a impliqué au départ une approche qui a consisté pour le projet à travailler pratiquement en dehors et sans lien organisationnel avec l'institution Office du Niger et les autorités locales, de l'emprise desquelles il fallait extraire les paysans.

Cette attitude, a priori surprenante pour un bailleur de fonds, s'explique en partie par le fait qu'à la fin des années 1970, bien qu'il soit apparu à tous la nécessité de changements profonds à l'O.N, personne ne croyait à un changement fondamental en faveur des paysans : le service d'encadrement de l'O.N était encore très présent quoique très peu au service du colon, la Police Economique et les Gardes-barrières sévissent, l'administration continuait à avoir la main lourde. Les intérêts de ces groupes et ceux des paysans étaient trop divergents et la logique d'endettement effréné des colons et du vol systématique du fruit de leurs efforts était là pour en témoigner.

Il faut rappeler ici que la réticence au changement était très forte et que la libéralisation du commerce des céréales, décrétée déjà en 1982, ne sera totalement appliquée à l'O.N qu'en 1986 comme le couronnement d'une série de mesures décisives qui ont commencé à être prises en 1984. C'est en effet cette année là que, dans le cadre de la restructuration de l'Office du Niger, le Gouvernement malien eut à prendre les décisions suivantes :

- le gel des dettes de restructuration (à ne pas confondre avec le gel des dettes des colons qui n'interviendra que quatre ans plus tard) ;
- la suppression de la Police Economique ;
- l'accélération du processus de réorganisation de l'Office du Niger ;
- la mise en place des AV dans tous les villages de l'O.N ;
- la séparation de la production sucrière de celle du riz, par la création de la société SUKALA.

Une année plus tard en 1985, ces mesures furent prolongées par une série d'autres mesures comme :

- la définition de la principale future fonction de l'O.N : la prestation de services au profit des colons ;
- la décentralisation des missions et des responsabilités à l'intérieur de l'Office du Niger ;
- la délivrance de permis d'occuper comme solution aux problèmes fonciers que les paysans n'ont cessé de poser depuis la création de l'entreprise ;
- l'application de mesures décidées dans le cadre du Programme de Restructuration du Marché Céréalier (PRMC) ;
- l'assainissement financier de l'entreprise.

On peut dire sans exagération aucune que, depuis 1962 (année au cours de laquelle la décision a été prise de baisser les prix aux producteurs de céréales), c'est en cette année 1985 que les colons de l'O.N ont commencé véritablement à revivre, c'est-à-dire à voir s'améliorer leurs conditions de vie. Ceci est exact même si on peut considérer que les changements internes décisifs concernant l'entreprise ne seront prises qu'un peu plus tard.

Malgré tous ces bouleversements, force est de reconnaître que le rêve de certains technocrates de refaire de l'O.N un « *Etat dans l'Etat* » n'est pas totalement mort.

La participation de ARPON à ces changements[61], pour la plupart irréversibles, se fit à travers un nombre élevé d'activités : le réaménagement des périmètres agricoles dégradés, l'accord de crédits pour l'approvisionnement des riziculteurs en intrants agricoles (dont des variétés de riz à haut rendement), l'introduction de petites batteuses et décortiqueuses au niveau villageois, la formation des vulgarisateurs et des responsables villageois, l'exécution d'études socio-économiques et techniques, etc. (cf. tableau XXI ci-dessous).

La fin des années 1980 correspond avec la « révolution agricole » au Mali dont les jalons ont été fixés entre 1982 et 1986 et dont le caractère irréversible ne s'est avéré que lorsque des changements fondamentaux ont eu lieu à l'Office du Niger. La révolution a consisté à l'O.N à reconsidérer le paysan comme une *fin* et non comme un simple outil des politiques de développement. La force de l'approche néerlandaise de la *fin* a été de donner naissance à une alternative crédible au manichéisme qui demandait de choisir entre la résolution des seuls problèmes d'aménagement et les tentatives d'amélioration de la situation des colons.

Aujourd'hui, les colons sont sortis d'un long cauchemar dont la plupart de leurs compatriotes n'imaginait même pas l'existence. Mais le devoir de souvenir n'est pas utile seulement à ce niveau : les tenants d'une politique agricole basée sur l'aménagement tous azimuts des terres d'irrigation (malgré des coûts encore très élevés) et sur l'encadrement musclé des paysans sont encore nombreux et puissants à l'intérieur des instances de décision de nos politiques de développement rural.

---

[61] Pour plus de détails, voir Coopération au développement des Pays-Bas : « *La riziculture paysanne à l'Office du Niger, Mali 1979-1991* » (Service d'examen des opérations ; décembre 1992).

Tableau XXI : Objectifs et actions du projet ARPON

Objectifs	Actions
Promotion des Communautés villageoises	Développement des structures paysannes inter-villageoises
	Développement du contrôle des paysans sur la terre, sur l'eau et les intrants
	Participation des femmes à la gestion aux différents niveaux
Développement du système socio-agricole paysan	Organisation des structures de gestion au niveau des villages
	Organisation des structures paysannes de gestion au niveau des exploitations familiales
Amélioration progressive du système de production	Intégration de l'agriculture et de l'élevage
Augmentation de la production rizicole	Maîtrise des nouvelles techniques culturales
	Maîtrise de l'eau au niveau des parcelles
	Garantie des intrants agricoles
	Réaménagement du réseau

Source : ARPON. Rapport technique 1987-88

Pour résumer cette décennie riche en événements, on peut dire que la fin des années 1980 correspond avec la "révolution agricole" au Mali dont les jalons ont été fixés entre 1982 et 1986 et qui a consisté :

- au niveau de la sphère de la production : en plus du réaménagement des parcelles et du règlement des questions d'approvisionnement en intrants, la grande majorité des colons a adopté la technique du repiquage, réunissant ainsi les conditions d'une augmentation substantielle des rendements ;
- au niveau de la sphère de la transformation : la mise à disposition des organisations paysannes de batteuses et de décortiqueuses qui rendent des services aux colons à des tarifs intéressants pour eux, permet à ces paysans de s'approprier une partie de la plus-value sécrétée par la transformation des produits agricoles ;
- au niveau de la sphère de la commercialisation : la production paysanne s'écoule à un tarif intéressant parce que non seulement la Taxe conjoncturelle d'importation est appliquée rigoureusement, mais l'État a obligé tous les commerçants de riz à investir au moins 1/3 de leur chiffre d'affaires dans l'achat du riz malien et ceci en respectant le prix-plancher fixé par l'État en accord avec les paysans.

C'est tout ceci qui a contribué à l'augmentation importante non seulement de la production mais également des rendements, le "gel" des dettes ayant encore plus motivé les colons.

B) La décennie du libéralisme sauvage : 1992 – 2002

1. La situation de l'agriculture malienne dans les années 1990

1.1. Inventaire des ressources naturelles et taux d'occupation des terres

Du Nord au Sud du Mali, on distingue plusieurs régions agro-climatiques : la zone saharienne avec moins de 150 mm de pluies / an, le Nord sahélien avec 200 à 400 mm de pluie, le Sud sahélien avec 400-600 mm de pluie et le Nord soudanien avec 800 à 1 200 mm de pluie par an. La comparaison des séries statistiques de 1950-1985 et de 1970-1980 montre une diminution de 20 % des pluies. On a assisté à un déplacement des isohyètes pluviométriques de 110 km du Nord vers le Sud. Les changements sont devenus des facteurs structurels climatiques.

Les ressources en eau et en sols sont déterminées par des facteurs pluviométriques. Les sols des régions sahéliennes et Nord soudaniennes sont des sols pauvres et dénudés en surface. Ils sont fortement soumis aux érosions hydriques et éoliennes. Les ressources en eau sont importantes en surface et pauvres en profondeur.

Les zones soudaniennes connaissent une pression foncière assez forte avec les activités agricoles et pastorales. Les sols y sont fragilisés et dégradés avec la présence d'un risque d'érosion hydrique. Les ressources en eau sont importantes en surface et en profondeur.

Les zones Nord guinéennes connaissent une concentration des sols les plus riches et les moins dégradés avec d'importantes ressources en eau de surface et de profondeur.

La vocation de la terre est variable d'une région à une autre. Ainsi :

- les terres agricoles occupent 34,5 % des terres utilisées ;
- les terres agro-pastorales à dominante agricole occupent 12,5 % ;
- les terres agro-pastorales à dominante pastorale occupent 12,4 % ;
- les terres pastorales occupent 33,3 % ;
- les brousses-pâturages occupent 7 % ;
- les terres inondées non utilisées 0,3 %.

Ces taux d'occupation de l'espace reflètent bien la répartition de l'emploi et de la main-d'œuvre dans le pays. Selon une analyse du projet Schéma directeur du développement rural, il y a une extension moyenne annuelle de 1,6 % des surfaces cultivées. Dans de nombreuses zones sahéliennes et soudaniennes, les pourcentages avaient atteint leur maximum 75-80 % selon les localités. On observe une réduction des surfaces pastorales, une extension des surfaces de céréaliculture et une baisse de la fertilité des sols devenant plus vulnérables à la sécheresse. Ces constats laissent à croire que les sols inutilisables auront à court ou moyen terme une proportion inquiétante au Mali.

1.2. Dynamique des systèmes de production

On distingue, selon les régions, les systèmes de production agricole, animale et halieutique. Dans chaque système on retrouve une tendance dominante et des sous-systèmes. A l'échelle du territoire national, il y a une forte interaction et interdépendance des différents systèmes. De leur diversité et complexité on peut proposer un système intermédiaire pour le renforcement de la dynamique des typologies de système, pour élever la synergie et la complémentarité à l'échelle du pays.

Cette typologie intermédiaire doit permettre un rapprochement et une meilleure intégration des différents systèmes de production. C'est une réorganisation du secteur rural qui doit réduire le taux de population rurale

(73 % soit 9 012 858 habitants en 1995), et, en même temps, la forte pression foncière sur les sols agricoles, protéger et améliorer les ressources naturelles disponibles qui, du reste, ne sont pas importantes. Pour cela le projet de schéma directeur du secteur de développement rural préconise dans la zone sahélienne : arrêt ou quasi-arrêt des extensions des superficies avec des objectifs indicatifs minima de 0,5 % et maxima de 1 % pendant 10 ans.

Les systèmes de production ont évolué avec la crise économique de 1970 et la sécheresse de 1972-1973. Leurs conséquences ont été ressenties beaucoup plus dans le Nord que dans le Sud. Les éleveurs du Sahel ont migré vers le Sud. Cela a favorisé une capitalisation du bétail par les agriculteurs de ces régions qui ont connu, avec l'augmentation du nombre de têtes de bétail, une augmentation des superficies de coton. Les techniques agricoles ont évolué avec l'achat d'équipement agricole. Il y a de plus en plus une intégration de l'élevage à l'agriculture par les agriculteurs du Sud, tandis que dans le Sahel on diversifie les activités et c'est l'agriculture qui s'intègre à l'élevage. L'élevage au Sud est devenu plus prospère tandis qu'au Nord il est encore soumis aux rudes aléas climatiques.

Les ressources halieutiques aussi ont connu des perturbations liées à la sécheresse de 1972-1973. Les pêcheurs s'organisent de plus en plus en associations professionnelles pour arriver à résoudre les problèmes. La pêche a connu une récession nette de sa part au PIB : 3 % en 1972 ; 2,3 % en 1982-1985 et 1 % en 1995. Il y a une surexploitation des ressources. L'État donne de l'importance aux aménagements piscicoles et au contrôle de l'activité.

Les principaux paramètres qui ont concouru à ces mutations sont : la dégradation des facteurs climatiques naturels, le changement des conditions socio-économiques, la pression démographique croissante sur le sol et les nouvelles options politiques de l'État pour le développement rural. On a assisté à une réorganisation générale de l'agriculture par une redéfinition des tâches de vulgarisation ; le rôle de l' État évolue vers l'appui / conseil ; il y a une politique pour la promotion de l'intensification des activités agro-pastorales en vue d'une meilleure rentabilité et compétitivité des filières porteuses d'espoir ; on met l'accent sur la recherche afin de sélectionner les races animales et les variétés végétales plus performantes et mieux adaptées à nos conditions locales. Cette intensification vise une meilleure exploitation et une amélioration des ressources disponibles pour leur exploitation durable.

Dans la définition de ces nouvelles orientations, on a tenu compte des intérêts de l'État, mais aussi de ceux des populations. Ainsi celles-ci adhèrent à ces réformes par leur responsabilisation à tous les niveaux. Les privés interviennent de plus en plus dans la production et la commercialisation au niveau des différentes filières concernées. Les associations, les Groupements d'intérêt économique (GIE) et les individus montent de plus en plus des projets dans le secteur agro-pastoral et leur approche de production se place dans la droite ligne de ces réformes entreprises par l'État.

1.3. Évolution des revenus en milieu rural

D'une manière générale les revenus évoluent en milieu rural. La part des produits agricoles s'est élevée à 43 % dans la formation du PIB en 1995. Cela dénote une évolution des revenus agricoles. Il n'y a malheureusement pas d'information relative au revenu agricole et extra-agricole des différentes zones.

Le revenu agricole est directement lié à la générosité du climat. En 1994-1995, la production céréalière a atteint 2 457 350 tonnes, soit un accroissement de 10 % par rapport à la campagne précédente.

Il n'y a pas d'information sur la variabilité inter-saisonnière des ressources et pas de détail sur les revenus, même si on peut dire que la richesse naturelle des zones climatiques peut se refléter sur le revenu de leurs occupants. Ainsi les producteurs du Sud, plus équipés et ayant capitalisé, sont relativement plus nantis que ceux des autres localités. Le revenu peut varier selon le système ou sous-système pratique. Les cultures de rente rapportent plus que les cultures céréalières notamment. Le revenu peut varier aussi selon le sexe, au détriment des femmes généralement moins riches que les hommes en milieu rural.

Avec la redéfinition des tâches de l'encadrement agricole, il y a espoir que les agriculteurs entreprennent de nouvelles activités ou améliorent les activités traditionnelles. Le circuit des finances et crédits ruraux n'est pas encore bien développé mais est tout de même bien amorcé avec la multiplication des caisses d'épargne et de crédit en milieu rural et urbain.

1.4. Contribution de l'agriculture à la croissance économique

L'examen du cas du Mali montre que le secteur primaire a contribué pour 43,6 % à la formation du PIB en 1995 et qu'il intervient aussi pour les autres secteurs de façon indirecte ou directe. Dans le secteur secondaire 18,3 % du PIB sont imputables à l'agriculture. Dans le secteur tertiaire l'agriculture intervient dans le cadre du transport des produits agricoles en plus de la réhabilitation des périmètres irrigués. En termes de production et consommation, la DNSI[62] a distingué les groupes suivants :

- un groupe à forte autoconsommation: ce sont les régions de Sikasso, Kayes, Koulikoro, Ségou; l'autoconsommation varie de 83,9 à 67,6 % ;
- un groupe à faible autoconsommation : Gao 29,7 % ;
- un groupe à très faible autoconsommation : Bamako- District 3,8 % ;
- le taux d'échange ville / campagne est indirectement proportionnel au taux d'autoconsommation, mais il faut reconnaître que les informations détaillées sur les flux ville / campagne manquent énormément.

Entre 1976 et 1987 le taux de croissance urbaine a été de 4,5 % et donc près de 4 fois supérieur à celui du milieu rural estimé à 1,2 %. Cela est imputable à l'important mouvement d'exode rural des campagnes vers les villes entraînant une réduction de la main-d'œuvre villageoise et une augmentation du taux de chômage dans les villes.

1.5. Conditions d'une intensification durable

Une intensification rapide et durable est nécessaire pour l'agriculture sahélienne. Aussi bien dans les zones favorables et défavorables sur le plan agro-climatique, l'intensification est déjà enclenchée car la pression démographique augmente et les options pour l'extensification sont réduites à néant.

La première question clé a trait au type d'intensification à adopter pour satisfaire la demande croissante de produits agricoles et protéger l'environnement. Pour de nombreux chercheurs, le modèle d'intensification induite par le « facteur capital » est la meilleure option pour remplir cette fonction dualiste. Cette option implique une augmentation radicale de l'utilisation d'engrais chimiques, de fumure organique, de digues de retenue d'eau et de la traction animale (exemple des zones cotonnières du Mali et du

[62] Direction Nationale des Statistiques et de l'Informatique

Burkina Faso. Malheureusement, l'option d'intensification induite par le facteur travail est plus courante et est caractérisée par une augmentation de la main-d'œuvre par hectare et une diminution de la jachère.

La deuxième question clé est la suivante : comment remplacer les systèmes de crédit public rural, de fournitures d'intrants et de vulgarisation, éliminés durant les années 1980 ? Malgré les problèmes fiscaux liés à ces programmes, leur élimination a beaucoup renchéri les intrants agricoles, réduisant ainsi leur utilisation de façon très marquée. Les solutions alternatives – publiques ou privées sont loin d'être en place. Les paysans sahéliens sont de moins en moins capables de satisfaire leurs besoins alimentaires en « extensifiant » (en cultivant de nouvelles terres). De plus en plus, ils doivent « intensifier » la production en utilisant plus de main-d'œuvre et de facteurs autres que le travail pour augmenter les rendements agricoles. Pour simplifier, nous appelons « le capital » ces facteurs tels que l'engrais, l'équipement de traction animale, les diguettes.

Boserup, en 1965, soutient qu'avec l'augmentation de la densité de population et le déclin des terres arables per capita, la durée des jachères doit être réduite et des technologies intensives en facteurs substituts à la terre doivent être adoptées. Pourtant, à ce jour, l'intensification agricole dans le Sahel se fait par le biais d'une utilisation plus importante de main-d'œuvre par hectare et de jachères plus courtes – très souvent sans les investissements concomitants dans la conservation des sols et le maintien de leur fertilité. Ceci peut être dénommé une « *intensification induite par le facteur travail* » pour mettre en exergue l'absence de facteur capital dans ce processus de production.

Les cultures de rente incitent le producteur à investir dans l'intensification induite par le capital. Nos études de cas dans le Sahel ont montré que les producteurs utilisent la plupart des facteurs qui stimulent la productivité et les investissements dans la conservation des ressources sur les cultures de rente, soit à cause de leur plus forte rentabilité (comparée aux cultures de subsistance) soit au crédit ou à la fourniture d'intrants associés à celles-ci.

Selon Dioné (1989) les cultures de rente ont augmenté la capacité des paysans maliens à acheter les intrants pour les cultures vivrières mettant ainsi en place un « cercle vertueux. La culture du coton (dans un système verticalement intégré) a fourni les liquidités et la base institutionnelle permettant d'avoir accès au crédit (formel qui facilite l'acquisition d'équipements de traction animale, ce qui augmente en retour la productivité du coton et du maïs).

1.6. Importance des sources de revenus non agricoles

Ces sources peuvent servir de complément au revenu des cultures de rente et contribuer à l'intensification induite par le capital, particulièrement là où les marchés de crédit ne fonctionnent pas correctement.

Au Mali, le riz local irrigué est devenu relativement plus rentable car on a laissé le prix au producteur (de riz) augmenter plus rapidement que le coût des intrants. Les marges nettes par hectare se sont élevées de 10 à 35 %, selon les zones et le niveau d'intensification de l'utilisation d'intrants. Il est à noter qu'une expansion de ce système intensif est limitée par des investissements publics complémentaires faibles (en périmètres irrigués sur lesquels on peut utiliser ce paquet d'intrants de capital). Les investissements étatiques dans la réhabilitation et l'extension des infrastructures devraient favoriser une expansion du système rizicole intensifié.

1.7. Développement agricole à long terme et Ajustement structurel au Mali

En réussissant la réduction de la distorsion des prix à la consommation grâce à un rapprochement des prix officiels des prix du marché, les différents Programmes d'ajustement structurel (PAS) entrepris au Mali aboutirent d'abord à une amélioration de la situation des ruraux.

Ce phénomène s'explique en partie par l'augmentation de la production et des superficies cultivables. En 1997-1998, la production des céréales sèches (mil, sorgho, maïs, fonio) a atteint 1 560 000 tonnes pour une surface cultivée de 2 millions d'hectares. La production de riz paddy a atteint 614 000 tonnes sur une surface exploitée totale de 349 000 hectares.

Entre 1990 et 1996 le taux de croissance des cultures vivrières (mil, maïs, riz, blé, arachide, dah etc.) a été de 3,65 % l'an. Pendant la même période, celui de l'économie nationale était de 2,8 % et pour la population 1,9 %. La production annuelle moyenne des céréales a été de 2 216 000 tonnes contre une moyenne annuelle de 1 000 000 de tonnes de 1964 à 1979 (du simple au double). Cette augmentation reste marquée par un accroissement spectaculaire des superficies qui, au demeurant, n'est pas accompagné d'une évolution des rendements qui sont généralement faibles, à l'exception de ceux du riz et du maïs.

Par ailleurs, la même tendance de croissance est observée au niveau du sous-secteur élevage. L'effectif du cheptel est passé de 5 882 000 bovins en 1996 à 6 088 000 en 1997, et celui des ovins-caprins de 13 809 000 à 14 500 000.

Nous pensons que l'application du PAS a fortement été incitative pour les acteurs ruraux qui sont ainsi parvenus à réaliser les performances notées ci-dessus. Mais en mettant les paysans en contact direct avec le marché, le PAS les mettait aussi en rapport direct avec d'autres groupes d'acteurs mieux armés : les commerçants, la concurrence internationale, etc. Il apparut bien vite aux ruraux que le maintien – à défaut de l'amélioration – de leurs conditions de vie, passait par une modification de leur rôle traditionnel de simple producteur et une meilleure compréhension des règles complexes du marché international.

Pour la relance du développement, l'économie malienne est en pleine restructuration. Avec les mesures d'intensification de l'agriculture qui sont toujours en cours, il y a encore possibilité de renforcer la tendance, apparue pendant la dévaluation, d'avoir une plus grande place sur le marché extérieur. Dans la perspective d'un marché sous-régional de plus en plus important, les produits bruts doivent être transformés en produits finis.

D'un autre côté, dans le cadre de la restructuration économique, on assiste à des changements de la nature des rapports Etat / population civile. La décentralisation est toujours censée permettre aux populations de s'impliquer davantage dans leur propre développement et de jouer pleinement le rôle d'acteur. Dans le cadre de la libéralisation du marché céréalier, la réduction des dépenses publiques et la réforme des entreprises, on assiste à un transfert de compétence des structures étatiques aux organisations professionnelles pour la gestion des secteurs de l'économie. On assiste donc à une dynamique interne au sein de la société civile avec le désengagement de l'État. Dans ces changements structurels un rôle d'arbitre et de régulateur revient à l'État pour promouvoir un secteur privé dynamique et renforcer les capacités de la société civile.

2. La situation de l'Office du Niger au début des années 1990

Les événements qui se sont déroulés au début de l'année 1991 ont brusquement ouvert les vannes dans une région qui avait certes connu des progrès importants dans l'organisation du monde rural, mais qui demeurait encore dominée par la crainte que les colons éprouvaient vis-à-vis de l'ON.

Des expériences intéressantes d'autonomisation des paysans avaient en effet été entreprises vers les années 1988-89 notamment par le Projet Retail qui a aidé certains AV et *Tons* à opérer des achats groupés d'engrais (après appel d'offre auprès de fournisseurs privés) et de bœufs de labour (auprès de coopératives d'éleveurs d'autres régions).

Mais l'analyse la plus intéressante sur les raisons de la crise qui couvait a été faite par le PDG de l'O.N, lors d'une interview qu'il a accordée au journal CAURIS. *"Les problèmes sont de plusieurs ordres*, disait-il. *Il a fallu revenir d'abord sur les aménagements. La redevance que payaient les paysans était utilisée à faire les salaires et à faire face à d'autres charges de fonctionnement et non à l'entretien du réseau"*[63].

Les problèmes techniques de production avaient pu être maîtrisés grâce notamment à l'intensification (le rendement moyen tourne autour de 4 tonnes au lieu de 1,6 T/ha quelques années auparavant). Par exemple le repiquage a été pratiqué sur près de la moitié des superficies cultivées en riz. Ceci a fait que, dans la zone de Niono, le rendement moyen a été de 6T/ha en 1992 avec parfois des pointes de 9T/ha.

Le système de production est donc maîtrisé de plus en plus mais qu'en est-il du système de transformation / conservation ? En 1990, des problèmes importants de décorticage se sont posés, révélant à tout le pays la fragilité d'un système basé sur les seules rizeries. Ce sont les petites décortiqueuses des associations de femmes qui ont dû prendre le relais. Difficilement d'ailleurs, montrant du même coup l'insuffisance d'une politique qui serait

---

[63] Interview réalisée par nous-même en tant que Directeur de publication du journal Cauris (Voir le N° 37 en date du 10 juillet 1992 de cet hebdomadaire).

basée sur les seules petites décortiqueuses. Ce qui est sorti d'une telle expérience, c'est l'option d'une combinaison entre rizeries (réhabilitées) et petites décortiqueuses (mieux gérées) pour une production en augmentation constante depuis quelques années. Mais la question du contrôle des décortiqueuses reste posée car on observe une concurrence, sauvage parfois, entre secteur coopératif et secteur privé sur le marché du riz décortiqué, en dehors des rizeries.

2.1. Le comportement des acteurs sociaux

2.1.1. Le scandale du riz ou de la collision d'intérêts entre commerçants et agents de l'État

C'est le système de commercialisation du riz qui pose le plus de problème. En 1991, a commencé un processus qui allait déboucher, l'année d'après, sur le ‘‘scandale du riz’’ : des commerçants ont reçu de certains agents de l'État (du service des Affaires économiques) des licences d'importation pour 90 000 tonnes de riz (à 0% de TCI, c'est-à-dire de taxe conjoncturelle d'importation). Cela représentait 4,5 fois la quantité autorisée devant être exonérée de taxe. Le marché malien fut envahi de riz importé, et le riz de l'O.N. ne se vendit pas.

Cela entraîna des problèmes énormes vis-à-vis :

- des bailleurs de fonds de l'O.N. dont certaines dettes arrivaient à échéance ;
- des organismes de crédit en faveur des associations de paysans qui ne parvenaient plus à récupérer les dettes d'équipement et d'intrants ;
- des salariés de l'entreprise dont le paiement des salaires devenait problématique ;
- des producteurs ou exploitants dont toute la vie dépend de la vente du riz.

Les paysans furieux menacèrent d'interdire désormais l'entrée du riz importé. Les conflits sociaux pointèrent à l'horizon alors que nul ne souhaitait, ou ne souhaite, dans le pays, l'entrée des paysans sur le terrain des revendications musclées. Ce qui a indigné les citoyens, c'est l'impunité accordée aux agents de l'État qui ont trempé dans une telle affaire. Le service des douanes déclara ignorer les quantités entrées dans le pays et refusa de participer aux différentes réunions qui auraient permis d'éclaircir la situation.

2.1.2. L'État et les bailleurs de fonds : la valse-hésitation concernant le monde paysan

La décision de la structuration de l'ON a été prise en fin 1992 après entente entre les bailleurs de fonds et le Gouvernement. Ces bailleurs de fonds sont au nombre de cinq : deux multilatéraux (Banque Mondiale et Communauté Économique Européenne) et cinq bilatéraux (Coopération Néerlandaise, KFW d'Allemagne, Caisse Française de Coopération, Mission Française d'Aide et de Coopération, US-AID, depuis seulement la fin de l'année). Cette décision a été prise suite à l'évaluation du premier contrat-plan, qui a montré que l'échec du contrat-plan était dû à certaines raisons d'ordre structurel. On a donc suspendu la procédure d'élaboration du deuxième contrat-plan pour procéder à une restructuration de l'Office du Niger. Il a été aussi décidé de confier cette procédure non pas au Ministère du Développement Rural mais à une délégation rattachée directement à la primature. Le cadre général de cette mission est de décomposer les missions de l'O.N., (par exemple recentrer le mandat de l'Office sur des missions de services publics) et de sortir de l'O.N. les activités lucratives.

La Délégation a été installée début Avril et devait commencer par une restructuration institutionnelle de l'Office : créer des sociétés et faire de l'O.N. un établissement public sous forme d'EPIC[64]. Les sociétés prévues sont au nombre de quatre :

- la société des rizeries, d'économie mixte et qui aura pour actionnaires principaux : l'Etat, l'O.N., les paysans et des partenaires extérieurs. Pour la participation de l'O.N. quelques bailleurs de fonds ont émis des réserves sur la capacité de l'Office à participer à une bonne marche et une bonne gestion de cette structure. Pour ce qui concerne les paysans, l'idée de faire participer des Tons soulève des hésitations parce qu'il n'est pas sûr que tous les paysans membres du Ton aient confiance dans l'actionnariat. Quant aux A.V. elles n'ont pas de capacité juridique. C'est pourquoi la démarche pressentie va consister à faire appel à des G.I.E. spécifiques pour prendre des participations. L'idée est qu'au bout de deux ans, il y aura une ouverture générale du capital et que l'État va se retirer.

---

[64] EPIC : Entreprise publique à Caractère Industriel ou Commercial

La capacité maximale des quatre rizeries est de 72 000 T. Durant la campagne 1993-94, on espère décortiquer 50 000 T. Le capital social de départ est estimé à 500 millions de Francs CFA. Les paysans doivent avoir au moins 30 % (la minorité de blocage au Mali est de 25 %). Les immobilisations de l'époque sont estimées à 1,5 milliard de CFA (avant dévaluation) ;

- la deuxième société devra être l'atelier d'assemblage de matériel agricole qui sera aussi une société mixte regroupant l'État, les paysans et des fournisseurs ;
- la troisième société sera une entreprise de travaux, surtout d'entretien des aménagements, afin d'assurer un entretien régulier desdits aménagements. Ce sera aussi une société mixte mais dont l'essentiel du financement viendra des redevances ;
- la quatrième concerne le programme des intrants agricoles mis en exécution par la Coopération néerlandaise sous le nom de Fonds de Développement Villageois (FDV). Il s'agit de faire de ce fonds un établissement financier indépendant de caractère mutualiste. Tout le reste est à privatiser ou à liquider (camions, chalands, etc.). Les campements vont être en gérance libre.

2.1.3. Les travailleurs salariés de l'O.N. ou de la persistance des préjugés en direction des paysans

En 1991, 500 salariés de l'O.N ont été licenciés. En 1993-94 on prévoit d'en licencier 645 supplémentaires et de ne retenir que 541 pour l'EPIC et les Sociétés. Au bout du compte, ce sont 2/3 et même plus des effectifs de l'O.N. qui seront renvoyés, avec 36 mois de salaire net comme prime de licenciement, après d'intenses négociations.

Le syndicat des travailleurs demandait 60 mois d'allocation de réinsertion ; les bailleurs de fonds voulaient qu'on applique les mêmes mesures qu'en 1991, c'est-à-dire 18 mois d'allocation. La Délégation trancha en proposant 36 mois comme pour les autres programmes d'ajustement du secteur des entreprises publiques. Les bailleurs de fonds finirent par accepter, les travailleurs aussi en se réservant toutefois le droit de réclamer 24 mois supplémentaires si d'autres travailleurs maliens venaient à bénéficier des 60 mois.

Le deuxième point de négociation concernait les modalités de paiement. Les travailleurs souhaitaient avoir les 36 mois de prime le jour même du licenciement. La raison principale semblait être le manque de confiance envers le camp adverse. Pour les bailleurs de fonds, il n'en était pas question. La Délégation a fini par obtenir un consensus : paiement de 12 mois, plus le pécule de licenciement et le reste, c'est à dire 24 mois, après une période de formation du licencié. Compte tenu des difficultés pour réunir l'ensemble du financement (il fallait 1,150 milliard de F CFA avant dévaluation), il a été décidé de faire partir un premier groupe qui aurait six mois de formation avec paiement, immédiatement après viendrait le reliquat. La Délégation espérait que cela convaincrait davantage les autres. Ensuite il a fallu négocier le montant réel à allouer à cause du caractère flou des textes qui ne parlaient que de salaire sans préciser s'il s'agit du brut, du net ou du salaire de base. Les travailleurs évidemment demandèrent que ce soit payé en brut comme pour les licenciés de 1991. Les autorités décidèrent que ce serait le net.

Le troisième niveau de négociation est la procédure de sélection de ceux qui vont rester. Rappelons que 1/3 des cadres de chacune des catégories A, B et C doit être licencié. La proposition faite pour la sélection est la suivante :

- pour les cadres de catégorie A et B, un groupe de trois experts (d'un bureau étranger) évalue chaque cadre pendant une heure au moins et donne une appréciation. Ensuite des commissions d'examen de dossier statuent sur chaque cas. C'est à la suite de tout cela que la sélection est faite ;
- pour les travailleurs de catégorie C, il y a un test relativement standard pour les secrétaires et les comptables ; en ce concerne les autres, pendant longtemps, aucune procédure n'est retenue. D'où une résistance farouche de la part des travailleurs et, finalement, l'abandon de ce mode de sélection.

Dernier point de divergence : *les compressés qui veulent s'installer comme colons* à l'O.N. demandent à être imposés aux villages et refusent de soumettre leur demande aux A.V. L'Office du Niger a promis d'appuyer leur candidature auprès des colons mais leur a fait savoir qu'il n'était pas de l'intérêt même des compressés de chercher à s'imposer à des villageois dans les villages desquels ils vont aller vivre. Ce serait en effet des querelles sans fin et, au bout, l'impossibilité même d'exploiter les parcelles.

2.2. La situation des paysans de l'ON

2.2.1. Des conflits qui perdurent

a) La question de la sécurisation foncière

Ce problème date de la création de l'O.N. Un texte signé en 1992 affirme que tout exploitant qui reste deux ans sur une parcelle avec des rendements satisfaisants peut bénéficier d'un permis d'exploitation avec possibilité de passer l'usufruit à ses héritiers. Les promoteurs de la restructuration ont pensé que les paysans allaient se précipiter sur ces permis, mais s'il y a eu des demandes, il y en a eu beaucoup moins qu'espéré. Les juristes trouvent que cette notion de permis d'exploitation est une catégorie « non juridique ». Mais la vraie raison du faible nombre de demandes vient de ce que les paysans se sentent depuis quelque temps plus rassurés quant à l'usage des terres.

b) Le problème des redevances

La redevance a pour objectif principal l'entretien des aménagements. Un Comité Paritaire composé pour moitié de représentants des paysans et pour moitié de personnel de l'O.N. s'occupe de passer les marchés aux différents tâcherons (retenus par un système d'appel d'offre) et de suivre l'exécution des travaux. Il est clair cependant que la redevance ne peut pas prendre en charge les ouvrages surdimensionnés de l'O.N. (les trois fala, les canaux distributeurs et le barrage de Markala). Ces ouvrages sont surdimensionnés parce qu'ils ont été conçus pour l'irrigation d'un million d'ha et qu'il n'en irriguait à l'époque que 46 000 utiles parce que cultivés. C'est donc l'État qui doit supporter ces frais, de même que ceux liés à la maîtrise des ouvrages délégués ainsi que les frais de gestion de l'eau. Ceci vaut également pour le Conseil rural que l'État a pour le moment confié à l'O.N. mais qu'il doit financer. La procédure d'éviction pour non paiement de redevance est confiée à l'A.V. mais, depuis que la redevance est fixée en espèce et non en nature, l'A.V. a des difficultés pour agir. Ce système doit être pourtant maintenu parce que plus tard l'O.N. n'aura plus de rizerie.

c) Les difficultés d'organisation

Les événements de mars 1991 (renversement du régime en place depuis1968, par un coup d'État, suite à un soulèvement populaire) ont commencé par créer au niveau des paysans beaucoup de scepticisme et même une grande inquiétude quant à la sauvegarde des acquis du monde rural. Dès le 6 mai (le même jour où les paysans de la CMDT se réunissaient à Sinsina), les paysans de l'O.N. ont tenu à Niono une réunion pour proposer une rencontre avec les nouvelles autorités. L'objet de la rencontre était de s'assurer que le nouveau pouvoir va poursuivre les reformes entreprises à l'O.N. depuis 1989. Rappelons que c'est en 1989 que les colons avaient reçu l'assurance écrite que quiconque cultiverait sa parcelle pendant deux ans, en respectant les règles de production, se verrait attribuer des droits de transmission de ladite parcelle à ses héritiers.

Le pouvoir les rassura et fit mieux en faisant promulguer, par le Conseil de Transition pour le Salut du Peuple – CTSP-, une ordonnance libéralisant totalement le commerce du riz et en rendant publique une loi votée en 1988 qui autorisait les paysans à créer dans le même village autant d'A.V. qu'ils voulaient. Cette loi existait déjà sous l'ancien régime, mais non seulement elle n'était pas appliquée, mais elle avait jusqu'ici été tenue cachée : sa diffusion avait été interdite.

Ce qui caractérise la période qui a suivi, ce sont :

- **la prolifération de petites organisations paysannes** : les Groupements d'Intérêt Économique (GIE) se multiplièrent à côté de l'A.V. du village. Il y a eu un véritable émiettement car les raisons qui poussèrent à la création de ces GIE n'étaient pas fondées, en général, sur l'unité mais plutôt sur un manque de confiance entre paysans. Certains membres des AV créaient des GIE parce qu'ils n'avaient pas confiance dans les responsables de l'A.V. D'autres le faisaient parce qu'ils trouvaient l'A.V. pas suffisamment exigeante pour ses membres concernant le paiement des redevances. D'autres enfin parce que l'A.V. ne leur faisait plus confiance et que donc ils ne pouvaient plus bénéficier de ses services.

Il faut dire que la libéralisation totale du commerce du riz allait contre l'idée d'un prix-plancher que l'O.N. contribuait à assurer. La fin du prix-plancher a entrainé une aggravation des problèmes de gestion. Certaines AV avaient récupéré en nature les dettes auprès des paysans mais au prix de 145 F/kg de riz décortiqué. Or, pendant l'hivernage 1992, les prix n'ont jamais dépassé les 135 F/kg. De plus, au cours du stockage, le riz a perdu en poids et aussi en qualité. Les AV ont dû brader, donc avec des pertes moyennes se situant entre trois et quatre millions de FCFA par AV. Les négociations devinrent extrêmement difficiles avec les partenaires fournissant le crédit (BNDA et FDV). En 1993, les conséquences d'une telle situation deviendront pires.

Nous y reviendrons !

Il faut ajouter qu'en plus des problèmes de gestion, il y a de graves problèmes de non respect des règles de fonctionnement de l'A.V. : les bureaux sont rarement renouvelés créant un risque de prolongement de la domination de certains groupes. Avec le manque de contrôle sur la gestion et le non renouvellement des bureaux, se crée une nouvelle catégorie de paysans dominant les autres exploitants du village.

L'ouverture de 1991 va avoir un double effet : d'un côté la tentation pour les dirigeants d'organisations de "faire des affaires" avec les commerçants, et de l'autre la révolte de plusieurs exploitants voulant se débarrasser du "carcan" que représente pour eux l'A.V. (soit en quittant l'A.V. soit en en modifiant le fonctionnement).

- **la confusion de rôle entre GIE, AV et autres organisations**, avec comme conséquence des conflits incessants que l'Office du Niger, en pleine restructuration, ne peut plus gérer. C'est ainsi que la fonction de l'A.V. de gérer le crédit de l'ensemble des exploitants du village est remise en cause par certains GIE. Plusieurs agents de l'O.N., notamment dans la zone de Niono, ne savaient pas s'ils pouvaient accepter le paiement des redevances d'une partie des exploitants d'un village et ceci en dehors de l'A.V. qui avait jusqu'ici joué le rôle de caution solidaire.

La même difficulté a prévalu concernant la gestion du foncier villageois par l'AV qui a, depuis 1990, l'autorité nécessaire pour l'installation de nouveaux paysans mais aussi pour l'exclusion de paysans jugés mauvais. Justement certains colons commencent à dénier à l'A.V. le droit de prendre des décisions dans un tel domaine et, pour fonder leur contestation, ils se retirent de l'AV pour créer un GIE. Pourtant, l'instrument dont se sert l'AV semble fiable : des textes précis existent en la matière et surtout chaque village est doté d'une équipe technique de gestion du terroir villageois. Cette équipe examine toute demande d'installation, de transfert, de permutation ou d'augmentation de superficies d'un exploitant. L'équipe examine ces demandes sur le plan technique et propose une réponse à l'Assemblée générale qui donne son avis avant de transmettre le dossier à une Commission de gestion des terres composée d'un Président (un exploitant), un vice-président (le Directeur de la zone) et de membres (exploitants et chef du service du Conseil Rural de l'O.N.). La Commission prend une décision et la communique à l'intéressé.

Ces conflits ont dégénéré parfois quand un GIE (ou un privé individuel) essaie d'installer une décortiqueuse ou une batteuse, c'est-à-dire des unités de transformation du riz, secteur jusqu'ici dominé par l'O.N. (à travers les rizeries) et les A.V. et leurs organisations satellites (comme l'organisation des femmes qui est chargée des décortiqueuses). Il est arrivé que la gendarmerie intervienne au cours de ces conflits.

- **Les difficultés de faire respecter les décisions des organisations paysannes par leurs membres.** Devant l'effondrement progressif du prix au producteur (moins de 125 F/kg en 1993 alors que les A.V. avaient pris avec les paysans le riz à 145/kg au titre de la redevance), les organisations paysannes sont arrivées dispersées face aux commerçants. Mais il faut reconnaître que si certains responsables d'AV ont fait preuve de naïveté, d'autres sont devenus de vrais complices des commerçants véreux, à qui ils ont accordé le marché sans s'entourer d'un minimum de garantie et sans consulter les membres de l'AV au cours d'une assemblée générale.

Cette situation est apparue comme une aubaine pour les commerçants peu scrupuleux, d'autant plus que le prix continuait de chuter : il avait chuté à 110 F/kg, voire 90 F/kg. Ces commerçants proposaient aux Organisations paysannes désemparées d'enlever tout le stock à 150 F/kg, à condition que les paysans acceptent un acompte de l'ordre de 50% et attendent la vente du riz pour récupérer le reste de leur argent. La Mission Conseil Rural de l'ON a invité les AV/TV à se munir de contrat et à exiger une caution bancaire. Un petit nombre de villages est allé jusqu'à demander à l'ON de lui rédiger un type de contrat à proposer aux commerçants. Ceci fut fait mais les commerçants refusèrent de signer et exhibèrent aux paysans des fausses pièces juridiques : actes notariés falsifiés, garantie immobilière surévaluée parfois, fausses identités même. Résultat : des AV escroquées et un contentieux énorme entre paysans et commerçants. Par exemple, rien que dans la zone de Niono, sur un marché d'un montant total d'environ 500 millions, moins de 40 % étaient honorés à la date d'Octobre 1993.

- **L'affaiblissement face aux autres acteurs :** ainsi, à Niono, il y a une commission dite de suivi dont le rôle est de donner aux paysans, et ceci de façon régulière, des informations sur l'état de recouvrement des dettes et sur les stocks existants, pour orienter les commerçants et en même temps mettre en garde les paysans contre les tentatives d'escroquerie. Au niveau de l'ensemble de l'O.N. existe une "Commission Ad hoc pour le suivi et le recouvrement des créances impayées des AV de l'ON"

> regroupant des représentants de la Chambre d'Agriculture, de la Chambre de commerce et d'Industrie et les responsables des AV et TV. Cette commission, dont le siège est à la Chambre d'agriculture du Mali à Bamako, a pour but d'arrêter avec les commerçants concernés des échéanciers de paiement et, en cas de non respect, d'envisager la procédure judiciaire sur la demande expresse des AV et *Tons*.

Rappelons que d'après le rapport de la Commission daté de juillet 1993 : sur plus de 800 millions de francs CFA de marché passé, les montants payés représentaient seulement 42,66 %. Les paysans croyaient de moins en moins à l'efficacité de la Commission[65] dont il contestait et surtout les méthodes de travail jugées trop lentes. De plus, les paysans pensaient que le pouvoir de la Commission était quasi-inexistant[66].

En attendant de trouver le moyen de recouvrer leurs dettes, ils ont pris l'initiative de créer à la place des structures de médiation exceptionnelles, de nouvelles structures de négociation plus fortes (regroupant sinon tous les AV/TV, du moins la grande majorité, dont le premier niveau de regroupement est la zone), plus permanentes et plus "proches" de ou accessibles à la majorité des paysans.

C'est ainsi que s'est mise en place, sur l'initiative des paysans, une organisation de défense du prix au producteur. L'ON a aidé les paysans à faire les prévisions de 1994 à travers le Conseil Rural qui leur a apporté également un appui en matière de logistique. L'objectif visé est de demander au Gouvernement de fixer les quantités à importer en tenant compte des prévisions faites par les paysans. Une délégation de colons est chargée de cette démarche auprès des autorités de Bamako.

3. Les répliques paysannes

Les difficultés rencontrées par les colons peuvent se résumer aux trois points suivants :

---

[66] Signalons également que les paysans impatients devant la lenteur de la Commission ont quelquefois agi de leur propre chef : c'est ainsi que les AV de Niono ont traduit devant les tribunaux un commerçant de la zone qui leur devait de l'argent. Malheureusement pour les AV, du fait que la plainte était confuse, le commerçant est demeuré impuni.

- la concurrence du riz importé qui faisait que le prix du riz local ne cessait de baisser ;
- l'affaiblissement des associations paysannes à cause des problèmes internes d'organisation ;
- la diminution de leur capacité de négociation face aux commerçants privés.

Pour chacun des problèmes, les colons ont dû chercher des solutions.

3.1. Face à la concurrence du riz importé

Les paysans savaient qu'ils disposaient de peu de moyens d'agir. Néanmoins, ils ont entrepris des démarches auprès de l'État pour rendre l'environnement plus favorable. Ces démarches visaient à :

- organiser un meilleur contrôle des importations afin de faire respecter non pas des quotas (que les commerçants ne vont pas appliquer) mais les taux concernant la Taxe Conjoncturelle d'Importation (TCI) ;
- à défaut, faire intervenir l'Office du Niger dans la commercialisation pour le maintien d'un prix-plancher, et l'étalement des délais de paiement des dettes des colons. On sait que les paysans doivent rembourser chaque année à l'Office du Niger les frais des services d'eau, ceux des intrants et l'équipement au Fonds de Développement Villageois et de la Banque Nationale de Développement Agricole. Ces remboursements se faisaient pratiquement le même mois. Les négociations entreprises avec les différents organismes ont permis d'étaler ces paiements sur quatre mois, ce qui laisse plus de marge au paysan pour vendre son riz à un prix intéressant pour lui. Il faut ajouter qu'avec la dévaluation du franc CFA, le marché malien devient beaucoup plus accessible au riz local ;
- mettre sur pied des organisations supra villageoises, non seulement pour régler les problèmes d'approvisionnement, mais également préparer la commercialisation (par une défense efficace du prix au producteur). Ce qui est nouveau, c'est que les paysans ont dégagé les moyens permettant à ces organisations de fonctionner de façon efficace. Cette organisation supra villageoise a des démembrements dans chaque village concerné.

Le système de fonctionnement adopté pour cette organisation est sophistiqué :

- l'organisation comporte deux (02) délégués par village. Elle se réunit une fois par semaine (tous les Mercredi) et ceci durant toute la campagne. Elle a pour tâche de fixer le prix, après une large consultation des paysans de chaque village, de veiller à la diffusion des mesures décidées et surtout de veiller à leur application. Chaque Mercredi, elle examine le comportement du marché, prend des sanctions contre les paysans qui ne respectent pas les mesures (si le délinquant ne paie pas, son AV se doit de payer l'amende et de se faire rembourser après par son membre défaillant) et décide du prix pour la semaine à venir. Rappelons que chaque zone de l'ON a une organisation de ce type. Certaines, comme celle de Niono, essaient d'anticiper sur les problèmes futurs comme le type d'investissement que les AV peuvent faire pour impulser l'économie locale ou l'avenir possible des petits paysans dans le nouveau contexte politique. La section de Niono donne à chacun de ses délégués aux réunions de l'organisation des frais de transport et mille francs pour les frais de nourriture. Chaque AV paie ces frais pour deux personnes par semaine : la dépense est donc importante mais elle est faite régulièrement ;

- dans chaque village, il y a un comité de surveillance de trois ou quatre membres. Ce comité dépend de l'organisation et veille au respect par les paysans des mesures prises. Il dénonce à l'organisation les membres qui ne respectent pas les règles en vue des sanctions. Il faut noter que sur cette question, les colons ne semblent pas s'embarrasser de savoir si la législation les autorise ou non à infliger des sanctions à ceux qui ne respectent pas les règles locales qu'ils ont fixées.

3.2. Face au risque d'émiettement des organisations paysannes et donc à leur affaiblissement, les paysans ont réagi dans trois sens

- une lutte farouche pour maintenir les organisations qui ont jusqu'ici œuvré pour le mieux-être des exploitants, à savoir les Associations Villageoises (AV) et les Tons Villageois (TV) ;
- une limitation des sphères d'intervention des GIE : les paysans ne s'opposent plus à la constitution de GIE même si dans certains villages comme Niono km 26, le Ton est intransigeant sur cette question. La plupart des AV, se référant à certains textes gérant le mouvement coopératif au Mali, ont spécifié aux GIE qu'ils ne peuvent entreprendre aucune des activités dont les AV/TV tirent leurs revenus. Ainsi, aucun GIE ne peut procéder au décorticage et au battage du riz. Le GIE ne peut entreprendre ces activités ni par lui-même ni par l'intermédiaire d'un privé. Les GIE n'interviennent pas non plus dans l'attribution des parcelles ni dans l'octroi des crédits BNDA, sauf sur autorisation expresse de l'AV/TV. La BNDA va jusqu'à demander la caution de l'AV/TV pour accorder du crédit au GIE du village concerné ;
- une intervention de plus en plus forte des AV/TV dans l'amélioration des conditions de vie du village. C'est ainsi que les AV/TV de cinq villages (Niono-Km 26, Niégué, Fouabougou, Nango et Seriwala) ont

procédé à l'installation de l'électricité dans leurs villages. A Seriwala par exemple, cela a coûté à l'A.V. plus de 4,5 millions de F CFA en plus de la construction (par la main-d'oeuvre villageoise) du local pour abriter le transformateur, et d'autres travaux. 60 compteurs sont installés dans le village car chaque concession est abonnée. Chaque famille paye sa facture, de sorte qu'on se demande si pour paraphraser Lénine, il ne faut pas dire : "La démocratie, c'est le pouvoir aux organisations paysannes plus l'électricité".

3.3. Face aux commerçants privés

En attendant l'instauration de nouvelles règles basées sur la confiance, les AV/TV exigent le paiement du riz au comptant, avant son enlèvement. Les mésaventures de la campagne précédente sont présentes dans les esprits et la réplique face à l'escroquerie montée par les commerçants, avec la complicité de certains responsables d'organisations paysannes, a été la suppression pure et simple du crédit à la vente du riz.

Mais malgré l'engagement de nombreux paysans, des zones d'ombres sont apparues, de plus en plus nombreuses, au tableau. Comme l'écrit B. DAVE : « *Rapidement beaucoup d'A.V. se sont retrouvées en grande difficulté avec de nombreux crédits non remboursés. Les rapports de force entre commerçants et producteurs tournent de plus en plus en faveur des premiers. Une majorité d'exploitations auxquelles sont attribuées de très petites parcelles, sont très fragilisées. La pression foncière est de plus en plus forte et les stratégies d'extension des aménagements sont indécises* »[67]. Bref, les paysans de l'O.N. font face à des problèmes cruciaux et c'est dans ce contexte qu'ils ont créé le Syndicat des Exploitants de l'Office du Niger (SEXAGON). Mais, il n'est pas sûr que le syndicat soit un outil suffisant pour faire face à l'ensemble des difficultés créées[68] par le contexte libéral, dont le caractère aussi sauvage tient au peu de souci que le pouvoir de l'époque a accordé au sort de l'agriculture en général et à celui des petits paysans en particulier.

---

[67] B. DAVE : "Le projet paysan du SEXAGON – Attentes et stratégies des militants du Syndicat des Exploitants Agricoles de l'Office du Niger (Mali)" (Université Libre de Bruxelles ; Mémoire de DES en Coopération et Développement – Année académique 2003 – 2004).

[68] Pour les difficultés rencontrées par les syndicats du fait du pouvoir administratif mais aussi politique, voir l'excellent travail de B. DAVE (opuscule déjà cité).

4. La renaissance du syndicalisme paysan à l'Office du Niger

4.1. Le contexte

Il faut rappeler ici que la zone Office du Niger est celle qui, au Mali, avait connu la première expérience de syndicalisme paysan : le SCAON a, en effet, fonctionné pendant la période coloniale et a longtemps participé à la lutte pour l'indépendance du pays.

Après la suppression du SCAON à l'indépendance, les paysans de l'O.N. vont connaître une longue période d'abus de pouvoir et de résistance passive. La renaissance du syndicalisme paysan est due à une série de problèmes qui traduisent, plus que tout, la dégradation des conditions de vie des paysans.

Le premier de ces problèmes est la commercialisation du riz dont l'iniquité a été révélée en 1992 par l'affaire du « ***scandale du riz*** » évoquée plus haut.

Le second phénomène qui a une incidence sur la vie des paysans est, nous l'avons vu, la dégradation de la situation des travailleurs salariés de l'ON et des conflits que cela crée avec les paysans.

Le troisième est lié aux difficultés d'organisation des paysans. Benoît Dave[69], chercheur à l'Université Libre de Bruxelles, a publié un article « *Le mouvement paysan veut un autre modèle de développement* » où il retrace, en des termes souvent dithyrambiques, l'histoire du SEXAGON.

Il note, entre autres, que le Gouvernement formé en 2007 met l'accent sur l'extension du domaine irrigué, principalement à l'Office du Niger qui devient une priorité. L'objectif fixé est de quasiment doubler la superficie aménagée d'ici 2012 ![70] Pour atteindre cet objectif ambitieux, le

---

[69] Chercheur à l'Université Libre de Bruxelles - Cecid (Centre d'Etude de la Coopération Internationale et du Développement).

[70] Dans la déclaration gouvernementale présentée le 16 décembre 2007, le nouveau Premier ministre Modibo Sidibé annonce : « *S'agissant de la maîtrise de l'eau et de l'irrigation, un programme d'aménagement hydro-agricole de près de 100 000 hectares, sera réalisé à*

gouvernement mise principalement sur des investisseurs, des « grands privés » nationaux et étrangers et très peu sur les paysans de l'Office du Niger.

La situation inquiète cependant les paysans de l'Office du Niger qui, par l'intermédiaire du SEXAGON, cherchent à introduire un autre modèle de développement.

4.2. La naissance du SEXAGON

C'est en 1994 que les choses débutent. Depuis 1992, la situation a commencé à être difficile pour les paysans de l'Office du Niger. Le prix de vente du riz est anormalement bas. Beaucoup d'Associations Villageoises sont tellement endettées qu'elles ne peuvent plus fournir l'engrais à crédit à leurs membres. La restructuration de l'ON est en cours et va déboucher sur des milliers de licenciements : le personnel passe en quelques années de 4000 à 400 salariés. Et surtout, la libéralisation de la commercialisation du riz, à peine mise en œuvre, débute par un raté spectaculaire : des commerçants ont emporté pour 700 millions de Fcfa de riz qu'ils n'ont pas payé. L'Office du Niger, les tribunaux, le Préfet se disent incompétents pour trouver une solution à cette escroquerie qui lèse gravement les paysans. Beaucoup d'exploitants sont dans l'incapacité de rembourser leurs crédits et de payer à l'Office du Niger la redevance due pour l'eau. Les huissiers se déplacent dans les villages pour saisir les biens et équipements de nombreuses familles.

B. Dave précise que c'est dans ce contexte très tendu, que quelques « anciens »[71] de la zone du Kouroumari[72] veulent réagir. Ils vont se tourner

travers l'ensemble du territoire. Ce programme prévoit 60.000 hectares à l'Office du Niger financés à travers les moyens de l'Etat, les ressources des partenaires au développement et des grands privés. À l'horizon 2012, l'Office du Niger produira à elle seule un million de tonnes de paddy ».

[71] Barou Diabaté, le griot de Darsalam ; Moussa Coulibaly, chef de village de Médina ; Amadou Diarra, chef de village de Darsalam, Ousmane Touré, délégué principal des paysans auprès de l'Office du Niger.

vers Sory Coulibaly, ancien ministre de l'agriculture, à la retraite dans son village de Sokolo. Celui-ci hésitera de longs mois avant d'accepter d'intervenir. Ce n'est que début 1996, après une nouvelle sollicitation du griot Diabaté venu le relancer dans son champ, qu'il va finalement se décider. Il réunit les anciens et leur dit que la seule solution pour défendre les intérêts des paysans, c'est de créer un syndicat. Le 22 février 1997, c'est le congrès constitutif. Le SEXAGON, Syndicat des Exploitants Agricoles de l'Office du Niger, est officiellement créé. Sory Coulibaly en sera le premier président.

En 1998, le syndicat va vivre un moment déterminant pour sa survie, mais aussi pour l'affirmation de son identité et de son autonomie. Tous les six ans, quinze délégués, dont trois délégués généraux, sont élus pour représenter et défendre les intérêts des paysans auprès de l'Office du Niger. Les résultats des élections organisées en 1998 sont contestés par le SEXAGON qui considère que celles-ci ont été manipulées afin de favoriser des candidats plus favorables à l'Office, notamment des membres d'un autre syndicat appelé Synadec.

Des marches de protestation sont organisées. A Niono, la gendarmerie intervient brutalement avec des tirs de grenades lacrymogènes. Huit militants sont emprisonnés et y resteront quatre jours. Ce fait reste ignoré d'une grande partie des citoyens du pays parce que non couvert pas la presse.

Les facteurs d'émergence d'un syndicat paysan autonome dans la zone Office du Niger, au milieu des années 90', sont multiples. Nous en retenons ici trois des cinq que cite B. DAVE :

- depuis le renversement du régime militaire en 1991, la société civile malienne relève la tête ; le pouvoir central et ses relais locaux (Office du Niger, Préfecture, Gendarmerie, etc.) ont perdu une partie de leur toute-puissance ;
- la libéralisation économique est mise en œuvre pendant les années 90' ; l'Office du Niger abandonne les activités commerciales, industrielles et de service qu'il assurait de façon exclusive jusque là : fourniture des semences et engrais, battage et décorticage du riz, achat des récoltes ;

---

[72] L'Office du Niger est divisée en cinq zones administratives et autant de directions : Niono, Molodo, N'débougou, Kolongo et Kouroumari. Une sixième zone administrative vient d'être créée dans le secteur de Bewani.

- les paysans alphabétisés sont nombreux dans la zone Office du Niger : des actions d'alphabétisation ont été menées par l'Office, mais surtout, un grand nombre de cadres intermédiaires, licenciés lors de la restructuration de l'entreprise, ont poursuivi des activités agricoles dans la zone ; on retrouvera plusieurs de ces anciens fonctionnaires parmi les premiers dirigeants du syndicat.

Trois thèmes sont récurrents dans les préoccupations et les revendications du SEXAGON :

- La bataille pour la représentation paysanne ;
- Le SEXAGON est d'abord, pour ses membres, l'intermédiaire, le défenseur, le « bouclier » des paysans vis-à-vis de l'Office du Niger. La façon d'envisager l'intervention du SEXAGON auprès de l'O.N. est donc une question prioritaire ;
- La sécurisation foncière des exploitations familiales : le statut foncier des exploitants familiaux de l'Office du Niger est juridiquement très précaire : des Contrats Annuels d'Exploitation (CAE) non écrits et reconductibles tacitement. Pratiquement, les paysans ne sont évincés de leur terre que lorsqu'ils se trouvent dans l'impossibilité de payer la redevance annuelle qu'ils doivent payer pour l'usage de l'eau. Les parcelles sont cessibles aux héritiers et peuvent éventuellement être divisées dans le cas d'une « séparation de famille ». Les transactions - locations, ventes, mises en métayage - sont interdites. Néanmoins un marché foncier informel s'est installé et concerne une proportion significative des superficies cultivées. Les petits paysans endettés, incapables de financer les frais de campagne et de payer la redevance, sont acculés à mettre en location ou en métayage une partie de leurs terres, voire à vendre celles-ci.

Une autre formule de bail, le Permis d'Exploitation Agricole (PEA), est théoriquement accessible aux paysans qui en font la demande. Mais ceux-ci sont très peu nombreux à avoir introduit une demande pour ce type de bail, pourtant à durée indéterminée. Ils considèrent en effet que cette formule ne change pas grand-chose en termes de sécurité foncière puisque les conditions d'éviction restent inchangées et qu'ils ne peuvent pas davantage gager leur terre pour obtenir un crédit d'investissement.

4.3. La création des coopératives paysannes

L'idée de soutenir la création de coopératives vient de la difficulté pour le syndicat d'être à la fois institution de revendication et outil économique. C'est pourquoi les objectifs de ces nouvelles coopératives restent prioritairement la commercialisation du riz et l'approvisionnement en engrais.

B. Dave, qui joue aussi le rôle de conseiller du syndicat, conclut : « *Ce réseau de coopératives paysannes sera indépendant du Sexagon sur les plans administratifs et comptables. Toutefois, il faudra d'abord être membre du Sexagon pour devenir membre d'une coopérative de base. Par ailleurs, deux postes d'administrateur seront réservés au Sexagon dans le Conseil d'Administration de la Fédération. Cette solution institutionnelle permet d'assurer une totale autonomie de gestion des coopératives par rapport au Syndicat tout en maintenant un lien institutionnel permettant aux coopératives de bénéficier de la dynamique sociale portée par le Sexagon* ».

Cette conclusion de B. Dave ressemble plutôt à un alibi pour faire jouer au syndicat un « rôle politique », celui de « satelliser » une organisation à but économique. Le SEXAGON continuait de rêver au contrôle total des paysans en lieu et place de l'Office du Niger, mais véritablement de la même façon que l'entreprise.

C) Les nouvelles politiques économiques (2002 – 2010)

1. La Loi d'Orientation Agricole comme levier du développement rural

Le 16 Août 2006 a été votée la Loi d'Orientation Agricole (LOA), qui doit servir d'instrument privilégié à la politique de développement rural du Mali dans les années à venir. Dans notre ouvrage « *Subsidiarité et Civilisations. Essai de philosophie politique mandingue* », nous faisons un examen critique détaillé de la LOA, examen critique dont nous rappelons ici les grandes lignes.

Parmi les mérites de la LOA on peut citer : l'effort déployé par le Gouvernement pour que le débat souhaité sur le texte initial soit le plus large possible ; le respect du principe d'équité, notamment entre les milieux rural et urbain.

Parmi les critiques les plus importantes à adresser à la LOA, doivent figurer :

- le fait qu'elle ne sait pas quelle place réserver à l'exploitation familiale dans le scénario d'intégration de l'agriculture malienne au modèle libéral aujourd'hui dominant ;
- la marginalisation du village et de ses différentes organisations endogènes. Les politiques au Mali semblent avoir adopté la formule de Bélime, qui demandait en 1929 de « désintégrer cette cellule

économique stérile qu'est le village indigène... ». La logique de domination du colonisateur est restée intacte pour l'État postcolonial et semble avoir été sanctifiée par les programmes de décentralisation qui continuent de marginaliser les institutions endogènes paysannes. Cette marginalisation, la LOA l'entérine au nom de la cohérence avec les textes de la décentralisation qui détaillent les fonctions dévolues par l'État aux collectivités territoriales dont, encore une fois, le village ne fait pas partie. Pire ! La LOA la renforce, en accordant à la Chambre d'Agriculture, auprès de laquelle les exploitations doivent être enregistrées, un rôle de médiation dans les conflits internes à l'exploitation familiale, sans aucune référence aux institutions endogènes villageoises qui ont, jusqu'ici, joué ce rôle.

1.1. La LOA et le projet Alatona à l'Office du Niger

Ce qui caractérise la première décennie du XXI e siècle, dans l'évolution de l'agriculture au Sahel, ce sont : le retour en force de l'obsession de la sécurité alimentaire et le rêve de faire cohabiter agrobusiness (pour les exportations et le ravitaillement des villes) et agriculture paysanne (pour l'autosubsistance et donc le maintien des ruraux dans les campagnes).

Cela se traduit non pas seulement dans les textes, comme les lois d'orientation agricole qui sont édictées dans différents pays sahéliens, mais également dans l'utilisation des investissements extérieurs.

C'est ainsi que, sans aller jusqu'à affirmer comme certains que pour bénéficier des financements américains du Millenium Challenge, le Gouvernement du Mali a été obligé d'initier une LOA, on ne peut nier que la LOA facilite grandement la mise en œuvre de ce programme au plan agricole au Mali. Or, sans exagération aucune, on peut aussi affirmer que, si le projet Alatona[73] se traduit par un sens poussée du pragmatisme, les conditionnalités posées pour la réalisation du programme ne cachent pas leur option libérale prononcée : le titre foncier pour les parcelles aménagées et une place importante accordée à la productivité et à la compétitivité.

Ces conditionnalités semblent être en contradiction avec les prises de position des organisations de petits paysans, notamment en Mars 2006, à la rencontre mondiale sur le foncier organisée par la FAO à Porto Allègre

[73] Alatona est le nom de la zone de l'Office du Niger ou les aménagements sont entrepris dans le cadre de ce programme.

(Brésil). Toujours est-il que le pragmatisme dont les équipes chargées du projet Alatona essaient de faire preuve, au nom de l'efficacité (il faut que l'argent investi débouche sur un développement agricole significatif), relègue au second plan les grands débats idéologiques. Mais l'enjeu essentiel n'est pas modifié : l'intégration de l'agriculture paysanne à l'économie de marché.

Les infrastructures prévues vont introduire des modifications importantes dans la vie de la population. Deux de ces infrastructures vont créer un véritable bouleversement : le système d'irrigation et la route bitumée qui va relier Niono à Diabaly, via N'Debougou. Le nouveau système d'irrigation va certainement juguler la perte d'eau ou la réduire le plus possible, agissant ainsi sur le montant de la redevance puisque le paysan devra payer à ce titre uniquement l'eau utilisée sur sa parcelle. Ceci suppose donc que cette pratique d'une utilisation indifférenciée de l'eau pour les usages des hommes et des bêtes doit prendre fin. D'autres infrastructures sont nécessaires pour l'accès des humains à l'eau potable, pour l'évacuation des eaux usées tout comme on devrait créer des infrastructures pour l'usage des bêtes.

Une des questions importantes est de savoir qui va prendre en charge l'eau pour les autres usages, notamment de l'eau potable pour les usages domestiques : est-ce l'État, la collectivité territoriale (commune) ou le village à travers des institutions endogènes de financement et de gestion du développement local (associations villageoises là ou elles fonctionnent encore ; nouvelles coopératives, etc.).

Quant à la route, elle devra assurer la jonction de la zone de production avec Bamako, surtout l'aéroport international de Bamako qui est en train d'être agrandi et rénové. Les avantages attendus sont nombreux : désenclavement de la zone et accès plus facile du marché national et international aux produits de la région ; baisse du coût des transports et plus grande mobilité des agents économiques ; attirance vers la zone de populations actives d'autres régions (commerçants, travailleurs manuels en quête d'emploi ; etc.).

Mais la route va amener un certain nombre de désagréments lors de sa confection : nuisances sonores et pollution de l'air pendant les travaux, plus grande difficulté d'accès à l'eau, difficulté de circulation des hommes et des animaux, déplacement de certaines maisons, destruction de certains champs hors casiers, risques d'accidents de la circulation, etc.

Mais l'impact le plus durable de la route viendra des bouleversements que sa confection va entraîner dans la vie économique et sociale des populations concernées. La route contribuera aussi pour beaucoup dans ce qui est défini ici comme les nouveaux défis posés aux populations de la zone. En fait, ce qui va déterminer ces défis, ce sont la route, dont la construction va déjà attirer dans la région un nombre important d'ouvriers, mais également et surtout l'aménagement de nouvelles parcelles et leur attribution à des paysans dont un nombre relativement considérable sont nouveaux à l'Office du Niger.

Le premier grand défi est l'accueil et l'absorption d'une population importante par une région habituellement peu affectée par l'installation de nouveaux venus. Il s'agit d'une population en majorité composée de jeunes ayant de par leurs différentes activités un pouvoir d'achat relativement élevé pour la zone. Les bouleversements sociaux qui peuvent résulter de leur afflux ne sont pas toujours faciles à évaluer et surtout à maîtriser : perturbation dans les liens matrimoniaux traditionnels, risque de propagation de maladies sexuellement transmissibles, bouleversements des valeurs de société, etc.

Le second défi est d'ordre économique : comment maîtriser les changements profonds qu'entraîne l'arrivée de tant d'actifs et l'entreprise de nouvelles activités dont la rémunération est essentiellement monétaire.

Les travaux de confection et d'aménagement de la route vont entraîner, au niveau local, un développement du salariat d'autant plus important que les revenus proposés sont de loin supérieurs à ceux que gagne habituellement la main-d'œuvre agricole salariée de la zone. Il y a un double mouvement possible dans un tel cas : une désaffection de la main-d'œuvre salariée pour les travaux agricoles qui lui sont habituellement dévolus et / ou une augmentation de la rémunération des ouvriers agricoles.

Il y aura, sans doute, une plus grande circulation d'argent, levier possible d'une monétarisation plus poussée de l'économie locale. Quelles peuvent en être les conséquences ? Même si cette situation ne débouche pas obligatoirement sur des différenciations importantes entre exploitations familiales (en partant du principe qu'il peut y avoir intensification de rapports marchands sans accélération de la différenciation entre paysans), la elle peut affecter les traits fondamentaux de l'agriculture paysanne caractérisée par sa faible monétarisation.

Mais le plus grand challenge reste de savoir comment rentabiliser tous ces investissements avec comme principal outil les exploitations familiales et leurs institutions d'appui ? Il faut reconnaître, en effet, que le pari de l'installation de fermes agricoles, par des agents économiques venus d'autres catégories sociales que la paysannerie, est loin d'être gagné.

L'autre volet de ce défi est comment convaincre les exploitations familiales qui auront gagné de l'argent au cours de ce nouveau programme, de le réinvestir dans l'agriculture afin de consolider le projet, tout en améliorant leurs finances et leurs conditions de vie en général. Ceci soulève la question cruciale de la définition d'une nouvelle politique agricole susceptible de faire face aux nouveaux défis.

1.2. La polémique entre paysans à propos du titre foncier

Malgré les prises de position fermes des organisations paysannes contre l'introduction du titre foncier dans les zones rurales du Sahel, les enquêtes que nous avons menées à l'Office du Niger montrent que les petits paysans ne l'excluent pas dans certaines zones, où il serait la meilleure formule pour la sécurisation de leurs droits fonciers. Les enquêtes en question, se sont déroulées du 12 au 21 Mai 2007[74].

La conclusion majeure est qu'il n'y a pas, au niveau des enquêtés, d'opposition véritable au titre foncier. L'approche des paysans est caractérisée par un très grand réalisme :

- une appréciation correcte de ses avantages, notamment en matière de sécurisation pour les paysans des zones aménagées, qui n'auront jamais connu des droits aussi importants sur la terre qu'ils travaillent. Autre avantage : l'accès aux possibilités d'investissements dans l'agriculture à travers des prêts bancaires avec, comme garantie, le titre foncier ;
- une conscience claire des dangers qui pourraient naître de la marchandisation de la terre : les risques d'émergence d'un marché

[74] Voir **Annexe 3** pour les détails de l'enquête.

incontrôlé de la terre avec une forte domination de la spéculation. Autre danger majeur : le développement d'une catégorie de plus en plus importante de paysans sans terre, sans attache aucune, puisque l'exploitation familiale aura éclaté suite à la perte de la terre.

La deuxième remarque importante est que les paysans ont conscience que le pari n'est pas gagné d'avance pour une exploitation disposant de 5 ha : les conditions actuelles d'accès aux intrants et au matériel agricole ne rendent pas facile l'accès au titre foncier. C'est pourquoi les paysans demandent l'intervention de l'État pour faciliter l'acquisition de ces facteurs de production. C'est l'une des raisons pour lesquelles également, les jeunes notamment mettent en avant l'importance d'une main-d'oeuvre familiale nombreuse pour l'accès aux parcelles qui font l'objet de titre foncier.

La dernière remarque est que les paysans trouvent que les questions techniques liées au travail de la commission ou aux critères d'attribution peuvent trouver rapidement des solutions consensuelles.

En vérité, le projet Alatona inaugure un changement d'époque à cause aussi bien du contexte dans lequel il prend place que des enjeux auxquels il s'attaque.

Ce contexte est d'abord politique : c'était l'engagement du Président de la République nouvellement réélu, de réaliser cette promesse électorale exprimée dans son « Projet de Développement Economique et Social », de mettre l'agriculture au cœur du décollage économique du Mali et la culture céréalière au cœur du développement rural.

La raison ? La difficulté d'accepter que, cinquante ans après les indépendances, un pays à vocation agricole comme le Mali "court toujours derrière sa sécurité alimentaire", ou vive dans l'insécurité alimentaire. Le Chef de l'État voulait presque tripler la production céréalière du Mali avant la fin de son nouveau mandat en 2012. Cette résolution remet le projet Alatona au cœur du programme de production de riz, céréale d'autant plus importante que la récolte malienne ne couvre pas complètement les besoins de consommation.

Ce contexte est aussi socio-économique car, bien que la Loi d'Orientation Agricole (LOA), outil juridique au service du projet présidentiel, prévoit l'articulation entre exploitation familiale et ferme agricole, c'est fondamentalement sur la première que repose l'essentiel de la demande d'efforts d'augmentation de la production.

L'enjeu aujourd'hui est de rendre l'exploitation familiale performante en matière de productivité et ceci dans un contexte international de compétitivité. Et il ne faut pas se tromper : il ne s'agit pas seulement de renforcer la capacité de l'exploitation familiale, il faut aussi convaincre ses membres d'accepter ce challenge.

Cela rend incontournables des négociations avec les petits paysans sur les risques qu'ils devront prendre, sur les garanties que l'État est prêt à leur offrir. Ce qui rend nécessaire la prise en compte des craintes justifiées des paysans sur le respect de leur mode de vie et donc de leur civilisation. Il est question de respect et donc de refus d'ingérence dans la gestion interne des familles. On peut améliorer les conditions de vie des femmes et des enfants sans demander à des organismes « étrangers » de veiller à la répartition « équitable » des revenus à l'intérieur des familles.

Si cette alliance avec les petits paysans doit passer par l'élaboration de dispositions spéciales concernant le titre foncier, il faudra s'y résoudre d'autant plus que la loi reste un outil pour la résolution des problèmes des hommes et, qu'à ce titre, elle ne peut être ni uniforme partout dans le monde, ni figée dans le temps.

L'analyse des résultats des entretiens menés au cours de notre enquête, permet de comprendre que, sur ce nouveau chantier qui suppose l'émergence du titre foncier dans la zone, le point de vue des paysans est hésitant et en tous les cas loin d'être unanime.

2. L'expérience de l'Initiative Riz

En Avril 2008, à l'annonce d'une crise alimentaire mondiale signifiant pour le Mali l'impossibilité d'importer, à un prix supportable par les consommateurs citadins, des quantités de riz correspondant aux besoins, le Gouvernement du Premier ministre Modibo Sidibé fait le pari d'une augmentation significative de la production nationale dès la campagne à venir. Ce programme exceptionnel, baptisé « Initiative Riz », devait permettre de produire suffisamment de riz pour couvrir les besoins des

Maliens, mais également en exporter vers les pays voisins confrontés à la même difficulté que le Mali et ne disposant pas du même potentiel de production. Un groupe d'experts[75] est commis pour élaborer un plan de campagne prenant en compte les deux volets essentiels que sont la production et la commercialisation. Le document intitulé « *Plan d'opération de l'Initiative Riz : campagne 2008-2009* », d'entrée de jeu, fixe les ambitions du plan :

2.1. de la politique

« *La volonté politique de faire du Mali une puissance agricole et de le porter au rang des pays émergents a été affichée par son Excellence le Président de la République à travers le Programme de Développement Economique et Social (PDES).* » (p. 4) ;

2.2. de la stratégie

« L'opérationnalisation du plan 2008/2009 (concernant le riz) s'appuie sur les stratégies prônées dans la Déclaration de Politique Générale de Monsieur le Premier ministre, à savoir :

- *accroître la productivité des différents systèmes de production par une intensification agricole basée sur la disponibilité en eau, l'approvisionnement correct en engrais et en semences, l'équipement de petits producteurs et la mécanisation de l'agriculture ;*
- *valoriser les filières agricoles en y apportant de la valeur ajoutée par la mise en œuvre des unités de transformation adaptées et performantes* ». (idem p. 4) ;

***2.3.* de la production**

« *La production attendue de riz pour la campagne 2008/2009 est de 1.618.323 tonnes, soit une hausse de 50% par rapport à la campagne 2007/2008. Cette situation permet de dégager une production de riz marchand de l'ordre de un million de tonnes. Elle couvrira les besoins*

---

[75] Le groupe est composé de Bakary Kanté (Conseiller technique à la Primature, responsable du programme Initiative Riz), Madani Touré (Conseiller technique à la Primature), Nouhoum Traoré (Conseiller technique à la Présidence de la République), Chéibane Coulibaly (Professeur à l'Université Mande Bukari de Bamako et à l'Université Libre de Bruxelles), Fousseyni Diarra (Conseiller technique au Ministère de l'Agriculture), Tibou Fayinké (Expert du Commissariat à la Sécurité Alimentaire), Bocar dit Siré Ba (CPS Ministère de l'Agriculture), Daniel Siméon Kelema (Directeur National de l'Agriculture) et Soumaïla Samaké (Directeur Génie Rural).

*alimentaires internes du pays (900.000 tonnes) et dégagera un excédent commercialisable de 100.000 tonnes ». (p. 6)***76** *;*

2.4. de la commercialisation

« Le dispositif de commercialisation sera orienté vers la mise en relation des groupements de producteurs et des opérateurs privés. Les groupements paysans qui détiendront les stocks les mettront sur les marchés en fonction de leur propre planning et de l'évolution des prix. Les opérateurs seront incités à s'approvisionner auprès des groupements en raison de la disponibilité des stocks en riz local qui deviendra compétitif par rapport au riz importé » (opuscule cité p. 15).

Le Gouvernement a décidé d'apporter un appui conséquent non pas à des « agro businessmen » dont très peu acceptent d'investir dans la production agricole au Sahel, mais à l'agriculture paysanne pratiquée par des millions de producteurs dispersés sur l'ensemble du territoire national.

L'appui a consisté en :

2.5. subventions :

Pour les engrais, dont la quantité totale nécessaire est estimée à 92.098 tonnes pour un coût global de 32,44 milliards sur lequel l'État décide de prendre en charge 9,42 milliards de F.CFA, au titre de subvention ; pour les semences dont la quantité totale nécessaire pour le programme est de 30.354 tonnes pour un coût total de 9,10 milliards sur lequel l'État paye 934,2 millions au titre de subvention sur le riz NERICA77 pour les zones d'extension ; et pour le renforcement de l'appui conseil, avec recrutement de nouveaux agents, l'équipement en motos (200) et le fonctionnement pour un coût de 325 millions de F.CFA ;

2.6. préfinancement des équipements

Il concernait : 5 mini rizeries, 100 décortiqueuses, 100 batteuses, 36 motopompes, 70 motoculteurs à repartir entre les zones de culture selon leurs besoins. Le coût des équipements est estimé à 701 millions de F.CFA plus 32 millions comme appui au fonctionnement de la station de pompage de San Ouest.

---

[76] Cette ambition est à l'image de celle affichée pour le plan global de production de dix millions de tonnes[76] de céréales en 2012.

[77] New Rice for Africa.

Le budget global de l'Initiative Riz pour 2008-2009 est estimé à 42 ,65 milliards de F.CFA dont 10,71 milliards de subvention de l'État orientée principalement sur les intrants et l'appui conseil

Les bénéfices attendus de l'opération sont multiples :

2.7. augmentation du revenu net par hectare

Le revenu net par hectare du producteur devrait passer de 300.000 à 500.000 F.CFA ;

2.8. abondance de la production

L'abondance de la production sera favorable à l'approvisionnement correct du pays en riz à un prix non spéculatif, abordable pour les consommateurs ;

2.9. amélioration de la balance des paiements

Sur le plan de l'économie nationale, il y aura amélioration de la balance des paiements à travers l'exportation de 100.000 tonnes qui seront vendues au minimum à 300 F.CFA/kg.

Avec le recul, on peut noter que ce Plan, malgré toutes ses qualités, comportaient deux faiblesses majeures : la focalisation sur des chiffres de production optimistes et la « naïveté » de croire que l'augmentation de la production permettrait automatiquement de baisser les prix.

Les chiffres étaient trop optimistes parce que l'estimation des productions par zone de riziculture part de rendements surestimés, fournis par les services techniques de l'État[78]. Ces rendements étaient ensuite majorés parce que les experts estimaient que, logiquement, avec les subventions (en engrais et semences), les systèmes de production seraient plus performants. Comme le montre le tableau suivant, l'Office du Niger devait fournir à lui seul jusqu'à 1/3 de la production totale attendue.

Tableau : Répartition des productions, superficies et rendements par région, structure et système de production (Source : « *Plan d'opération de l'Initiative Riz : campagne 2008-2009* » p. 6) :

---

[78] Cela a été bien démontré par Benoît DAVE dans son article « *Office du Niger : les chiffres officiels de la production agricole sont surestimés* » in « *L'Office du Niger en question – IIème partie* » ; la revue « Les Cahiers de Mande Bukari » n° 06 ; Editions Le Cauri d'Or, Bamako ; 1er trimestre 2007.

Localités Régions	Structures Encadrement	Système Irrigation	Superficie en hectare	Rendement en kg/ha	Production en tonne
Ségou	ON	Maitrise totale	91 348	6641	606 651
Ségou	ORS	Submersion contrôlée	30 000	*2000*	60 000
Ségou	San Ouest (DRA)	Maitrise totale	1500	6500	*9750*
Ségou	DRA (PMB, San Ouest)	Submersion contrôlée	12 950	2000	25 900
Ségou	DRA	Submersion libre	1450	1200	1740
Ségou	DRA	NERICA	17000	3000	51 000
Koulikoro	OPIB	Maîtrise totale	3275	6000	19 650
Koulikoro	PAPIM	Maitrise totale	1500	5667	8500
Koulikoro	DRA	NERICA	14 000	3000	42 000
Koulikoro	OHNV	Submersion libre	*4600*	1200	5520
Sikasso	ODRS	Maitrise totale	1621	6494	10 526
Sikasso	DRA	NERICA	85 000	3000	255 000
Mopti	ORM	Submersion contrôlée	23 *850*	2000	41 700
Localités Régions	Structures Encadrement	Système Irrigation	Superficie en hectare	Rendement en kg/ha	Production en tonnes
Mopti	DRA	Submersion libre	185 580	850	157743
Mopti	DRA	Bas-fonds	1440	2000	2880
Kayes	PDIAM	Maitrise totale	*170*	5500	935
Kayes	PDRIK	Submersion contrôlée	665	2000	1330
Kayes	DRA	NERICA	22 000	3000	66 000
Tombouctou	Daye, Hamadia, Koriome	Maitrise totale	1660	6000	9960

Tombouctou	SAOUNE	Maitrise totale	400	7000	2800
Tombouctou	PIV (DRA)	Maitrise totale	16 288	5968	97 208
Tombouctou	DRA	Submersion libre	12 680	800	10 144
Tombouctou	DRA	Bas-fonds	12 460	2000	24 920
Gao	PRODECA	Submersion contrôlée	6900	2000	13800
Gao	PIV (DRA)	Maitrise totale	520	5808	3020
Gao	DRA	Submersion libre	47 000	900	42 300
Gao	DRA	Bas-fonds	300	2000	600
Bamako	DRA	NERICA	50	3000	150
TOTAL			602 973	2684	1.818. 323

Aussi, comme il adviendra plus tard à la fin de la campagne, l'augmentation indéniable de la production n'aura pas d'incidence notable sur le prix à la consommation, parce que les circuits de la commercialisation n'auront pas été maîtrisés. Il faut reconnaître, à la décharge du groupe d'experts, qu'un schéma de commercialisation avait été élaboré, et ceci pour chacun des quatre circuits habituels de vente du riz (commercialisation par les organisations paysannes, par l'Office des Produits Agricoles du Mali - OPAM, par les transformateurs et par les importateurs/exportateurs)[79].

Les adversaires du programme vont porter la polémique d'abord sur les performances de production attendues et, à la fin de la campagne agricole, sur le fait que les prix à la consommation n'ont pas baissé.

Le doute sur la réalisation possible d'une production record durant la campagne 2008-2009 tirait ses arguments de difficultés réelles :

---

[79] Pour plus de détails, voir le document « *Synthèse de la mise en œuvre du volet Commercialisation de l'Initiative Riz* », Ministère de l'Agriculture, Secrétariat Général, Bamako ; 05 octobre 2008.

- les travaux de la saison de production 2008-09 avaient déjà commencé au moment de l'annonce des mesures de l'Initiative Riz, ce qui ne facilitait pas pour les paysans la révision de leur plan de campagne ;
- l'approvisionnement des exploitants rizicoles en engrais et semences risquait de prendre du retard vu l'importance des nouveaux besoins et les difficultés d'approvisionnement réelles ou provoquées (pour relever le prix parce que l'État devait subventionner) ;
- à cause des lourdeurs administratives habituelles et des conflits politiciens qui agitaient jusqu'au Gouvernement à l'époque, le décaissement des subventions promises risquait de traîner, compromettant ainsi la campagne agricole[80].

Au délitement de l'appareil d'État, il faut ajouter la corruption généralisée qui pousse les opérateurs économiques, en complicité avec des hauts cadres de l'administration publique, à développer des pratiques de spéculation qui enlèvent à l'État toute possibilité de maîtrise des prix. Cette spéculation va concerner d'abord les engrais et les semences que l'État compte subventionner en faveur des producteurs[81] puis le prix au consommateur de riz[82].

Ceci permet de comprendre pourquoi les prix des céréales se sont installés dans une fourchette haute, malgré les subventions des engrais et l'augmentation de la production. Dans un contexte d'usure et de spéculation, la loi de l'offre et de la demande ne peut jouer que si un acteur important veille à « réguler » le marché. Les concepteurs de « l'Initiative Riz » avaient voulu que ce rôle soit confié à l'État à travers l'OPAM qui devait commencer tôt les achats aux producteurs (dès les premières récoltes), et surtout en commençant par les producteurs les moins bien organisés ou les

---

[80] Les départements en charge de la mise en œuvre du programme, comme le Ministère de l'Agriculture par exemple, vont rivaliser en subterfuges pour le faire échouer.

[81] Les groupes d'intérêts basés sur le non respect des règles économiques du pays et sur la corruption sont très vite entrés en jeu contre « l'Initiative Riz ». Pensez donc, il allait y avoir plus de contrôle sur les transactions concernant l'engrais puisque l'État devait subventionner cet intrant (il avait été retenu que le riziculteur allait acheter le sac d'engrais à 12.500 Fcfa et non à 17.500 Fcfa ou même beaucoup plus, comme les autres années). Les fournisseurs ont créé une pénurie artificielle d'engrais afin de faire grimper les prix (on espérait vendre le sac à 35.000 Fcfa à l'État). Heureusement que la société Toguna et un petit nombre d'autres fournisseurs ont accepté de livrer l'engrais à 21.000 Fcfa le sac.

[82] Les commerçants auront tiré les leçons de l'échec des fournisseurs d'engrais qui ont essayé de spéculer : ils ont profité des lenteurs de la mise en route de l'OPAM et ont serré leurs rangs en s'appuyant sur les partis qu'ils financent et qui sont représentés au gouvernement. La situation qui en a résulté est cette hausse inconsidérée du prix au consommateur.

plus éloignés des marchés et qui pouvaient être amenés à brader leur production. L'OPAM pourrait ainsi acheter de 20 à 25% de la production totale et stocker ces quantités dans des magasins installés dans différentes parties du territoire, afin d'intervenir à bon escient dans les zones déficitaires.

Les paysans, organisés dans des structures comme les coopératives, syndicats et autres institutions, devaient bénéficier de prêts bancaires pour acheter à un prix raisonnable, auprès de leurs membres, et stocker le riz en attendant de pouvoir négocier avec les gros commerçants.

Les commerçants, tout comme les producteurs, les transformateurs, etc., sont des acteurs économiques maliens et il faut qu'ils gagnent leur vie par le métier qu'ils ont choisi d'exercer. Et tout le monde a conscience de cela. Mais ce qui n'est pas acceptable, c'est que les acteurs les plus forts écrasent les plus faibles et imposent une loi inique à leurs concitoyens, au nom d'intérêts corporatistes et au mépris du droit.

Finalement le Gouvernement a dû se résoudre à promouvoir un protocole d'accord sur le prix du riz au producteur dont le seuil retenu en 2008-2009 est apparu trop bas pour les producteurs (250 F.CFA/Kg). Cependant, ce seuil pouvait être considéré comme correct si on retient qu'en période de récolte certains paysans ont vendu à 160 F.CFA le kg. Mais il est aussi vrai que, vu la hausse des prix en période de soudure, le prix proposé par le protocole aurait pu être plus élevé. Ce prix négocié n'aura donc de sens que dans le cadre :

- d'une négociation globale qui plafonnerait la marge bénéficiaire des commerçants afin que le prix au consommateur ne « flambe » pas. Le prix au consommateur aurait pu être de 300 Fcfa et, par la poursuite de « l'Initiative Riz », baisser graduellement ;
- et sur la durée, afin que les paysans puissent bénéficier de ce prix, même en période de risque de baisse drastique du prix au producteur.

Compte tenu de ces problèmes, est-il souhaitable et envisageable de subventionner d'autres céréales ? Bref, comment consolider et étendre l'initiative riz, malgré la non maîtrise des circuits de commercialisation par le Gouvernement ?

« L'Initiative Riz » a été conçue dans un contexte de crise qui s'est brusquement exacerbée et il a fallu au Gouvernement prendre des mesures plus urgentes les unes que les autres : exonération de taxes d'importation de riz en attendant une augmentation de la production afin de contenir les prix à un niveau supportable par le consommateur. Il n'y a pas réussi complètement, mais il a su éviter les « émeutes de la faim » qu'on a connues ailleurs. D'autre part, beaucoup de Maliens comprennent maintenant que le succès aurait pu être plus grand si le Gouvernement avait pu respecter les règles élémentaires de régulation du marché.

Finalement, peut-on dire que « l'Initiative Riz » a été un succès au bout de la campagne 2008-2009 ? Oui, pour différentes raisons :

- d'abord il s'agit d'une réponse audacieuse qu'un Gouvernement, confronté à un problème crucial, a pu donner de façon souveraine ;
- les observateurs les plus « neutres » admettent volontiers qu'il y a eu, en fin de saison 2008 - 2009, augmentation de la production de riz au Mali même s'il y a polémique sur les chiffres ;
- les paysans maliens ont, eux, noté que pour la première fois depuis bien longtemps l'appui de l'État aux producteurs ruraux s'est étendu à l'ensemble du pays et non à une ou des zones spécifiques ;
- le fait que l'État continue de pratiquer cette politique après 2009 et même aux moments les plus difficiles pour la production agricole, montre assez que les bénéfices qui en sont tirés sont très importants.

L'Initiative Riz continue son chemin loin des fracas d'une polémique stérile, enterrant son rêve de porter à la rue le débat sur les politiques agricoles, convaincue que dans un climat de délitement de l'État et de corruption généralisée, la discrétion est une voie incontournable vers le succès.

CONCLUSION

Au terme de cet ouvrage, certains points méritent d'être rappelés. Concernant spécifiquement l'Office du Niger on est frappé par la constance des problèmes que les paysans ont rencontrés dans cette entreprise de 1932 à 2010, c'est-à-dire pendant près de trois quart de siècle. C'est là une des choses qui étonnent le plus à l'O.N. Les revendications des colons formulées clairement au cours de manifestations spontanées en 1944 sont les mêmes que celles pour lesquelles leur syndicat se battait en 1954. Et ce sont les mêmes que nous avons retrouvées au cours de notre enquête, dans les critiques individuelles ou collectives des paysans à l'encontre de l'Office.

Cette constance se retrouve aussi bien concernant les rapports Office/colons que dans le fonctionnement des structures administratives de l'entreprise elle-même.

C'est qu'à l'entêtement des faits, répond un tout aussi grand entêtement à nier leur existence ou à vouloir les résoudre avec des recettes technocratiques, dirigistes, en un mot bureaucratiques. Les hésitations quasi permanentes du pouvoir à reconsidérer, par exemple, le contrat général des colons (expression juridique des rapports Office/colons) montrent que l'État n'a jamais voulu, pendant tout ce temps, véritablement changer la situation de ces paysans.

Malgré des analyses parfois très subtiles tendant à présenter les colons comme des « *koulaks* », il est indéniable que, comme le font remarquer les colons eux-mêmes, la situation alimentaire de la plupart d'entre eux s'est constamment dégradée de 1960 à 1985. Ceci n'a rien d'étonnant quand on voit l'évolution de la politique agricole appliquée durant la période coloniale et renforcée depuis : contrôle des conditions de production des colons auquel s'ajoutent à partir de 1960 la mainmise de l'État sur les différents marchés qui intéressent les paysans et, à partir de 1970, la mise en place de structures d'encadrement paramilitaires[83].

Cette politique agricole, bien quelle n'ait trouvé une application complète qu'à l'Office, devrait être mise en œuvre dans toutes les terres irriguées. Du moins c'est ce que laissaient entendre certaines décisions de la fin de 1980 comme celle consistant à entreprendre des études pouvant permettre

---

[83] Même après la « révolution démocratique » de Mars 1991, les dirigeants du syndicat des paysans sont jetés en prison pour avoir organisé des manifestations de protestation contre les conditions dans lesquelles les maintient l'entreprise.

l'extension du contrat de l'O.N. à toutes les zones de riziculture irriguée (notamment les Opérations Riz Mopti et Riz Ségou).
Les résultats de ces études n'ont pas été publiés, mais la volonté d'uniformisation des conditions des riziculteurs n'en est pas moins affirmée notamment dans le document de juillet 1980 du Ministère du Plan, « *Projet d'Orientation du Plan Quinquennal de Développement Economique et Social : 1981-85* ». Ce projet, qui expose la philosophie d'ensemble du Plan proprement dit, divise le pays en trois zones dominées chacune par un « Projet pôle ». L'Office du Niger est le projet pôle de la zone du centre regroupant les 3ème, 4ème et 5ème régions économiques du pays (respectivement Sikasso, Ségou et Mopti) et une partie de la 2ème région (Koulikoro). En fait, il s'agit presque de tout le Mali agricole et il devrait servir de « Modèle de développement » agricole pour une bonne partie du pays.

Mais, ce processus a été interrompu tant par la pression du « capital international » que par l'efficacité des formes de résistance paysannes qui ont mis en échec la plupart des objectifs de l'État, notamment dans le domaine de la production. En fait, ce sont les résistances paysannes qui ont amené « le capital » à redéfinir au Mali les conditions de «l'extorsion du surplus paysan ». C'est le signe que la crise était profonde puisque « le capital » n'intervient en effet à ce niveau que pour juguler les crises les plus graves, se contentant en temps ordinaire de contrôler la sphère de distribution du surplus.

Les colons ont lié leur survie au degré d'autonomie qu'ils pouvaient avoir vis-à-vis des structures de l'État. La raison essentielle était l'impossibilité pour la plupart d'entre eux d'intégrer ces structures : ceci exigeait des moyens économiques et des relations avec les hommes au pouvoir, toutes conditions qu'ils ne pouvaient pas remplir.

C'est cette attitude de la majorité des paysans qui a inspiré la politique agricole à partir de 1981. En fait, bien que les lignes générales de cette politique soient connues depuis cette date, ce n'est qu'en début 1983 qu'elle a connu un début d'application. Son triomphe définitif, qui consacre la défaite des tenants de la ligne du développement par les Opérations, ne s'est dessiné qu'en 1984. Il faut signaler que cette politique réduit les revendications des paysans au seul aspect d'un meilleur partage de la plus-value produite (révision de la politique des prix agricoles).

Elle comptait procéder à une sélection des paysans en vue de leur spécialisation et espérait que ces paysans ou d'autres catégories sociales (commerçants, fonctionnaires, jeunes diplômés) voudraient jouer le rôle d'entrepreneurs agricoles. Cela constitue un pari qui est loin d'être gagné dans le cadre de l'agriculture en zone sahélienne, car la plupart des acteurs (même des paysans enrichis) préfèrent investir dans d'autres secteurs.

Une des plus grandes satisfactions que nous avons pu tirer de ce travail a été d'avoir eu accès à des travaux précédemment menés et qui ont montré que dans l'affaire de l'O.N., l'opinion publique a été sans cesse flouée. Une autre satisfaction est d'avoir rassemblé des éléments pouvant montrer la possibilité d'une alternative crédible à la politique agricole de ces années là.

En ce sens, ce travail s'adresse bien sûr aux chercheurs spécialistes de ces questions mais aussi et surtout à cette frange de la population malienne passionnée par l'analyse des problèmes socio-économiques de notre pays et qui malheureusement ressasse le plus souvent les idées reçues du « développement ».

C'est pourquoi ce travail ne peut pas aussi prétendre être autre chose qu'une ouverture vers d'autres réflexions, une piste pour ceux qui veulent s'aventurer dans la défense combien difficile des intérêts du plus grand nombre et des plus pauvres de nos pays.

Bien des questions demeurent en effet qui méritent d'être approfondies concernant l'Office du Niger lui-même, comme l'analyse de l'ensemble de l'économie paysanne notamment des activités non contrôlées par l'État, de nouvelles relations que l'entreprise de telles activités exigent du paysan. Il est utile aussi de savoir dans quelles circonstances (relations matrimoniales, organisation d'entraide etc.), les colons originaires des zones éloignées de l'O.N. ont eu accès au terroir de villages de la zone périphérique de l'Office pour les cultures sèches, et comment ils sont parvenus à mettre en valeur ces terres notamment au niveau de la mobilisation et de l'organisation de la force de travail.

De même nous aurions voulu analyser les transferts de pouvoir au niveau de l'organisation villageoise (transferts résultant de la redistribution du pouvoir économique), les problèmes des rapports entre instances du parti, autorités administratives et instances villageoises de « développement » (*Tons* villageois)[84].

---

[84] Nous avons mené ces analyses plus tard dans un autre ouvrage : « *Subsidiarité et civilisations : essai de philosophie politique mandingue* », paru en 2013.

D'autres questions mériteraient également d'être éclairées, par exemple la réinsertion dans d'autres régions de colons démissionnaires ou évincés de l'Office du Niger. Ces éléments, comme bien d'autres, qui ne sont pas mentionnés ici auraient pu fournir des éléments complémentaires pour une analyse socio-économique plus approfondie.

Mais depuis les derniers encyclopédistes, la prétention à l'exhaustivité complète en sciences sociales n'est plus possible à cultiver. Du reste, malgré les diverses précautions prises, il nous semble indispensable de formuler des conclusions prudentes tant il est vrai que nous ne savons pas ce que les paysans eux-mêmes (dans leur grande majorité) pensent de l'image que nous donnons d'eux dans ce travail. Il y a eu certes, de la part d'enfants scolarisés de colons, des traductions en langue nationale *bamanan* de certains passages du rapport que nous avions écrit en 1980. Nous avions, comme promis aux paysans qui avaient fait l'objet de nos enquêtes, envoyé une copie du rapport à quelques uns de leurs leaders. Mais il faut reconnaître qu'à la fin de nos recherches en ces époques difficiles de l'histoire de notre pays, il n'y a pas eu de séance de « restitution » et évoquer les difficultés d'organisation de ces séances ne change rien au fait que les paysans ont été pendant longtemps la « majorité silencieuse », ou plus exactement la majorité sous-informée et bâillonnée.

Quant aux mythes liés à l'Office du Niger nés du rêve d'un hydraulicien, ils ne sont pas morts même si le nombre de ceux qui les entretiennent a bien baissé. L'année 1985 a, comme qui dirait, sonné le glas pour la logique suicidaire de continuer à endetter inconsidérément les colons que, par un ailleurs, la politique de l'État maintenait dans l'insolvabilité par un pillage systématique à tous les échelons de la production, de la commercialisation et de la répartition des produits (consommation).

Le recul des politiques nationales agricoles défavorables aux paysans de l'Office du Niger a commencé avec la fin effective du monopole de l'État sur la commercialisation du riz. Il a continué avec le « gel » des dettes, signant la triste fin d'un système inique et « imbécile ».

La révolution agricole, inaperçue pour la plupart des citadins, eut lieu en ces années-là où les paysans, libérés des chaînes les plus lourdes, mirent à profit leur maîtrise des techniques culturales pour pratiquement tripler les rendements moyens du riz dans la région. Il apparut alors aux paysans eux-mêmes que la véritable bataille qu'ils menaient était la lutte pour le contrôle de leur production et non pas la simple amélioration de leur statut de colon. Dans un ouvrage publié en 1997[85], nous faisions remarquer ce constat par l'attitude des colons face à l'acquisition de la propriété des parcelles qu'ils prenaient en location avec l'.ON.

En 1937, en effet, il a été promis aux premiers colons installés à l'Office du Niger au Mali, qu'après 10 ans d'exploitation, leurs parcelles leur appartiendraient. Après plus de 50 ans de lutte pour avoir plus de droit sur les parcelles, les premiers pas vers un droit de propriété ont été franchis par la livraison d'un permis d'occuper aux colons de la zone de Niono en 1989. Quelle ne fut la surprise des promoteurs de ce permis quand ils virent que les colons ne se précipitaient pas pour se le procurer. Le rêve de créer la propriété privée des terres dans cette zone prenait un sacré coup. Cela ne veut pas dire que le « permis d'occuper » n'intéresse pas le paysan comme moyen de sécurisation de son exploitation. Bien au contraire, cela veut dire que pour cette sécurisation, le paysan n'a pas besoin d'aller jusqu'à la propriété privée car la sécurisation de son droit d'usage lui suffit.

Mais l'espoir qu'il s'agit du dernier « *éléphant blanc* » à l'O.N est loin d'être assuré aujourd'hui, et malgré les changements énormes survenus depuis 15 ans dans cette région (notamment au point de vue démographique avec la population humaine qui a presque triplé et une population animale en croissance constante), la logique qui prévaut encore dans les milieux des « *décideurs* » nationaux est celle de continuer le rêve de l'hydraulicien BELIME dans ce qu'il a de plus technocratique et bureaucratique. Ils continuent en effet à rêver d'aménagements colossaux sous la responsabilité d'un Office du Niger qui aura repris ses oripeaux « *d'État dans l'État* » en oubliant que, malgré les efforts de « *partenaires au développement* » la réhabilitation entreprise en 1979 n'a pas touché en début 1998 la moitié des 50 000 ha correspondant à la superficie totale aménagée à l'O.N. A côté, il est vrai, il est temps de faire la place aux privés (nationaux surtout) qui sont prêts aujourd'hui à prendre en charge les coûts et les risques d'une agriculture irriguée mécanisée et inscrite dans une logique « *d'agro-business* ». Mais ce n'est pas l'argent du contribuable qui doit servir au financement de ces aménagements. Et si cela est ainsi conçu, il faut également mettre un frein à ce comportement de « rançonneur » des privés auquel s'adonnent nos administrations centrales ou celles de structure aussi lourdes que l'Office du Niger.

---

[85] Chéibane COULIBALY : « *Problématique foncière et gestion des conflits en Afrique Noire* » Tome I (Editions : Le Cauri d'Or – Bamako ; 1997).

L'espoir est tout de même permis de penser que la réalité, qu'il est toujours difficile de plier aux rêves les moins généreux, imposera plus de lucidité aux « *concepteurs* » dont une minorité s'efforce depuis la fin des années 1970 de développer une agriculture paysanne seule susceptible de sécuriser les paysanneries de nos contrées. Parmi les efforts à saluer figurent sans nul doute le programme « *Amélioration de la Riziculture Paysanne à l'Office du Niger* » (ARPON) des Pays-Bas et plus tard les efforts de la section « *Appui aux organisations paysannes* » du Projet Retrait financé par la France. Plus récemment, après de nouvelles décennies d'errements, l'Initiative Riz a permis de remettre en discussion ce que peuvent être les prémisses d'une véritable politique agricole en faveur des petits paysans.

Mais n'anticipons pas trop sur la suite de cette saga du développement du Mali qui est avant tout la saga des paysans que nous avons pris sur nous de faire parler (sans y parvenir toujours) et dont nous prenons le risque d'interpréter les propos, tout en ayant à l'esprit que nous ne sommes pas eux et que les intellectuels ont joué, la plupart du temps, le rôle de manche de cognée dont parle le proverbe turc.

Il n'empêche que ce livre est le fruit d'une conviction qui est que les intellectuels progressistes des pays à économie rurale (au sens où l'entend BERSTEIN) ont le devoir d'être au moins les historiens des ruraux pour que l'histoire de nos pays cesse d'être uniquement l'histoire de « *l'élite* » intellectuelle de nos villes ou celle de la classe politique, car comme le dit un proverbe bien de chez nous, l'Afrique : « *Tant que les lions n'auront pas leurs propres historiens, les histoires de chasse continueront de glorifier le chasseur* ».

ANNEXES

ANNEXE I

DE L'ANALYSE MICRO-RÉGIONALE A LA DÉCENTRALISATION :

Réflexions sur une institution efficace de développement local

Le présent article s'inscrit dans le cadre d'une réflexion méthodologique dont l'objectif est de parvenir à déterminer un ensemble micro-régional cohérent dans ses différents aspects : agro-écologiques, socio-économiques, historico-politiques, psycho- culturels et enfin technico-productifs.

Ces éléments issus d'enquêtes de terrain ont trait pour l'essentiel, à l'histoire de la microrégion, les formes d'organisation, d'administration (donc de pouvoir) du territoire, le peuplement et les relations entre les individus et les communautés, les échanges (courants, voies et centres importants) et enfin les ressources naturelles et les formes de leur gestion.

En fait, il s'agit de saisir l'ensemble de ces éléments dans leur évolution, de la période précoloniale à nos jours, en passant par l'époque coloniale.

I – LES BASES THÉORIQUES DE L'ANALYSE MICRO-RÉGIONALE

1 – 1 Les axes de l'analyse micro-régionale

L'analyse micro-régionale comporte les cinq axes suivants :

a) Les aspects agro-écologiques

Ces aspects intéressent au premier chef (traditionnellement) certaines sciences de la nature, particulièrement dans les cas où les aspects agro-écologiques interviennent de façon décisive, entrant dans la délimitation de la microrégion d'autant plus que ces éléments semblent plus faciles à cerner. Le danger existe alors de perdre de vue qu'il s'agit de l'étude d'un système complexe ayant sa logique et sa rationalité, sa conception de l'espace et du temps, qui ne sont pas forcément celles des « développeurs ».

Dans les aspects agro-écologiques, il faut donc prendre en compte les caractéristiques de la terre, les formes d'accès à l'eau, les différentes variations du climat. Tous ces éléments entrent en relation avec les types de cultures, les différents cycles végétatifs de ces cultures et les problèmes divers (d'érosion ou autres).

Mais il ne faut pas oublier d'identifier les multiples conceptions des paysans sur ces différents sujets. Les classifications variées faites par les agronomes au sujet de la terre se fondent sur une certaine conception de l'activité agricole et de la destination des produits. Cette conception est très souvent différente de celles des paysans qui ont, quant à eux, d'autres classifications pas toujours traduisibles dans les concepts de l'agronomie classique. Les paysans parlent parfois de « terres noires », de « terres maigres », etc....

b) Les aspects socio-économiques

Ils concernent les différents procès qui se déroulent dans la microrégion au niveau social et économique, notamment les différentes formes d'échanges qui y existent.

Ces formes d'échanges (monétaire et / ou en nature) peuvent concerner des produits de la force de travail, du capital, de la terre. Certaines formes sont chargées de symbolisme. D'autres recouvrent des sens différents même si l'on échange les mêmes produits. En effet, la forme de l'échange, son contenu et donc son sens change suivant que cet échange se déroule entre des personnes à statuts sociaux égaux ou non, entre des catégories sociales différentes (par exemple entre le pouvoir local et des paysans dont la force est absorbée par ce pouvoir) combinant les études du marché et des différentes formes d'organisation sociale de la population.

c) Les aspects historico-politiques : l'analyse du pouvoir

Le pouvoir ne doit pas être vu seulement comme la pratique d'un groupe économique qui essaie de dominer un ou d'autres groupes. Pour plus de profondeur dans l'analyse, il faut le voir plutôt du côté de la production et éviter de ne pas prendre en compte les possibles responsabilités concernant certains secteurs.

Par exemple, il arrive que des politiques pensent (ou fassent penser) que, pour trouver une solution à ces problèmes de pouvoir dans les microrégions, il suffit simplement de « couper la tête » aux principaux représentants du pouvoir local (dans de nombreux cas on montre des commerçant ou des « *koulaks* »). Mais si on ne modifie pas les conditions de production des paysans, il est très probable qu'un an après, les mêmes conditions de pouvoir local se reproduisent.

Il faut, en effet, avoir à l'esprit que ce qui permet de définir un pouvoir en place, c'est une forme particulière d'organisation qui met en relation des conditions de production, des formes d'échange et une espèce de sécurité que cherchent les paysans dans ce genre de situation.

d) Les aspects psycho- culturels

Ce sont les aspects les moins pris en compte dans ce genre d'analyse alors que, par exemple, la mise en place d'un système colonial efficace est passée par la « déculturation » des sociétés colonisées.

La microrégion est composée par divers groupes avec différentes caractérisations culturelles et donc différentes conceptions sur leur propre situation dans cette zone. La culture ne doit pas être vue seulement comme une somme de différentes conduites mais également comme des formes d'interprétations de la vie, du monde, comme un espace où peuvent surgir toutes les stratégies. Il faut donc prendre en compte les conditions sociales qui permettent que ces cultures se développent plutôt qu'elles se renferment sur elles-mêmes, dans des situations abusivement singulières. Malheureusement, dans la plupart des stratégies officielles de promotion de la culture, on n'accorde pas la place qu'elle mérite à la culture paysanne.

e) L'axe technico-productif

Cet axe met en rapport éléments naturels (qui déterminent le cycle agricole), instruments de travail et pratiques de production (savoir et savoir-faire). Sont donc pris en compte la force de travail (capacité physique et expérience), le capital (instruments de travail), l'objet de travail (bien sûr) et le climat. Mais l'axe technico-productif, comme son nom l'indique, est un indicateur de l'expérience accumulée par une société donnée. En cela il est une des déterminations fondamentales du niveau atteint par une société dans sa mise en rapport de l'homme avec la nature, et avec d'autres hommes.

1 – 2 Axes et variables

Par souci d'opérationnalité, on doit décomposer ces cinq axes en différentes variables pour essayer de trouver les sources et les formes d'analyse adéquates. Il faut partir de l'idée, qu'entreprendre une analyse suppose en soi-même une perspective de synthèse. Ceci ne veut pas dire qu'on va remplacer la réalité, ni essayer de la plier à un quelconque schéma. C'est pourquoi il faut faire l'effort d'exprimer, de préciser les différents instruments ou éléments qui vont nous servir d'approche à cette réalité puisque l'objectif aussi bien de l'analyse que de la synthèse, c'est l'explication.

La force de l'explication à laquelle on va aboutir viendra de la prise en compte non seulement de la richesse empirique de la recherche entreprise, mais également de la définition claire des instruments utilisés et de leur précision.

Comment les divers groupes utilisent-ils l'espace, le contrôlent, bref le conçoivent ? Voilà l'effort à fournir, car la microrégion n'est pas seulement un espace physique et social, elle est un lieu où on trouve également différentes positions. En d'autres termes, la microrégion apparaît comme la spécification du temps social, de différents procès et de différentes formes de structuration sociale. C'est en cela qu'il est concret, c'est-à-dire, comme disait Marx, la synthèse de multiples déterminations.

Revenons à la notion de microrégion dans son acception essentiellement méthodologie et utilisons-la comme hypothèse, en mettant l'accent sur l'économie paysanne.

Pour les chercheurs intéressés par exemple par l'analyse du système agro-alimentaire local, cela est un axe essentiel. Il faut, sur ce point, établir les différentes dimensions et les multiples relations entre les dimensions (car ces relations ne sont pas toujours déterminées au cours d'études plus particulières ou spécialisées).

Plusieurs dimensions doivent donc être étudiées comme la relation campagne-ville ou celle existant entre l'offre des produits alimentaires et la demande. Ces formes de mise en relations mettent en lumière non seulement les phénomènes qui échappent à la notion de microrégion bien qu'ils aient un impact sur elle, mais également les problèmes méthodologiques liés à la compréhension de ces phénomènes.

Ainsi, en est-il par exemple de la notion d'urbanisation qui doit être comprise non pas comme un reflet des caractéristiques traditionnelles d'une ville mais dans l'optique de ce qu'on peut appeler la trame urbaine. Les centres de population concentrée qui se trouvent dans les microrégions n'ont pas toujours, en effet, les caractéristiques classiques de ce qu'on entend par ville. C'est ainsi que dans une sous-région, on peut trouver plusieurs petites villes qui ont des fonctions administratives et d'autres qui ont des fonctions plus économiques. Et il s'avère très important de comprendre le rôle des marchés locaux, des foires…

Dans certaines microrégions, les marchés ont un rôle qu'on pourrait assimiler à un rôle urbain bien que ces marchés ne soient pas placés dans des villes ou à l'intérieur d'un espace urbain.

Un élément très riche à traiter est de savoir comment se développe ce procès d'urbanisation dans une microrégion en milieu rural, car ce mode d'organisation aura un impact sur la division du travail non seulement par secteur (division dite moderne) mais également par âge et par sexe (division « traditionnelle »). Une étude de la différenciation des rôles à l'intérieur de la famille doit prendre en compte ce procès d'urbanisation.

Il y a un deuxième phénomène qui échappe à la notion de microrégion mais qui a des conséquences sur elle. Ce sont des procès économiques beaucoup plus généraux qui entrent en rapport avec le problème alimentaire. Les politiques macro-économiques de certains de nos pays accordent une place importante à l'importation de produits alimentaires ou aux subventions et autres aides alimentaires. Par exemple dans certaines microrégions, il arrive que l'importation massive de riz ait comme conséquence directe la dégradation de quelques petites villes rurales qui basaient, avant tout, la reproduction des populations sur du riz. Il en est de même pour le blé, le sucre, etc.

Dans ces zones, tout le système économique est basé sur la production et la transformation de ce produit. Et d'ailleurs, pas seulement le système économique car l'utilisation de la force de travail et l'existence même de certaines unités techniques (de transformation) entraînent de nouvelles relations entre les hommes à l'intérieur de la microrégion mais également entre celles-ci et d'autres microrégions. Cette densité socio-économique et de pouvoir est complètement cassée avec l'importation de ce produit et on commence à vivre un processus de dégradation de ces microrégions. Parallèlement à ces procès, on peut aussi noter de grandes transformations dans la ration alimentaire, dans les modèles de consommation mais aussi dans d'autres secteurs.

Dans de nombreux pays du monde, c'est à partir de la Seconde Guerre Mondiale que certains produits traditionnels paysans vont être destinés à la consommation de petites villes rurales, alors qu'une deuxième catégorie de va servir à la consommation urbaine et une troisième est consacrée à l'exportation. Et tout cela commence à avoir une incidence sur le type de stratification de la consommation et de la demande, sur le type et la planification de la production.

On peut donc établir une nouvelle relation entre les formes de décomposition de ces systèmes micro-régionaux qui se caractérisaient avant par une grande densité entre consommation et production, avec la naissance d'un système alimentaire national qui entre en étroite relation avec le système alimentaire international.

Les questions que l'on pourrait se poser sont donc : quels sont les niveaux d'organisation du système alimentaire international ? A partir de quelles années, ce système a commencé à avoir un impact sur le pays et ensuite sur la microrégion étudiée ? Une des questions incontournables est par exemple : quel est le rôle traditionnel attribué au pays (dans le domaine du ravitaillement en aliments et en matières premières), et s'il a changé quand est-ce que ce pays a commencé à importer des aliments ?

Donc la microrégion comme réalité socio-économique est une réalité très dynamique qu'il serait intéressant d'analyser sur une période d'au moins quarante ans pour identifier toutes ces transformations et toute cette dynamique. Ces transformations sont, en effet, fortement perceptibles sur un espace de 30-40 ans. Ceci ne veut pas dire qu'il n'existe pas de facteurs de longue durée qui nous aident à identifier et à qualifier cet espace. Il s'agit donc d'une approche complexe car il existe des procès de formation de microrégion qui obéissent plus à la longue durée : de telles microrégions, malgré les transformations socio-économiques subies, ont cette particularité de conserver des spécificités qui font qu'elles subissent ces transformations d'une certaine manière et non pas d'une autre.

La division internationale du travail implique une plus grande interrelation, une interdépendance entre les différentes régions et ceci a, en même temps, entrainé une plus grande spécialisation par région ; ce qui voudrait aussi dire que les différentes ethnies qui habitent les différentes régions ont dû s'adapter aux différentes divisions du travail. Ceci est valable pour l'ensemble des pays du Tiers-Monde, même ceux des différentes extrémités.

Par exemple, si on prend le cas d'un pays de l'Amérique des Andes comme l'Équateur, avec la division internationale actuelle du travail, toute la région de la côte s'est spécialisée dans la culture d'exportation, alors que toute la « Sierra » a adopté plutôt un modèle de production destinée au marché intérieur. Les ethnies qui ont quitté cette région côtière ont dû également changer leur type de production pour s'adapter à ce marché intérieur.

Un autre élément très important à prendre en compte pour l'Afrique (valable aussi pour l'Amérique) est la constitution d'États nationaux et la délimitation des frontières.

Ce sont donc tous ces procès qui entrent dans la délimitation de la façon dont nos sociétés et nos États se constituent. Ce sont également des éléments qui nous aident à définir l'évolution des microrégions en milieu rural, à condition d'analyser les conséquences que peut avoir un grand procès de formation historique sur les catégories très particulières de l'économie paysanne. Le premier grand procès, historiquement global, serait le développement des marchés intérieurs dans nos pays. Même s'il y a plusieurs définitions de ce qu'on appelle marché intérieur (par exemple une définition qui parle du volume d'offre et de la demande), on voudrait plutôt adopter ici une définition qui comprenne le marché intérieur comme un procès socio-économique dans lequel le secteur agraire joue un rôle central. Cette définition a aussi l'avantage de nous faire prendre en compte la séparation du producteur direct d'avec les moyens de production.

Marx a raison d'affirmer que la transformation de la force de travail en marchandise, c'est la généralisation de la marchandise, donc l'approfondissement de la division sociale du travail. Ce phénomène a un grand impact en ce sens qu'il entraîne des transformations dans le secteur agraire et également dans les formes habituelles de production des paysans. Les paysans ne sont pas des « agriculteurs spécialisés » mais ils ont de multiples activités : activités agricoles, d'élevage et également artisanales. L'une des activités qui va subir le plus les conséquences de ce développement du marché sera l'activité de l'artisanat, ce qu'on appelle l'industrie domestique. C'est à partir du moment où des paysans vont chercher à se spécialiser dans l'agriculture, donc à accéder à un marché monétaire, et où d'autres secteurs n'auront pas la possibilité de se développer, c'est à partir de ce moment que l'on commence à avoir une différenciation entre les microrégions. Un autre type de différentiation peut se faire jour à travers l'analyse par produit, des conditions de production et de la politique des prix.

Pour ce qui nous intéresse ici, nous aborderons simplement l'organisation d'une économie paysanne et sa relation avec la microrégion. Dans certaines microrégions, toutes ces transformations ont fait perdre aux économies paysannes l'accès aux ressources naturelles. Maintenant, ces paysans sont obligés de produire, de travailler avec des ressources fragmentées.

Les problèmes d'érosion des sols, la mauvaise gestion de l'eau, les techniques de production obsolètes, on ne le répétera jamais assez, font obstacle, aux transformations économiques au niveau agraire.

Pour cerner cette situation, il faut comprendre que la logique de production paysanne doit affronter des conditions et des situations immédiates et à terme.

Si on prend une définition classique des paysans, beaucoup de chercheurs admettent volontiers que la famille est l'unité de base de production et de consommation. Presque tous les chercheurs, dans le domaine du développement rural, partent avec cette définition mais ensuite la laissent de côté. Ils ont tort car, le maintien de cette définition ne veut pas dire que les paysans produisent uniquement pour satisfaire leur propre besoin, ni qu'il n'existe pas une très forte interaction sociale entre paysans, pour produire. Il est vrai cependant que, d'une certaine manière, cette définition laisse supposer également que les médiations institutionnelles ne sont pas très compliquées dans le domaine de la production et que l'impact du temps n'est pas très grand.

Tout ce débat doit inciter à être très attentif au cours de l'analyse des transformations en milieu paysan.

Nous avons décrit les cinq axes pour l'analyse. Ces axes proviennent de plusieurs disciplines et pour les rendre plus opérationnels, il faut les poser comme des dimensions et voir ainsi leur utilité dans l'approche de la problématique.

1 – 3 Axes et dimensions

La première dimension, c'est celle qui a trait aux ressources naturelles ; la deuxième à la population (nombre, âge, sexe… mais également tout ce qui est concentration urbaine, réseau de population et différentes formes d'occupation de l'espace) ; la troisième, aux formes d'organisation sociale de la production et du système de production ; la quatrième, aux produits (production et productivité) ; la cinquième, aux différentes formes d'échange et de marché ; la sixième, aux infrastructures physiques et institutionnelles ; la septième dimension au rôle de l'État en ce qui concerne sa présence tant au niveau national que local.

Il y a aussi une autre façon d'établir les relations entre les aspects physiques et les aspects sociaux : à partir de l'analyse du système de culture.

On peut faire la relation entre les transformations techniques et la croissance démographique, la thèse étant que la croissance démographique provoque les changements techniques. D'où les questions classiques : quelle est sa dynamique ? Quelle est la population économique active ? Ces questions posent à leur tour des problèmes de classification, d'observation et de compréhension de la dynamique du travail des femmes et des enfants, etc.

Après toutes les questions classiques au sujet du niveau d'éducation, de la santé (maladies, espérance de vie, mortalité), de la relation de tous ces indicateurs avec le type d'alimentation, il faudrait chercher entre autres des « compétences » propres à la population. Un dernier élément important, est d'essayer d'observer s'il existe des caractéristiques culturelles propres à toutes ces populations.

La deuxième phase consiste à essayer d'établir quels sont les villages, quel est le réseau, quelles sont les relations entre les villages de la zone ou entre les centres habités pour pouvoir débattre, à partir d'une situation concrète, de l'idée classique d'urbanisation. Le type d'approche qu'on a le plus souvent adopté, jusqu'ici, face à un tel processus était de trancher entre ce qui est urbain et ce qui est rural.

Bien souvent, on définit ce qu'on pourrait appeler un espace urbain ou une ville à partir de quatre éléments : les formes d'utilisation de l'espace, les aspects productifs, les différents services et un style de vie particulier. Il est cependant difficile de trouver, dans un même espace peuplé, une ville qui ait ces quatre fonctions. Il arrive plutôt que des petites villes d'une même microrégion aient ensemble ces quatre fonctions, comme dans un système de réseau. On peut donc trouver une microrégion, un village ou une ville qui ait le rôle de stockage et d'administration de la production, un autre espace dont le rôle est d'assurer la reproduction culturelle et un autre où on compte plutôt avec les services : ainsi tout un réseau se forme où on trouve ces 4 fonctions et qu'on peut qualifier d'espace urbain.

On doit comprendre l'urbanisation dans un autre sens au niveau de ce type de microrégion. Il faut en effet essayer d'établir la relation entre la fonction de ces centres par rapport aux réseaux et la rétention de certaines ressources à travers l'évolution de ces centres. Pour l'analyse des systèmes agro-alimentaires et des filières, il est essentiel de comprendre la dynamique de ce réseau, car c'est ce réseau qui va nous aider à délimiter la microrégion.

Il se peut, en effet, qu'il y ait plusieurs villages ou villes dans lesquels habitent les paysans, mais dont les fonctions commerciales sont remplies par un autre centre situé en dehors de la microrégion. Ainsi, on aboutit à des situations assez différentes concernant les microrégions : certaines d'entre elles auront leur centre financier et de stockage en dehors de leur espace propre ; d'autres vont compter avec un réseau urbain qui remplit toutes ces fonctions ; d'autres enfin n'auront même pas ces petits centres, etc. Il apparaît donc que les possibilités sociales, économiques et de production concernant l'existence d'un système agro-alimentaire, sont complètement différentes. Ceci doit nous pousser à modifier l'idée généralement véhiculée de la relation ville-campagne et du rôle que joue la campagne face à la ville ou la ville par rapport à la campagne.

Après avoir identifié ces centres de population, il faut également répertorier les autres formes de regroupement que pratiquent les paysans, formes qui peuvent être très différentes dans la même microrégion. On peut, en effet, trouver des populations dispersées comme des populations concentrées, une population dispersée mais proche d'un centre, etc.

Il est important d'identifier tout cela pour la définition et l'exécution des programmes de développement rural, surtout en ce qui concerne les programmes de services souvent très dispersés.

Une autre tâche importante est celle relative à la stratification de ce centre, stratification établir à partir de plusieurs critères dont la perception du centre le plus important par les principaux intéressés eux-mêmes (les habitants), et le rôle que joue pour eux chacune des agglomérations.

ANNEXE II

OFFICE DU NIGER AU MALI :

Les chiffres officiels de la production rizicole sont surestimés

Par Benoît DAVE[86]

1. Les statistiques officielles produites par l'Office du Niger

1.1. Les chiffres publiés

Chaque année, le Service Suivi/Evaluation de l'Office du Niger publie son « Bilan de campagne ». Ce document reprend différentes statistiques relatives à l'activité agricole dans la zone Office du Niger. Les données du tableau et du graphique ci-dessous sont extraites de ces publications annuelles.

[86] Benoît Dave est chercheur au Centre d'Etudes sur la Coopération Internationale au Développement de l'Université Libre de Bruxelles. Il travaille depuis 2003 dans la zone Office du Niger. Il fait partie du Conseil Scientifique constitué autour du Syndicat des Exploitants Agricoles de l'Office du Niger.
Le texte ici produit est un extrait de l'article publié dans la revue « Les Cahiers de Mande Bukari » N° 06 du 1er trimestre 2007, numéro qui a servi à la préparation du Colloque tenu sur l'O.N. par l'Université Mande Bukari et ses partenaires en 2008.

Tableau 1				
RENDEMENTS MOYENS ET PRODUCTION RIZICOLE ANNUELLE A L'OFFICE DU NIGER **Données officielles publiées par l'Office du Niger**				
Période	**Rendements rizicoles moyens à l'ha**			**Production annuelle (en tonne)**
	Contre-saison	**Hivernage**	**Général**	
1987/1988	Pas de CS	2,30	2,30	99.918
1988/1989	Pas de CS	2,32	2,32	107.751
1989/1990	Pas de CS	2,34	2,34	110.859
1990/1991	Pas de CS	2,89	2,89	130.670
1991/1992	Pas de CS	3,51	3,51	161.398
1992/1993	Pas de CS	3,85	3,85	177.670
1993/1994	Pas de CS	4,82	4,82	224.277
1994/1995	3,28	4,44	4,49	218.149
1995/1996	3,43	4,78	4,74	246.043
1996/1997	3,52	4,73	4,80	266.385
1997/1998	3,81	5,16	5,10	284.243
1998/1999	3,59	5,70	5,79	317.851
1999/2000	5,59	5,84	5,80	321.489
2000/2001	3,73	5,88	5,70	365.123
2001/2002	4,19	5,90	5,74	379.144
2002/2003	4,63	5,93	5,74	427.807
2003/2004	4,40	5,58	5,48	424.172
2004/2005	4,39	5,80	5,64	458.240
2005/2006		5,92		

Graphique 1

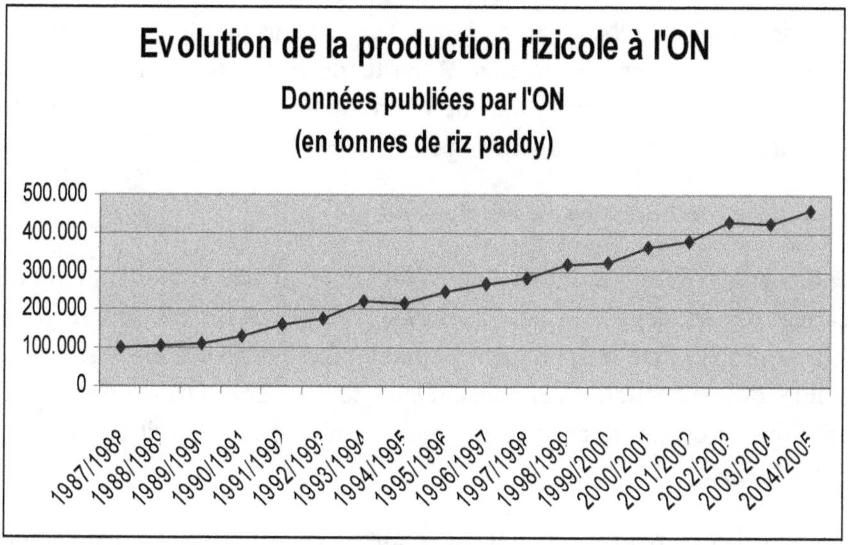

Graphique 2

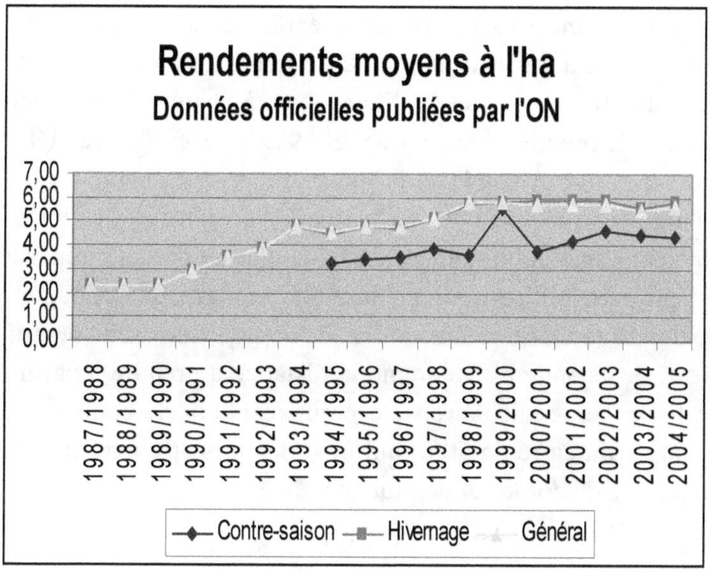

Le tableau et les graphiques ci-dessus sont donc les chiffres officiels publiés par l'Office du Niger. Ils font apparaître une croissance constante des quantités produites à l'ON. Cette croissance est due jusqu'à la fin des années 90' à l'amélioration des rendements. A partir de la fin des années 90', les rendements stagnent et la croissance de la production est principalement liée à l'augmentation des superficies cultivées.

1.2. La méthode des carrés de sondage

Les rendements rizicoles à l'Office du Niger sont calculés avec « la méthode des carrés de sondage ». Cette méthode repose sur l'utilisation d'un échantillon probabiliste de parcelles permettant d'extrapoler les résultats à l'ensemble des superficies cultivées. Dans le cas de l'Office du Niger, l'échantillon est constitué de près de 3000 carrés de $50m^2$, soit environ un carré pour 25 ha.

La sélection des carrés de sondage est réalisée en deux temps. Il est, dans une première étape, effectué un tirage au sort des arroseurs[87] à sonder. Une pondération en fonction des superficies irriguées par l'arroseur est effectuée de la façon suivante : 0 à 10 ha, l'arroseur figure 1 fois dans la liste ; 10 à 20 ha, l'arroseur est repris 2 fois ; 20 à 30 ha, l'arroseur est repris 3 fois ; et ainsi de suite. Une fois l'arroseur sélectionné, le carré de sondage est lui aussi tiré au sort à partir d'une table de nombres aléatoires. Cette table est composée de 10 colonnes et 25 lignes avec à chaque intersection un couple de nombres : le premier situé entre 0 et 599, le second entre 0 et 199 (pour le placement du carré de sondage, la superficie prise en compte par arroseur est en effet un rectangle de 600 mètres par 200 mètres). Le tirage au sort du numéro de colonne et du numéro de ligne permet de déterminer le couple de nombre qui sera utilisé pour positionner le carré de sondage : le premier nombre donne la distance à mesurer le long de l'arroseur à partir de la tête d'arroseur, le second chiffre donne la distance à prendre à partir de ce point sur une ligne perpendiculaire. Le point résultant de cette seconde mesure donne l'angle du carré de $50m^2$ qui peut dès lors être marqué au sol à l'aide d'un kit ad hoc de cordes et de piquets.

---

[87] L'arroseur est, dans la terminologie utilisée à l'ON, le dernier niveau du système d'irrigation, le canal directement en contact avec les parcelles à irriguer. Généralement, la superficie desservie par un arroseur peut varier de 10 à 30 ha.

Le tirage aléatoire des arroseurs et des données permettant de positionner le carré est effectué par le Service Suivi/Evaluation de l'ON. Ces coordonnées, ainsi que l'équipement nécessaire aux opérations de sondage (gabarit pour matérialiser les carrés de sondage, fiches d'enquêtes, sacs pour réceptionner le riz récolté dans le carré, balance, humidimètre) sont fournis aux prestataires temporaires en charge d'exécuter les opérations. Les données sont rassemblées et traitées par l'ON.

Au moment de la pesée, le taux d'humidité du grain est mesuré (celui-ci peut varier entre 8 et 20%) et le poids obtenu est corrigé sur base d'un taux d'humidité de 14% en utilisant la formule suivante : Poids à 14% d'humidité = (100–tx / 100-14) x poids pesé. Le rendement à l'hectare est obtenu en multipliant le poids ainsi obtenu par 200.

1.3. Une méthode qui surestime systématiquement les rendements

La méthode des « carrés de sondage », même appliquée dans des conditions optimales, induit des distorsions systématiques qui aboutissent à surestimer le rendement et la production réels. Nous reprenons ici les critiques et les conclusions de trois études, dont deux concernant directement l'ON, se penchant sur cette question méthodologique.

a) La norme d'humidité retenue pour le calcul est supérieure à l'humidité réelle.

En retenant une norme théorique d'humidité de 14%, l'ON surestime l'humidité réelle (ou économique) du grain au moment où celui-ci est battu et mis sur le marché. L'humidité réelle se situe dans une fourchette de 9 à 11% d'humidité. L'étude menée par Ducrot, Keita & Traore[88] indique un taux d'humidité moyen au moment du battage de 9.6%. Bélières et Bomans[89] notent que « le taux d'humidité moyen du paddy au battage est inférieur à 14 % (certainement entre 10 et 11%) ». Si l'on retient un taux d'humidité « économique » de 10%, le poids réel de la production est inférieur de 4,6% par rapport à celui obtenu sur base d'une humidité théorique de 14 %.

---

88 Ducrot (R.), Keita (M), Traoré (M), Rendement battage et rendement agronomique : quelques éléments, URDOC, Niono, 1997, p10.

89 Bélières (Jean-François), Bomans (Eric), Résultats partiels des enquêtes détaillées sur les exploitations agricoles de la zone Office du Niger : Note N°1 : Les performances rizicoles des exploitations agricoles en contre saison et en hivernage 1999, Office du Niger, février 2001.

b) Emprise des diguettes

Les enquêteurs que nous avons interrogés expliquent qu'ils évitent d'inclure des diguettes dans leurs carrés de sondage. Or l'emprise des diguettes représente en moyenne, dans une parcelle rizicole à l'ON d'après Ducrot, Keita & Traore[90], 8% de la superficie totale de la parcelle : 4% à 5 % dans les zones non réhabilitées, 8% à 10% dans les zones réaménagées. Pour refléter la réalité, il convient donc de diminuer de 8% le rendement théorique obtenu par la méthode des carrés de sondage.

c) Sous représentation des zones de culture « mal venues »

Dans un champ de riz, la densité et la force des plants peut varier fortement, en fonction notamment de la qualité du planage de la parcelle. Les « buttes » et les « creux » donneront moins de grains. Or comme le constate Casley & Kumar, *« le biais le plus important induit par la méthode des carrés de sondage provient peut-être de la tendance presque inévitable, parmi les enquêteurs, d'éviter, consciemment ou non, lorsqu'ils délimitent les carrés de sondage, les zones vides ou inégales. Si les coordonnées aléatoires indiquent une parcelle qui est nettement plus faible que les zones voisines de la même parcelle, un enquêteur consciencieux la jugera non représentative et pourra choisir un autre emplacement. Malheureusement, ils ne réagiront pas de la même façon quand le choix vise une partie particulièrement luxuriante de la parcelle. »*

d) Erreur de bordures

Casley & Kumar[91] considère qu' « *une autre distorsion (...) tient au fait qu'il faut choisir les carrés de sondage de façon à ce qu'ils se trouvent entièrement dans la parcelle. Ce paramètre fausse les probabilités d'inclusion dans les sous parcelles de zones proches du bord de la parcelle*

---

[90] Ducrot (R.), Keita (M), Traoré (M), *Rendement battage et rendement agronomique :* quelques éléments, URDOC, Niono, 1997, p14.
[91] Casley (D.J.), Kumar (K.), *Collecte, analyse et emploi des données de suivi et d'évaluation,* BIRD/World Bank, Washington, 1991.

(où le rendement est généralement inférieur). *Il en résulte une erreur appelée « erreur de bordure ».*

e) Pertes irrécupérables

Le riz récolté dans les carrés de sondage est soigneusement fauché et battu manuellement. Ces opérations manuelles produisent certainement moins de pertes que lors des opérations normales de fauchage, mises en gerbier, transport, battage et vannage.

2. Comment évaluer la surestimation induite par la méthode des carrés de sondage ?

Casley et Kumar citent deux études, l'une menée au Nigéria (mil et sorgho) et l'autre au Bengladesh, dans une région rizicole. La première étude évalue la surestimation liée à l'utilisation de la méthode à 14% du rendement réel, alors que les conditions de supervision et d'application de la méthode étaient bonnes. La seconde considère que la méthode des carrés de sondage surestime la production rizicole et le rendement moyen de quelque 20% (5% de pertes irrécupérables et 15% pour les autres biais). Ces deux études ne prennent pas en compte les deux premières causes de distorsion citées ci-dessus, qui sont spécifiques à la façon dont la méthode est (mal) appliquée à l'ON : la surévaluation du standard d'humidité et l'évitement systématique des diguettes dans les carrés de sondage.

Bélières et Bomans[92] évaluent la surestimation induite par les différents biais inhérents à la méthode dans une fourchette large située entre 10 et 20%.

Nous pensons que dans le cas de l'ON, vu les deux importants biais spécifiques relevés ci-dessus, on peut considérer à au moins 20% la distorsion liée à l'application de la méthode des carrés de sondage, et ce si, par ailleurs, la méthode est appliquée avec rigueur. Nous verrons ci-dessous que les écarts entre les résultats officiels et les résultats des autres approches sont nettement supérieurs à 20%. Les distorsions ne sont donc pas seulement

---

[92] Bélières (Jean-François), Bomans (Eric), Office du Niger, février 2001, p 9.

liées aux problèmes intrinsèques à la méthode des carrés de sondage, mais également à la rigueur avec laquelle celle-ci est appliquée sur le terrain.

2.1. Des enquêtes successives qui remettent en question les statistiques officielles

Depuis plus de 10 ans, différentes équipes scientifiques, bureaux d'expertise, agences techniques ont publié les résultats d'enquêtes incluant des questions relatives aux rendements et à la production rizicole à l'Office du Niger. Ceux-ci vont tous dans le même sens : les chiffres de l'Office du Niger sont largement surestimés. Cela n'empêche pas l'Office du Niger de publier chaque année, imperturbablement, ses statistiques de production sous la forme de bulletins de victoire. Il faut dire que souvent les recherches qui contredisent la vérité officielle font l'objet de publications très confidentielles, jamais présentées ni répercutées dans la presse. Parfois même les résultats contredisant la vérité officielle sont simplement retirés des rapports.

Sur le plan méthodologique, ces études sont le plus souvent produites à partir d'enquêtes rétrospectives effectuées auprès d'échantillons de producteurs plus ou moins larges et plus ou moins aléatoires. Les chiffres publiés par les Centres Faranfasi So sont établis sur la base des relevés des opérations de battage du riz effectués par les producteurs et par les Associations Villageoises.

2.2. Pour un observatoire de la production rizicole indépendant et géré paritairement

Nous conclurons en avançant deux recommandations : créer un observatoire indépendant et paritaire de la production rizicole à l'ON et abandonner la méthode des « carrés de sondage » au profit d'enquêtes rétrospectives systématiques auprès des producteurs.

a) Un observatoire de la production rizicole

Nous avons vu précédemment que plusieurs enquêtes mettent en cause les statistiques produites par l'Office du Niger et la méthode utilisée. Cette dernière n'est cependant pas seule en cause puisque nous avons vu que les écarts constatés dépassent largement l'impact des biais méthodologiques estimé à 20%. C'est donc aussi la rigueur avec laquelle l'Office du Niger applique la méthode qui est en cause. Les paysans n'ont d'ailleurs plus aucune confiance dans la capacité de l'Office du Niger à produire des statistiques objectives comme l'atteste la déclaration de leur leader paysan cité en début de texte.

La meilleure solution semble dès lors de confier cette mission de recueil et de traitement des données statistiques à un organisme scientifique indépendant placé sous le contrôle paritaire de l'Etat (le Ministère de l'Agriculture et le Ministère du Plan par exemple) et des organisations représentatives des paysans. La création et l'autonomisation d'un tel organisme évitera les confusions et les errements qui peuvent aujourd'hui résulter de la position de juge et de partie dans laquelle se trouve l'Office du Niger : en tant que responsable de la maintenance du système d'irrigation et du conseil rural, l'ON porte une responsabilité importante dans l'évolution des rendements ; en produisant lui-même les statistiques officielles de production et de rendement, il doit fournir les informations à partir desquelles son efficacité sera évaluée.

b) Pour un changement méthodologique

Nous avons largement explicité ci-dessus les critiques le plus souvent émises vis-à-vis de la méthode des « carrés de sondage » : celle-ci a tendance à surestimer systématiquement les rendements moyens. Nous ajouterons deux limites supplémentaires de la méthode.

D'abord, les données recueillies au niveau des carrés de sondage sont très difficiles à vérifier à posteriori et sont donc facilement manipulables. En effet, comment vérifier a posteriori si le carré de sondage a bien été placé aléatoirement sur la parcelle, comment vérifier à posteriori le poids de riz récolté dans un carré de sondage ?

Par ailleurs, les valeurs recueillies dans un carré de sondage placé dans un champ ne peuvent être extrapolées ni à l'ensemble du champ, ni à l'ensemble de l'exploitation qui a cultivé le carré et encore moins à une catégorie d'exploitations répondant à des caractéristiques déterminées. *« Le carré n'est pas représentatif du rendement de la parcelle sur laquelle il a été prélevé. Il faut normalement au moins plus de 30 carrés avant de calculer une moyenne (hypothèse d'une distribution normale). Il n'est donc pas possible d'associer des données de types technique et économique relevées sur la parcelle et le rendement du carré »*[93].

En conséquence, nous pensons qu'il est nettement préférable d'opter pour un recueil des données à travers des enquêtes rétrospectives effectuées auprès des chefs d'exploitation. Ce choix méthodologique présente les avantages suivants :

- meilleure fiabilité des résultats ;
- facilité de mise en œuvre et sans doute coût moins élevé que la méthode des « carrés de sondage » ;
- possibilité d'élargir le questionnaire à d'autres items de façon à mieux comprendre les facteurs explicatifs des bons ou des mauvais rendements ;
- meilleure fiabilité dans la mesure où les biais méthodologiques sont limités si l'échantillon est établi sur des bases scientifiques irréfutables ;
- possibilité de contrôler la cohérence des réponses obtenues, de pointer les incohérences et de vérifier les questionnaires suspects en questionnant à nouveau l'exploitant, en croisant les informations qu'il donne avec d'autres sources d'information comme les comptabilités de battage…

Mettre en place ce nouveau dispositif relève de l'urgence. Des chiffres acceptés par tous les acteurs du développement de l'Office du Niger doivent enfin être établis afin de trouver les réponses collectives aux défis et aux difficultés auxquels sont confrontés les producteurs : la baisse tendancielle des rendements, le morcellement des exploitations, l'endettement d'un grand nombre d'exploitants, le risque d'exclusion qui pèse sur beaucoup de familles.

[93] Bélières (Jean-François), Bomans (Eric), février 2001, p 18.

BIBLIOGRAPHIE

OUVRAGES

AMIN (Samir)
- 1965 : *Trois expériences africaines de développement : le Mali, la Guinée et le Ghana,* Etude Tiers Monde – IEDES/P.U.F – Paris.
- 1971 : *L'Afrique de l'Ouest bloquée, économie politique de la décolonisation 1800-1970*, Ed. de Minuit – Paris.
- 1974 : *La question paysanne et le capitalisme*, Anthropos/IDEP- Paris.

BAILLAUD (E)
- 1925 : *La production du coton en Afrique Occidentale Française : le programme Card*, - Publication du Comité du Niger.

BERNSTEIN (H)
- 1981 : *The Political Economy of Rural Development – Peasants, International Capital and the State*" – Rosemary F. Galli, Editor – State University of New York.

COOPERATION AU DEVELOPPEMENT DES PAYS-BAS
- 1992 : *La riziculture paysanne à l'Office du Niger, Mali 1979-1991, Service d'Examen des Opérations*, IOV, décembre 1992.

DIALLO (Y)
- 1970 : *Les aménagements hydro-agricoles en Afrique au Sud du Sahara : enquête au Mali à l'Office du Niger*, E.P.H.E – CNRS, Paris.

DIARASSOUBA
- 1967 : *L'évolution des structures agricoles du Sénégal : déstructuration et restructuration de l'économie rurale*, Ed Cujas, Paris.

DUMONT (R)
- 1962 : *Afrique Noire : développement agricole - Reconversion de l'économie agricole : Guinée, Côte d'Ivoire, Mali*, Etudes Tiers Monde – P.U.F/IEDES.

GOSSELIN (G)
- 1978 : *L'Afrique désenchantée : société et stratégie de transition en Afrique tropicale* - Ed Anthropos.

HAUBERT (M) et al.
- 1985 : *Politique alimentaire et structures sociales en Afrique Noire*, P.UPF/IEDES.

HAUSER (A)
1956 : *Les sociétés africaines devant la mécanisation des cultures*, in Aspects sociaux de l'industrialisation et de l'organisation en Afrique au Sud du Sahara – Paris, UNESCO.

HERBART (P)
- 1939 : *Le chancre du Niger* – Gallimard, Paris.

JOLLIVET (M)
- 1972 : *Sociétés rurales et classes sociales*, in L'univers politique des paysans – Armand Colin, Paris.

KAUTSKY (K)
- 1900 : *La question agraire : étude sur les tendances de l'agriculture moderne* - Maspero – 1979.

KEBE (Y) et al.
- 1981 : *Mali : le paysan et l'Etat* – Harmattan, Paris.

MAGASA (A)
- 1978 : *Papa commandant a jeté un grand filet devant nous les exploités des rives du Niger* – 1902-1962, Maspero, Paris.

MARX (K)
- *Le capital* - Livre 3ème – éditions sociales.

RAYNAUD (K)
- 1969 : *Investissements humains : illusions et réalités*, Mouton and Cie.

REY (P. Ph)
- 1976 : *Le capitalisme négrier : la marche des paysans vers le prolétariat* – Maspero, Paris.

SCHEYGER (E.)
- 1984 : *L'Office du Niger au Mali : la problématique d'une grande entreprise agricole dans la zone du Sahel*, Steiner.

SERVOLIN (Cl)
- 1972 : *L'absorption de l'agriculture dans le mode de production capitaliste,* in L'univers politique des paysans, A. Colin, Paris.

SPITZ (G)
- 1949 : *Sansanding – les irrigations du Niger*, Paris.

SURET-CANALE (J)
- 1971 : *Afrique Noire, l'ère coloniale : 1900-1945*, Ed. Sociales.

SZUREK (J.C)
- 1982 : *Aux origines paysannes de la crise polonaise*, Actes Sud.

TEPICHT (J)
- 1973 : *Marxisme et agriculture : le paysan polonais* - A. Colin, Paris.

VERGOPOULOS (K)
- 1974 : *La question paysanne et le capitalisme*, en collaboration avec S. Amin – Anthropos IDEP.

REVUES, MAGAZINES ET ARTICLES

AMSELLE (Jean Loup)
- 1978 : *La conscience paysanne : la révolte de Ouéléssébougou – Juin 1968, Mali*, Revue Canadienne des études africaines – Vol XII (3).

ANCEY (G)
- 1976 : *Niveaux de décision et fonction objectifs en milieu rural africain*, Stateco n°8

BAILLAUD (E)
- 1933 : *Le rôle du transsaharien dans l'économie nationale*, Revue politique et parlementaire.

CAPIAN (A)
- 1972 : *Sur l'origine des difficultés économiques de l'option socialiste au Mali* – Afrique Contemporaine n° 62.

CHARMES (J)
- 1974 : *De l'ostentation à l'accumulation : production et reproduction des rapports marchands dans les sociétés traditionnelles à partir de l'analyse du surplus* - AMIRA n°15.

KEITA (M)
- 1965 : *Discours et interventions* - Ministère Information Bamako.

KOHLER (J.M)
- 1974 : *Les Mossi de Kolongotomo et la collectivisation à l'Office du Niger* - Travaux et documents de l'ORSTOM, Paris.

LA COGNATA
- 1976 : *Agriculture citadine et Contrôle de la croissance urbaine : l'expérience malienne et ses enseignements*, in Recherches sur l'approvisionnement des villes – CNRS, Paris.

VERGOPOULOS (K)
- 1981 : *L'agriculture périphérique dans le nouvel ordre international : Réflexions sur la question des systèmes alimentaires nationaux* - Revue Tiers Monde n°85.

VIGUIER (P)
- 1950 : *La mise en valeur par la colonisation africaine des terres irriguées du delta central nigérien* - Agronomie Tropicale.

ZALLIDER
- 1972 : *Les sociétés multinationales dans le secteur agro alimentaire*, in Politique Aujourd'hui.

THÈSES ET MÉMOIRES

BAGAYOKO (Issiaka)
- 1981 : *Emergence au Mali d'une bourgeoisie agraire d'origine citadine* - Thèse de IIIème cycle – Ecole des Hautes Etudes en Sciences Sociales, Paris.

BAZO (José Luis)
- 1981 : *Paysans et coton dans le bas Piura (Pérou). Le développement capitaliste dans l'agriculture et le problème de la soumission formelle inachevée du travail au capital*, Thèse IIIème cycle – Paris VII.

COULIBALY (Chéibane)
- 1985 : *Politiques agricoles et résistances paysannes au Mali : la lutte pour le contrôle de la production paysanne à l'Office du Niger*, Thèse de IIIème cycle – Paris I.

DAVE (Benoit)
2004 : *Le projet paysan du SEXAGON – Attentes et stratégies des militants du Syndicat des Exploitants Agricoles de l'Office du Niger (Mali)*, Université Libre de Bruxelles ; Mémoire de DES en Coopération et Développement – Année académique 2003 – 2004.

DIABY (Cheick Sidiya)
- 1979 : *Etude socio-économique d'un milieu rural. Analyse des causes de départ des colons de l'O.N*, IPR Katibougou – Mali.

TRAORE (Mohamed)
- 1982 : *Evolution politique du Mali depuis 1958*, Thèse de IIIème cycle – Université de Lyon II.

RAPPORTS ET PUBLICATIONS OFFICIELLES

AW (Djibril), DIEMER (Geert)
- Making a Large Irrigation Scheme Work - A case study from Mali, World Bank, Washington, 2004.

BANQUE MONDIALE
- 1981 : *Le développement accéléré des pays d'Afrique au Sud du Sahara.*

BELIERES (Jean-François), BOMANS (Eric)
- *Résultats partiels des enquêtes détaillées sur les exploitations agricoles de la zone Office du Niger : Note N°1 – Les performances rizicoles des exploitations agricoles en contre saison et en hivernage 1999*, Office du Niger, février 2001.

BELIERES (Jean-François), COULIBALY (Yacouba), KEITA (Abdoulaye), SANOGO (Mamadou Kalé)
- *Caractérisation des exploitations agricoles de la zone de l'Office du Niger en 2000*, Office du Niger/DADR-URDOC /Nyeta Conseils, 2003.

CASLEY (D.J.), KUMAR (K.)
- *The Collection, Analysis and Use of Monitoring and Evaluation Data*, BIRD/World Bank, Washington, 1991.

COULIBALY Chéibane
-1977 : *Etude socio-économique de la zone d'intervention de l'Opération Haute Vallée* - IER – Bamako.

DUCROT (R.), Keita (M), TRAORE (M)
- *Rendement battage et rendement agronomique : quelques éléments*, URDOC, Niono, 1997.

I.E.R (Institut d'Economie Rurale – Bamako)
- 1980 : *Etude structure d'exploitation à l'Office du Niger.*
- 1981 : *Etude sociologique des colons de l'O.N.*

IRAM (Institut de Recherche et d'Action sur les Méthodes de développement)
- 1981 : *Etude diagnostic et proposition de structuration des organisations paysannes à l'Office du Niger*, 2 tonnes.

INSEE (Institut National de Statistiques et d'Etudes Economiques)
- 1964 : *Enquête agricole au Mali (1960),* Ministère Français de la Coopération.
- 1982 : *La commercialisation des céréales dans trois pays du Sahel : Haute Volta – Mali – Niger*, Etudes et documents n°41.

KEBE (Demba), SANOGO (Oumar), Bélières (Jean-François), KEITA (Manda Sadio), Keita (Souleymane) et Hilhorst (Théa)
- *Evaluation de la pauvreté en zone Office du Niger, rapport provisoire,* Institut d'Economie Rurale, Bamako, 2005.

KONE (Daouda)
- *Résultats et projets d'activités de l'équipe système de production et gestion des ressources naturelles,* Institut d'Economie Rurale, Niono, 2003.

KUPER M., HASSANE A., ORANGE D., CHOPIN-KUPER A., SOW M.,
- *Régulation, utilisation et partage des eaux du fleuve Niger : l'impact de la gestion des aménagements hydrauliques sur l'Office du Niger et le delta intérieur du Niger au Mali,* in Gestion Intégrée des ressources naturelles dans les zones inondables tropicales, Bamako, juin 2000.

Présidence du Gouvernement : 1970 : *Plan Triennal de redressement économique et financier* : 1970-72.

République du Mali : 1962 : *Enquête budgétaire dans le delta central nigérien (zone inondée : Office du Niger),* INSEE.

LY (Boutout), KONE (Yénizié), COULIBALY (Dounanké), DEMBELE (Ibrahima), KONE (Daouda), SOUMARE (Aly) et KATER (Loes),
- *Caractérisation et fonctionnement des unités de production en zone Office du Niger. Synthèse des résultats 1994-2000,* Institut d'Economie Rurale, Niono, 2000.

MARIKO (D.), CHOHIN-KUPER (A.), KELLY (V.),
- *La filière riz à l'Office du Niger au Mali : une nouvelle dynamique depuis la dévaluation du FCFA,* Institut d'Economie Rurale (IER) et Institut du Sahel (INSAH), Bamako, Avril 1999.

Ministère de l'Agriculture (Bamako – MALI)
- 1982 : *Elaboration de la stratégie alimentaire* – Résumé (CILSS – OCDE)
- 1984 : *Office du Niger : Plan de redressement de la production à l'O.N*, Tome I.

Ministère de l'Agriculture, *Note sur les résultats des récoltes (Campagne 2005/2006),* Ministère de l'agriculture, Cellule de Planification et de Statistique, Bamako, mars 2006.

Ministère de l'Agriculture, *Bilan de la campagne agro-pastorale 2004-2005 et perspectives de la campagne agro-pastorale 2005-2006,* Ministère de l'Agriculture, Cellule de Planification et de Statistique, Bamako, mai 2006.

Ministère de l'Agriculture, *Bilan de la campagne agro-pastorale 2005-2006 et perspectives de la campagne agro-pastorale 2006-2007,* Ministère de l'Agriculture, Cellule de Planification et de Statistique, Bamako, novembre 2006.

Ministère du Plan – (Bamako)
- 1967 *: Rapport sur le Plan Quinquennal 1961-65.*
- 1974 : *Plan Quinquennal de Développement Economique et Social : 1974-78.*
- 1981 : *Plan Quinquennal de Développement Economique et Social : 1981-85.*

Ministère du Plan et de l'Aménagement du Territoire, *Annuaire statistique du Mali 2003,* (Ministère du Plan et de l'Aménagement du Territoire, Direction Nationale de la Statistique et de l'Informatique, Bamako, 2004)

Office du Niger*, Rapport-Bilan de la campagne 2001/2002. Saison et contre saison.* Office du Niger, Ségou, novembre 2002.

Office du Niger, *Résumé du Plan de Campagne 2003-2004*, Office du Niger, Ségou, 2003.

Office du Niger*, Bilan de la campagne 2003/2004. Saison d'hivernage.* Office du Niger, Ségou, juin 2004.

Office du Niger, *Note sur l'évaluation des rendements paddy à l'Office du Niger,* Office du Niger – Direction Générale, Ségou, juillet 2005.

Office du Niger*, Rapport-Bilan de la campagne 2004/2005. Saison et contre saison.* Office du Niger, Ségou, septembre 2005.

Office du Niger, *Bilan de la campagne 2005/2006. Saison d'hivernage.* Office du Niger, Ségou, avril 2006.

PCPS, *Rapport d'activités janvier à décembre 2001,* PCPS, Niono, janvier 2002.

PCPS, *Rapport d'activités janvier à décembre 2002,* PCPS, Niono, janvier 2003.

PCPS, *Rapport final Projet Centres de Prestations de Services*, Niono, Avril 2004.

SOGREAH/BCEOM/BETICO, *Rapport A.1.4. - Socio-économie. Diagnostic de la situation actuelle. Etude du schéma directeur de développement pour la zone Office du Niger*, Office du Niger, Ségou, Septembre 1999.

TABLE DES MATIÈRES

Le Mali
aux éditions L'Harmattan

Dernières parutions

ESCLAVAGE AU MALI
Des victimes témoignent
TEMEDT Justice - Paix - Développement
Dans le cadre du projet Lutte contre l'esclavage par ascendance au Mali, des récits, témoignages et anecdotes ont été collectés. Des entretiens (individuels ou groupés), des interviews de personnes ressources dans des communautés nomades et sédentaires, originaires de villages et de fractions des régions de Tombouctou, Gao, Mopti et Bamako ont permis de constituer ces 101 récits et témoignages.
(Coll. Harmattan Mali, 16.50 euros, 168 p.)
ISBN : 978-2-343-04506-1, ISBN EBOOK : 978-2-336-35697-6

FILLES (LES) À L'ÉCOLE AU MALI
Langage, représentations et interactions
Thole Marie Gaëlle - Préface de Nicole Mosconi ; postface de Michèle Verdelhan-Bourgade
Au Mali, l'un des pays les plus pauvres du monde, le système scolaire est préoccupant. Il en est de même de la situation des filles et des femmes dans la société. À partir d'entretiens et de vidéos de classe réalisés à N'Kourala, village rural, et Bamako, la capitale, cet ouvrage tente de décrire les représentations sociales des enseignants et des filles ainsi que les phénomènes langagiers et interactionnels qui se produisent dans la classe afin de déterminer si le fonctionnement reflète celui de la société.
(Coll. Savoir et formation, 27.50 euros, 270 p.)
ISBN : 978-2-343-00713-7, ISBN EBOOK : 978-2-296-53668-5

GOUVERNANCE PARTICIPATIVE ET PRATIQUES DÉMOCRATIQUES AU MALI
Sous la direction de Keita Modibo, Dakouo Ambroise ; Préface d'Ousmane Sy
Au moment où le Mali vit une crise profonde et multiforme qui risque de remettre en cause ses acquis démocratiques, la publication de cet ouvrage sur la gouvernance sonne comme un appel à une prise de conscience. Les auteurs se proposent d'accompagner les acteurs publics que sont les décideurs des collectivités territoriales, dans l'accomplissement de leurs missions pour la délivrance d'un service public de qualité aux populations dans un contexte de crise.
(Coédition La Sahelienne 17.50 euros, 176 p.)
ISBN : 978-2-343-00675-8, ISBN EBOOK : 978-2-296-53517-6

AZALAI
Retour au désert
Bugaud Thierry
«Azalai» (45'). Au nord du Mali, à la lisière du grand Sahara, vit un peuple nomade. Ils sont des gardiens de l'islam. Un ancien voit partir ses enfants pour la grande caravane... l'Azalaï. Par cette aventure, il raconte comment vivent les Kountas depuis la venue de leur prophète... «Retour au désert» (52'). Après plusieurs reportages en Afrique, Thierry Bugaud s'apprête à tourner «Azalaï». Une aventure humaine étonnante, que nous partagerons avec eux dans ce film.
(20.00 euros)
ISBN : 978-2-336-00786-1

ÉMANCIPATION DE LA FEMME MALIENNE
La famille, les normes, l'État
Tounkara Dianguina - Préface de Florence Bellivier
Un demi-siècle après l'indépendance du Mali, le législateur est toujours à la recherche d'un Code de la famille. Cette question a pour toile de fond l'émancipation de la femme malienne. En effet, subordonner les lois aux règles coutumières ou religieuses empêcherait toute émancipation des femmes, condamnées à vivre sous leur tutelle. L'auteur s'est penché sur l'articulation de la famille, de l'État et des normes : quelle est la bonne combinaison en vue de l'émancipation de la femme malienne ?
(Coll. Études africaines, 47.00 euros, 486 p.)
ISBN : 978-2-336-00522-5, ISBN EBOOK : 978-2-296-51269-6

FAIRE FACE À LA RÉALITÉ
Diallo Bassirou
Ce livre retrace le vécu d'un jeune médecin et de son équipe dans la prise en charge des personnes vivant avec le VIH dans une région du Mali située à 675 km de Bamako. Chaque histoire présentée dans ce livre soulève des réflexions, des questionnements sur le système de soins malien et au-delà sur la société malienne.
(Coll. La Sahélienne, 10.50 euros, 72 p.)
ISBN : 978-99952-54-76-6, ISBN EBOOK : 978-2-296-51549-9

PORTRAIT D'UN VILLAGE MALIEN AU BORD DU GOUDRON
Un seul pied ne trace pas le sentier
Haslé Maurice
Accueil villageois, mariage, circoncision, marchandage, polygamie, confréries initiatiques, kola, thé, parole et palabre, cousinage à plaisanterie, voici quelques thèmes abordés par l'auteur, tirés de son vécu dans un village malien ou de ses enquêtes sur le terrain. Autant de fragments de réalité qui proposent de découvrir l'autre, l'image d'une communauté rurale traditionnelle d'aujourd'hui au Mali, restée intacte malgré son désenclavement -»au bord du goudron».
(Coll. Écrire l'Afrique, 22.50 euros, 288 p.)
ISBN : 978-2-336-00573-7, ISBN EBOOK : 978-2-296-51083-8

HISTOIRES POLITIQUES DU SYNDICALISME MALIEN DE SES ORIGINES À NOS JOURS
Sidibé Hamed
L'auteur donne sa vision sur les origines lointaines du syndicalisme en Afrique occidentale française et au Mali. Il permettra aux futurs syndicalistes d'avoir une orientation plus conforme au contexte du pluralisme politique, du libéralisme, de la mondialisation, et de l'obligation de renforcement de la démocratie interne, condition *sine qua non* du syndicalisme libre.
(Coédition Tropique Editions, 29.00 euros, 276 p.)
ISBN : 978-2-296-99300-6, ISBN EBOOK : 978-2-296-50545-2

PALUDISME, CULTURES ET COMMUNAUTÉS
Le cri du hibou
Diarra Tiéman - Préface d'Antoine Kaboré
Ce livre montre l'importance de la prévention et de la prévision dans la vie des communautés. La connaissance des cultures peut permettre de mieux mener la lutte contre le paludisme avec les communautés. Plaidoyer pour la santé par tous, ce livre met l'accent sur la nécessité du financement de la lutte contre le paludisme, contre la maladie.
(Coll. Etudes africaines, 37.50 euros, 368 p.)
ISBN : 978-2-296-96304-7, ISBN EBOOK : 978-2-296-50659-6

SANTÉ, MALADIE ET RECOURS AUX SOINS À BAMAKO (MALI)
Les six esclaves du corps
Diarra Tiéman - Préface d'Abdoulaye Ag Rally
Ce livre porte sur la santé, la maladie, le corps, les six esclaves du corps (que sont les deux yeux, les deux bras, les deux pieds), d'autres parties du corps, de leur état, de leurs positions dans l'espace.

Les recours aux soins sont analysés pour comprendre les motivations qui en sont la base, dans trois quartiers de Bamako. L'auteur présente les paroles de malades ou de leurs parents, de thérapeutes aussi bien de la médecine moderne que traditionnelle.
(Coll. Etudes africaines, 38.00 euros, 380 p.)
ISBN : 978-2-296-96305-4, ISBN EBOOK : 978-2-296-50656-5

TOMBOUCTOU, SON SAVOIR-ÊTRE MULTIPLE
Première capitale de la culture islamique d'Afrique
Magassa Hamidou - (dir)
Venant des cinq continents, d'éminents intellectuels présentent la ville de Tombouctou, en français, en anglais et en arabe. Est retracée l'épopée contemporaine de la Cité Mystérieuse qui ne finit pas de faire couler beaucoup d'encre et de jeter des ancres sur les bords du Niger en plein désert du Sahara.
(Coédition Editions Yeredon, Coll. Etudes Eurafricaines, 27.00 euros, 264 p.)
ISBN : 978-2-296-96612-3, ISBN EBOOK : 978-2-296-50317-5

SÉCURITÉ ALIMENTAIRE ET ORGANISATIONS AGRICOLES ET RURALES AU MALI
Keïta Abdoulaye
L'ouvrage développe les relations complexes entre sécurité alimentaire et organisations agricoles et rurales, et met en lumière la place et le rôle qu'elles peuvent jouer dans le contexte d'une insécurité alimentaire chronique comme c'est le cas dans les Pays du Sahel.
(Coll. Etudes africaines, 15.50 euros, 158 p.)
ISBN : 978-2-296-96259-0

CONVENTION
Mur noir/Trous blancs
Lachaise Joris
Comment un film qui prend comme point de départ la postcolonisation en Afrique rejoint la question plus générale de la colonisation des esprits et des corps par toutes les formes de «conventions» ? Comment la célébration du cinquantenaire de l'indépendance au Mali, en 2010, devient matière à interroger la fonction du rhapsode, de celui qui raconte et par conséquent crée ? *Convention* est un film libre, digressif, inventif, qui incite à penser l'histoire sans didactisme et interroge les conditions et conséquences de l'acquisition de la liberté.
(20.00 euros)
ISBN : 9782-296-56747-4

NYOLA N'GOLO DIARRA FONDATEUR DU ROYAUME DYNASTIQUE DE SÉGOU-SIKORO
Diarra Bakary
La richesse du patrimoine du vaste empire de Ségou (1712-1864) et du Kaarta est très souvent contée sous forme de sagas, d'épopées, de légendes, flirtant souvent avec la frontière des contes de fées. Cependant cette histoire résiste bien à la critique et devrait retrouver ses lettres de noblesse dans la dynamique d'une restitution fondée sur le réel et le vrai, dans laquelle ce livre voudrait s'inscrire.
(Coll. Harmattan Mali, 17.50 euros, 166 p.)
ISBN : 978-2-296-99382-2

L'HARMATTAN ITALIA
Via Degli Artisti 15; 10124 Torino

L'HARMATTAN HONGRIE
Könyvesbolt ; Kossuth L. u. 14-16
1053 Budapest

L'HARMATTAN KINSHASA
185, avenue Nyangwe
Commune de Lingwala
Kinshasa, R.D. Congo
(00243) 998697603 ou (00243) 999229662

L'HARMATTAN CONGO
67, av. E. P. Lumumba
Bât. – Congo Pharmacie (Bib. Nat.)
BP2874 Brazzaville
harmattan.congo@yahoo.fr

L'HARMATTAN GUINÉE
Almamya Rue KA 028, en face
du restaurant Le Cèdre
OKB agency BP 3470 Conakry
(00224) 657 20 85 08 / 664 28 91 96
harmattanguinee@yahoo.fr

L'HARMATTAN MALI
Rue 73, Porte 536, Niamakoro,
Cité Unicef, Bamako
Tél. 00 (223) 20205724 / +(223) 76378082
poudiougopaul@yahoo.fr
pp.harmattan@gmail.com

L'HARMATTAN CAMEROUN
BP 11486
Face à la SNI, immeuble Don Bosco
Yaoundé
(00237) 99 76 61 66
harmattancam@yahoo.fr

L'HARMATTAN CÔTE D'IVOIRE
Résidence Karl / cité des arts
Abidjan-Cocody 03 BP 1588 Abidjan 03
(00225) 05 77 87 31
etien_nda@yahoo.fr

L'HARMATTAN BURKINA
Penou Achille Some
Ouagadougou
(+226) 70 26 88 27

L'HARMATTAN SÉNÉGAL
10 VDN en face Mermoz, après le pont de Fann
BP 45034 Dakar Fann
33 825 98 58 / 33 860 9858
senharmattan@gmail.com / senlibraire@gmail.com
www.harmattansenegal.com

L'HARMATTAN BÉNIN
ISOR-BENIN
01 BP 359 COTONOU-RP
Quartier Gbèdjromèdé,
Rue Agbélenco, Lot 1247 I
Tél : 00 229 21 32 53 79
christian_dablaka123@yahoo.fr

605021 - Avril 2015
Achevé d'imprimer par

1livre.com
du rêve à la réalité !

www.ingramcontent.com/pod-product-compliance
Lightning Source LLC
LaVergne TN
LVHW011304061026
849535LV00005B/1389
* 9 7 8 2 3 4 3 0 4 9 7 2 4 *